强力推进 网络强国战略 丛书

网络产业篇

网络强国新业态

网络产业创生

主　编 郭　萍

副主编 王建军　刘金芝

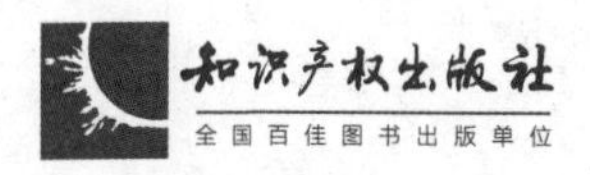

图书在版编目（CIP）数据

网络强国新业态：网络产业创生/郭萍主编. —北京：知识产权出版社，2018.9
（强力推进网络强国战略丛书）
ISBN 978-7-5130-5800-1

Ⅰ.①网… Ⅱ.①郭… Ⅲ.①互联网络—发展—研究—中国 Ⅳ.①TP393.4

中国版本图书馆 CIP 数据核字（2018）第 196988 号

责任编辑：段红梅　刘　翯　　**责任校对：**潘凤越
封面设计：智兴设计室·索晓青　　**责任印制：**刘译文

强力推进网络强国战略丛书

网络产业篇

网络强国新业态——网络产业创生

主　编　郭　萍

副主编　王建军　刘金芝

出版发行：	知识产权出版社有限责任公司	**网　　址：**	http：//www.ipph.cn
社　　址：	北京市海淀区气象路50号院	**邮　　编：**	100081
责编电话：	010-82000860 转 8133	**责编邮箱：**	Lixiao@cnipr.com
发行电话：	010-82000860 转 8101/8102	**发行传真：**	010-82000893/82005070/82000270
印　　刷：	三河市国英印务有限公司	**经　　销：**	各大网上书店、新华书店及相关专业书店
开　　本：	720mm×1000mm　1/16	**印　　张：**	15.75
版　　次：	2018年9月第1版	**印　　次：**	2018年9月第1次印刷
字　　数：	273千字	**定　　价：**	69.00元

ISBN 978-7-5130-5800-1

强力推进网络强国战略丛书

编委会

总序

20世纪人类最伟大发明之一的互联网，正在迅速地将人与人、人与机的互联朝着万物互联的方向演进，人类社会也同步经历着有史以来最广泛、最深刻的变革。互联网跨越时空，真正使世界变成了地球村、命运共同体。借助并通过互联网，全球信息化已进入全面渗透、跨界融合、加速创新、引领发展的新阶段。谁能在信息化、网络化的浪潮中抢占先机，谁就能够在日新月异的地球村取得优势，获得发展，掌控命运，赢得安全，拥有未来。

2014年2月27日，在中央网络安全和信息化领导小组第一次会议上，习近平同志指出："没有网络安全就没有国家安全，没有信息化就没有现代化"，"要从国际国内大势出发，总体布局，统筹各方，创新发展，努力把我国建设成为网络强国。"

2016年7月，《国家信息化发展战略纲要》印发，其将建设网络强国战略目标分三步走。第一步，到2020年，核心关键技术部分领域达到国际先进水平，信息产业国际竞争力大幅提升，信息化成为驱动现代化建设的先导力量；第二步，到2025年，建成国际领先的移动通信网络，根本改变核心关键技术受制于人的局面，实现技术先进、产业发达、应用领先、网络安全坚不可摧的战略目标，涌现一批具有强大国际竞争力的大型跨国网信企业；第三步，到21世纪中叶，信息化全面支撑富强民主文明和谐的社会主义现代化国家建设，在引领全球信息化发展方面有更大作为。

所谓网络强国，是指具备强大网络科技、网络经济、网络管理能力、网络影响力和网络安全保障能力的国家，就是在建设网络、开发网络、利用网络、保护网络和治理网络方面拥有强大综合实力的国家。一般认为，网络强国至少要具备五个基本条件：一是网络信息化基础设施处于世界领先水平；二是有明确的网络空间战略和国际社会中的网络话语权；三是关键技术和装备要技术先进自主可控；四是网络主权和信息资源要有足够的保障手段和能力；五是在网络空间战略对抗中有制衡能力和震慑实力。

所谓网络强国战略，是指为了实现由网络大国向网络强国跨越而制定的国家发展战略。通过科技创新和互联网支撑与引领作用，着力增强国家信息化可持续发展能力，完善与优化产业生态环境，促进经济结构转型升级，推进国家治理体系和治理能力现代化，从而为实现“两个一百年”目标奠定坚实的基础。

实施网络强国战略意义重大。第一，信息化、网络化引领时代潮流，这是当今世界最显著的变革特征之一，既是必然选择，也是当务之急。第二，网络强国是国家强盛和民族振兴的重要内涵，体现了党中央全面深化改革、加强顶层设计的坚强意志和创新睿智，显示出坚决保障网络主权、维护国家利益、推动信息化发展的坚定决心。第三，网络空间蕴藏着巨大的经济、科技潜力和宝贵的数据资源，是我国社会经济发展的新引擎、新动力。它与农业、工业、商业、教育等各行业各领域深度融合，催生出许多新技术、新业态、新模式，提升着实体经济的创新力、生产力、流通力，为传统经济的转型升级带来了新机遇、新空间、新活力。第四，互联网作为文化碰撞的通道、思想交锋的平台、意识形态斗争的高地，始终是没有硝烟的战场，是继领土、领海、领空之后的“第四领域”，构成大国博弈的战略制高点。只有掌握自主可控的互联网核心技术，维护好国家网络主权，民族复兴的梦想之船才能安全远航。第五，国家治理体系与治理能力现代化，需要有效化解社会管理的层级化与信息传播的扁平化矛盾，推动治理的科学化与精细化。尤其是物联网、大数据、云计算等先进技术的涌现为之提供了更加坚实的物质基础和高效的运作手段。

经过20多年的发展，我国互联网建设成果卓著，网络走入千家万户，网民数量世界第一，固定宽带接入端口超过4亿，手机网络用户达到10.04亿，我国已经是名副其实的网络大国。但是我国还不是网络强国，与世界先进国家相比，还有很大的差距，其间要走的路还很长，前进中的挑战还很多。如何实践网络强国战略，建设网络强国，是摆在中华民族面前的历史性任务。

本丛书由解放军信息工程大学相关专家教授合作完成，丛书的策划、构思和编写围绕以下问题和认识展开：第一，网络强国战略既已提出，那么，如何实施，从哪些方面实施，实施的路径、办法是什么，存在的问题、困难有哪些等。作者始终围绕网络强国建设中的技术支撑、人才保证、文化引领、安全保障、设施服务、法律规范、产业新态和国际合作等重大问题进行理论阐述，进而提出实施网络强国战略的措施和办法。第二，网络强国战略既是一项长期复杂的系统工程，又是一个内涵丰富的科学命题。正确认识和深刻把握网络强国战略的内涵、意义、使命和要求，无疑是全面贯彻落实网络强国战略的前提条件。丛书的编写既是作者深入理解网络强国战略的认知过程，也是帮助公众深入理解网络强国战略的一种努力。第三，作为身处高校教学一线的理论工作者，积极投身、驻足网络强国理论战线、思想战线和战略前沿，这既是份内之事，也是践行国家战略的具体表现。第四，全面贯彻落实网络强国战略，既有共同面对的复杂现实问题，又有全民参与的长期发展问题。因此，理论研究和探讨不可能一蹴而就，需要作持久和深入的努力，本丛书必然会随着实践的推进而不断得到丰富和升华。

为了完成好本丛书的目标定位，解放军信息工程大学校党委成立了“强力推进网络强国战略丛书”编委会，实行丛书主编和分册主编负责制，对我国互联网发展的历史和现状特别是实现网络强国战略的理论和实践问题进行系统分析和全面考量。

本丛书共分为八个分册，分别从技术创新支撑、先进文化引领、基础设施铺路、网络产业创生、网络人才先行、网络安全保障、网络空间国际合作共建、网络空间法治八个方面，对网络强国建设中的重大理论和实践问题进行了梳理，对我国建设网络强国的基础、挑战、问题、原则、目标、重点、任务、路径、对策和方法等进行了深入探讨。在撰写过程中，始终坚持突出政治性，立足学术性，注重可读性。本丛书具有系统性、知识性、前沿性、针对性、实践性、操作性等特点，值得广大人文社科工作者、机关干部、管理者、网民和群众阅读，也可供大专院校、科研院所的专家学者参考。

在丛书编写过程中，得到了中央网信办负责同志的高度关注和热情鼓励，借鉴并引用了有关网络强国方面的大量文献和资料，与多期“网信培训班”的学员进行了研讨，在此一并表示衷心的谢忱。

邬江兴

目　录

第一章　网络时代的产业转型

2016年4月19日，习近平总书记在网络安全和信息化工作座谈会上发表重要讲话，指出："我国经济发展进入新常态，新常态要有新动力，互联网在这方面可以大有作为。要着力推动互联网和实体经济深度融合发展，以信息流带动技术流、资金流、人才流、物资流，促进资源配置优化，促进全要素生产率提升，为推动创新发展、转变经济发展方式、调整经济结构发挥积极作用。"① 互联网以其高效、便捷的资源配置方式成为一切传统行业的颠覆者。发展互联网经济是当前国家产业结构迈向中高端的选择，我国经济发展的重要战略之一就是利用互联网技术促进传统产业转型升级，"互联网＋"行动正是这场产业转型的开端，同时奏响了实施网络强国战略的最强音。

一、产业"互联网＋"时代

英国演化经济学家卡萝塔·佩雷斯（Carlota Perez）认为，每一次大的技术革命都形成了与其相适应的技术-经济范式。在全球新一轮科技革命和产业变革中，互联网特别是移动互联网成为各行各业发展的新干线。互联网、智能手机、智能芯片的广泛应用，为"互联网＋"的发展奠定了坚实的基础。"互联网＋"传统广告业成就了百度，"互联网＋"传统集市成就了淘宝，"互联网＋"传统百

① 新华网．"平语"近人——关于互联网，习近平做过这些重要论述[EB/OL]. http://news.xinhuanet.com/politics/2016-04/20/c_128911200.htm,2016-04-20.

货卖场成就了京东，“互联网＋”传统银行成就了支付宝，“互联网＋”传统交通成就了滴滴……“互联网＋”是我国工业化和信息化深度融合的成果与标志。

（一）“互联网＋”上升为国家战略

“互联网＋”行动计划是以习近平同志为核心的党中央提出的事关我国互联网经济社会发展的重大战略。2015年3月5日，李克强总理在第十二届全国人大三次会议上所做的政府工作报告中首次提出，要“制定‘互联网＋’行动计划，推动移动互联网、云计算、大数据、物联网等与现代制造业结合，促进电子商务、工业互联网和互联网金融健康发展”①。这表明政府将从国家层面建立互联网发展战略，为我国经济转型升级提供新路径。党的十八届五中全会审议通过《中共中央关于制定国民经济和社会发展第十三个五年规划的建议》，要求实施网络强国战略，正式提出实施“互联网＋”行动计划，促进互联网和经济社会融合发展。由此，“互联网＋”行动计划上升为国家战略，成为影响中国经济社会发展全局的重大战略。那么，什么是“互联网＋”？

1. “互联网＋”的内涵及本质

2007年，我国出现了“互联网化”概念，2012年首次提出“互联网＋”概念。人们对“互联网＋”的认识可谓五花八门：有人认为把产品用互联网概念包装一下，或者在称谓里加上“互联网”三个字，就是“互联网＋”；有人认为“互联网＋”是大企业考虑的事，中小企业除了电商都与“互联网＋”扯不上关系。

事实上，“互联网＋”的概念十分丰富。所谓“互联网＋”，是指以互联网为主的一整套信息技术（包括移动互联网、云计算、大数据技术等）在经济、社会生活各部门扩散、应用的过程，是创新2.0下互联网发展的新形态、新业态。新一代信息技术催生了创新2.0（信息时代、知识社会的创新形态），而创新2.0又反过来作用于新一代信息技术形态的形成与发展，重塑了物联网、云计算、社会计算、大数据等新一代信息技术的新形态，并进一步推动知识社会以用户创新、

① 新华网．国务院关于积极推进“互联网＋”行动的指导意见[EB/OL]. http://news.xinhuanet.com/politics/2015-07/04/c_1115815944.htm,2015-07-04.

开放创新、大众创新、协同创新为特点的创新 2.0，改变了我们的生产、工作和生活方式，也引领了创新驱动发展的“新常态”。[①] 正是新一代信息技术与创新 2.0 模式的互动与演进，推动了“互联网＋”的发展。

通俗地讲，“互联网＋”就是“互联网＋各个传统行业”，但两者并不是简单地相加，而是利用信息通信技术及互联网平台，让互联网与传统行业进行跨界深度融合，创造新的网络产业发展生态。互联网业务已成为现代社会体系不可或缺的一部分，不仅仅局限于计算机领域，而是涵盖资讯、生产、交易、服务等方面，成为衡量一国生产力水平的重要标志。

“互联网＋”的内涵重新定义了信息化，使信息化成为 ICT（Information Communications Technology）不断应用深化的过程。一般来说，如果 ICT 的普及和应用，没有释放出信息和数据的流动性，促进信息、数据跨组织、跨地域的广泛分享使用，信息化效益难以实现，就会出现“IT 黑洞”陷阱。而在网络时代，这种情况可以避免。因为互联网是迄今为止信息处理成本最低的基础设施，它天然具备的全球开放、平等、透明等特性，使得信息、数据在工业社会中被压抑的巨大潜力爆发出来，转化成巨大的生产力，成为社会财富增长的新源泉。“互联网＋”使商品、人和交易行为迁移到互联网上，实现“在线化”，形成“活的”数据，随时被调用和挖掘。在线数据随时可以在网络产业上下游、协作主体之间以最低的成本流动和交换。数据流动起来，其价值就会最大限度地发挥出来，培育出单纯的传统产业互联网化形成的新业态、新服务、新模式。例如，淘宝网作为架构在互联网上的商务交易平台，促进了商品供给、消费需求信息在全国乃至全球范围内的广泛流通、分享和对接，形成一个超级在线大市场，极大地促进了中国流通业的效率和水平，释放了内需消费潜力。

“互联网＋”不仅是一种技术手段，更是一种经济形态，既推动了知识社会以用户创新、开放创新、大众创新、协同创新为特点的新一轮创新，也引领了创新驱动发展的“新常态”。“互联网＋”是未来中国经济社会发展的重要引擎，其本质是创新驱动。

“互联网＋”既不是单纯地构建互联网平台，也不是对传统行业的颠覆和替

---

① 中国日报网．“互联网＋”引领创新 2.0 时代[EB/OL]. http://news.xinhuanet.com/info/2015-03/15/c_134064090.htm,2015-03-15.

代，而是传统行业和互联网的深度融合，是传统行业利用互联网，打破原有业务中的信息不对称环节，实现效率重建。过去我们受制于时间、地点、流程等因信息不透明导致的高成本，“互联网＋”能够通过在线化、规模化、去渠道化，实现24小时接入、全球覆盖，减少流通成本。“互联网＋”用开放的思维重构商业模式和生产模式，是对传统行业的改造和升级。例如，“互联网＋”传统交通业诞生的滴滴出行，大大提升了乘客和司机的对接效率，既有效提高了车辆利用率，也有效促进了节能减排；“互联网＋”传统医疗业，实行网上挂号和医疗信息共享，既为人们求医问药节省了大量宝贵时间，又让更多患者享受到快捷、便利的就医体验。

“互联网＋”做到了真正的重构供需，形成“共享经济”。因为非互联网与互联网跨界融合后，不止提高了效率，更重要的是在供给和需求两端都产生了增量，从而建立起新的流程和模式。供给端将原本的闲散资源充分利用，需求端创造了原本不存在的使用消费。例如，优步专车软件，它的模式是将社会中更多的闲散车辆集中起来，成为商品资源进入商业流程，增加了供给；而在需求端，乘客在出租车之余，多了“专车”的选择，需求有所增加。再如高德的“互联网＋”尝试，高德交通信息公共服务平台，基于高德的交通大数据云平台，能够提供实时拥堵路段排行、历史拥堵指数对比，并提出智能躲避拥堵的出行解决方案。这些能力与交管局、交通广播电台及其他各行各业合作时，就会创造出全新的供需关系。交通台与高德合作后，增加了躲避拥堵解决方案的新供给，听众则收获了智能躲避拥堵的新需求。因此，一个项目是“互联网＋”还是“＋互联网”，关键是原有的非互联网业务，在与互联网连接后有无供需重构。如果是物理叠加，改善存量，提升效率，那仅是“＋互联网”；如果在此基础上又创造了增量，产生了质变，那就是“互联网＋”。

“互联网＋”充分发挥互联网在生产要素配置中的优化和集成作用，将互联网的创新成果深度融合于经济社会各个领域，提升实体经济的创新力和生产力，形成更广泛的以互联网为基础设施和实现工具的经济发展新形态。“互联网＋”金融、“互联网＋”工业、“互联网＋”农业、“互联网＋”商业、“互联网＋”物流、“互联网＋”文化、“互联网＋”教育、“互联网＋”餐饮……越来越多的传统行业借助互联网平台变身网络产业，改变了我们的生产、工作及生活方式。

2.“互联网+”的国家行动计划

近年来，我国在互联网技术、产业、应用及跨界融合等方面取得了很大的进展，已具备加快推进“互联网+”发展的坚实基础，但也存在一些亟待解决的问题。例如，传统企业自觉运用互联网的意识和能力不足；互联网企业对传统产业的理解不深入；“互联网+”发展面临一系列体制机制的障碍，特别是认识上的障碍；缺乏跨界综合型、复合型人才；等等。这些都严重阻碍了传统企业的转型升级，也阻碍了互联网企业向传统产业的渗透和业务拓展。

“互联网+”战略是2015年全国人大代表、腾讯董事会主席兼CEO马化腾向全国人大提出的建议之一。马化腾提出：“互联网+”意味着互联网与传统行业深度融合，是我国经济转型升级的重要机遇。随着移动互联网、大数据、云计算、物联网与人工智能等新技术的发展，各行业都在围绕互联网做融合创新，不仅有助于产业升级，还能促进大众创业，极大地方便人民的生活。他解释说，“互联网+”战略就是利用互联网的平台，利用信息通信技术，把互联网和包括传统行业在内的各行各业结合起来，在新的领域创造一种新的生态。①

2015年3月5日，十二届全国人大第三次会议开幕会上，李克强总理首次提出制订“互联网+”行动计划。2015年6月24日，国务院常务会议通过了《关于积极推进“互联网+”行动的指导意见》（以下简称《意见》）。“互联网+”这一新兴产业模式正式成为中国的国家行动计划。十八届五中全会报告也强调要实施网络强国，实施“互联网+”行动计划，发展分享经济，实施国家大数据战略。“十三五”规划建议明确提出，拓展网络经济空间，实施“互联网+”行动计划。

《意见》明确了推进“互联网+”，促进创业创新、协同制造、现代农业、智慧能源、普惠金融、公共服务、高效物流、电子商务、便捷交通、绿色生态、人工智能等能够形成新产业模式的11个重点领域发展目标任务，还提出具体支持措施，清理阻碍发展的不合理制度政策，推动互联网与各行业深度融合，支持互联网企业上市。②

---

① 新华网．马化腾：建议制定推动“互联网+”全面发展的国家战略[EB/OL]. http://news. xinhuanet. com/fortune/2015-03/04/c_127541916. htm,2015-03-04.

② 中国电子网．“互联网+”正式成为国家行动计划[EB/OL]. http://www. 21ic. com/news/computer/201506/631813. htm,2015-06-26.

“互联网+”行动计划重点促进以云计算、物联网、大数据为代表的新一代信息技术与现代制造业、生产性服务业等的融合创新，发展壮大新兴业态，打造新的产业增长点，为大众创业、万众创新提供环境，为产业智能化提供支撑，增强新的经济发展动力，促进国民经济提质、增效、升级。

《意见》提出，到2018年，互联网与经济社会各领域的融合发展进一步深化，基于互联网的新业态成为新的经济增长动力，互联网支撑大众创业、万众创新的作用进一步增强，互联网成为提供公共服务的重要手段，网络经济与实体经济协同互动的发展格局基本形成。到2025年，网络化、智能化、服务化、协同化的“互联网+”产业生态体系基本完善，“互联网+”新经济形态初步形成，“互联网+”成为经济社会创新发展的重要驱动力量。[①]

《意见》提出的具体行动计划，对于推动互联网由消费领域向生产经营领域的拓宽拓展、加速提升我国产业转型升级、增强各行各业的创新能力、构筑经济社会发展的新优势新动能，都具有积极意义。

（二）“互联网+”的时代特征

“互联网+”用互联网思维使传统产业旧的模式焕发新的生机，创造出互联网生态圈，呈现出与众不同的新特征。

1.“互联网+”的融合与创新

“互联网+”传统产业是融合而非简单相加。用好互联网思维和手段，能收到经济社会、传统产业与互联网融合的倍增效应，拓展网络经济空间。“+”就是跨界，即深度融合。随着互联网技术的发展和普及，互联网产业将触角伸向各个经济领域，如制造、金融、物流等，从而实现产业融合。将互联网引入实体经济，是对实体经济的深刻变革，即所谓的“破坏式创新”。基于技术融合的互联网与实体经济相融合，将不同产业的交叉资源进行信息化、数据化处理，开辟产业合作的新途径，可以有效地整合资源，提高资源利用率，降低企业业务门槛，模糊传统产业边界，推动企业平台化、跨界化发展。

---

① 中国电子网．“互联网+”正式成为国家行动计划[EB/OL]. http://www.21ic.com/news/computer/201506/631813.htm,2015-06-26.

“互联网＋”更大的价值在于其对传统产业生产方式、组织模式的变革创新。“互联网＋”在一定程度上打破了地域、组织、技术的界限，加强了创新资源共享与合作，促进前沿技术和创新成果及时转化，构建更具活力的创新体系。传统产业长期积累形成的人力、技术、资本、管理等各种资源，是其进入“互联网＋”发展模式的潜在优势。要想把这种潜在的优势转化为现实竞争力，必须根据互联网经济的要求变革企业的组织结构、生产方式乃至企业经营理念，必须运用好互联网、大数据所提供的供求信息，建立一整套反馈机制，在此基础上进行生产和产品设计创新，用互联网思维自我革命，推动产业转型升级。

2. “互联网＋”的开放与重塑

“互联网＋”向社会开放企业能力与服务。在互联网平台上，企业可以向产业链或社会开放自己的数据。过去，各行各业的能力与资源基本固化封锁在企业内部。现在，电商促进企业向消费者开放；互联网社区也促进企业向消费者开放；随着资本风投、股权激励，企业的治理结构、人才也会社会化，整个社会众多企业如同虚拟的互联网一样连接在一起。各行各业可以结合自己的业务优势，通过 1＋1＞2 的跨界创新，创造出新的产品、新的服务和新的盈利模式，大家共享“互联网＋”红利。

信息革命、全球化、互联网业打破了原有的社会结构、经济结构、地缘结构、文化结构，在互联网上形成了越来越多的共同利益相关者，共同兴趣的相关者组成的不同群体，构造了新的学习业态，新的商业生态和新的生活生态。“互联网＋”渗透进各行各业，改变着传统产业，也在重塑我们的衣食住行及生活习惯。例如，“互联网＋”金融，支付宝、百度钱包、微信钱包等第三方支付工具，使得我们的金融交易可以随时随地发生；“互联网＋”医疗，挂号、看病、取药可以在 APP 上一键预约，改善了我们的就医体验；“互联网＋”教育，进入个性化、自主性、互动性的教育模式中，将知识的线上共享功能进一步扩大；“互联网＋”家居，我们可以通过智能手机、平板电脑、智能手表，甚至智能电视来控制家中的智能家居系统。

3. “互联网＋”的直通与廉洁

在网络时代，受冲击最大的企业是各类中介机构、中间环节和代理机构，除非这些企业能演变成平台型企业，否则就会面临很大的挑战。因为互联网把渠道压扁了，厂家与最终客户之间可以直通。企业可以直接与最终客户打交道，让客户参与进来，从而对中间环节形成压力。虽然厂家不可能全部通过电子商务销售所有的产品，在销售环节可能使用中介机构，但是企业的市场控制力会明显提高。

“互联网＋”使原来信息的不对称变得对称起来，一旦某个客户发出声音，就会迅速传播到全国甚至世界各地，形成社会压力。因此企业对客户不得不有敬畏之心，消费者开始有越来越多的选择权和话语权，商业环境日趋公平、公正。“互联网＋”也迫使很多权力部门改变了工作方式。人们与各类机构打交道时，可以通过互联网预约，很多事情可以在网上办理，包括网上申请、网上交费、网上审核等，大大减少了权力寻租的机会，使整个社会的廉洁水平不断提高。同时，互联网作为监督约束的一个有效工具，可以方便举报一些不法分子的行为，越过很多人对传统媒体的控制。所以，“互联网＋”的廉洁对规范市场秩序有很大帮助，必将加速中国经济社会转型。

（三）“互联网＋”的时代意义

“互联网＋”战略是中国经济新常态下抢占竞争制高点、引领企业创新、驱动产业转型、推动众创时代到来的重要引擎。

1. “互联网＋”拓展国家竞争新内涵

在全球新一轮科技革命和产业变革中，互联网特别是移动互联网成为各行各业发展的新干线。以互联网为平台，信息技术与工业、新材料、新能源等领域的技术相融合，一方面催生新兴产业快速发展，另一方面通过与传统产业的融合渗透，助推传统产业转型升级，使国家间的竞争不再局限于传统产业，而是有了新的内涵。美国的《先进制造业伙伴计划》和《网络空间国际战略》、英国的《信息经济战略 2013》等行动计划和战略的提出与实施，都是在谋求抢占竞争制高点、强化新优势。以“互联网＋”工业为例，世界各强国纷纷提出新概念，部署新战略，落实新举措：美国提出“工业互联网联盟”，利用互联网优势激活传统制造业的创造力；德国提出“工业 4.0”，部署传统制造业向互联网融合；我国制订“中国制造 2025”计划，主攻方向是“智能制造”，其实质也是通过“互联网+”工业，在世界各国竞争中抢占产业变革先机，使我国由工业大国历史性地跨越为工业强国。

2.“互联网+”打造创新驱动新引擎

“互联网+”促进思维模式的创新。自由、免费、平等、开放、创新、共赢是互联网思维的典型特点，随着互联网思维的不断渗透，消费者对便捷化、个性化与免费化的需求越来越旺盛。这种新的消费习惯促使企业的经营者必须转变思维模式，对产品的生产、流通及销售流程重新进行架构，以应对互联网经济浪潮的冲击。

“互联网+”促进生产方式的创新。大数据、云计算的广泛应用，实现了供给端与需求端数据搜集、统计、整理和分析的实时化，上下游企业纵向互联、区域内企业横向互联、生产者与消费者之间直接互联成为常态。企业可以根据用户意见订单式生产，并通过客户反馈信息不断改进设计，实现生产的个性化、柔性化与智能化，高效利用原材料和资金，摆脱产能过剩困局。例如，淘宝品牌商家就是利用消费者的点击、收藏、购物车、评论数据，精准分析客户消费偏好和销售数据，并将数据实时传递给工厂；工厂根据销售和库存情况，进行物料和产能调整，从销售相关数据中找到潜力款，实现最优化生产。在生产技术上，伴随着电子信息、互联网、新能源、新材料、3D打印、工业机器人等技术的加速推进，以“智能制造”为核心的工业4.0革命成为未来工业生产发展的方向，不同生产环节分工会进一步细化和专业化，促使生产者不断改进生产技术，淘汰落后产能，推动我国从“中国制造”向“中国智造”升级。

“互联网+”促进驱动模式的创新。随着互联网技术的加速发展，云计算、大数据、物联网等新技术不断融入传统产业，出现了互联网电商、互联网金融、互联网医疗、互联网教育等新的产业形态，并倒逼传统制造业、服务业甚至农业投入创新升级的浪潮中。例如，大量农民通过直接在网上开店或成为电商供应商的方式，加入农产品电子商务的产业链中，形成农产品新型流通模式，成为传统行业互联网化的典型案例。正是“互联网+”通过网络化、平台化、信息化、智能化和扁平化，促使传统产业从要素驱动、投资驱动向创新驱动转变，促进经济结构调整，增强经济持续健康发展活力。

3."互联网+"推动众创时代到来

李克强总理指出:"互联网是大众创业、万众创新的新工具。只要'一机在手''人在线上',实现'电脑+人脑'的融合,就可以通过'创客''众筹''众包'等方式获取大量知识信息,对接众多创业投资,引爆无限创意创造。"[1] 2015年3月,国务院办公厅印发了《关于发展众创空间推进大众创新创业的指导意见》,部署推进大众创业、万众创新工作。以"互联网+"思维和模式,可以有效改善就业环境,让更多的人成为创业者,从而带动就业。在"大众创新、万众创业"的导向下,以创客为代表的受过良好专业教育的创业者不再满足于安逸的工作,以互联网思维进行个性化创新,孵化出一批估值高达数十亿美元的新创互联网企业,促进了中关村创业大街、创新工场等创新服务平台的兴起,集聚了资金、人才、科研、网络、数据等知识要素和创新要素,营造出良好的创业生态,反过来又推动了体制机制创新,促进多渠道多方式就业,助力实体经济发展。"互联网+"真正把创业的广度扩展到了三百六十行,未来随着互联网和非互联网融合的进一步加深,所有行业最终都可以统称为"互联网+"行业。

二、"互联网+"成为产业发展新常态

新一轮科技革命引发了全球产业发展方式的变革。创新模式的变革表现为创新载体由单个企业向跨领域多主体的创新网络转变;生产方式的变革表现为新一代信息技术,特别是互联网技术与制造业融合不断深化,智能制造加快发展;组织形态的变革表现为生产小型化、智能化、专业化特征日益突出;产业形态的变革表现为互联网与传统产业加速融合,"互联网+"成为产业发展的新常态。

(一)"互联网+"催生行业发展新业态

"互联网+"新业态,是指通过"互联网+"将信息技术的创新成果深度融

---

① 李东标."互联网+"开启"创"时代大门[EB/OL]. http://news.xinhuanet.com/comments/2015-07/08/c_1115857461.htm,2015-07-08.

合于经济社会各领域之中，促进不同产业间的组合、企业内部价值链和外部产业链环节的分化融合、行业跨界整合，形成新型的企业、商业乃至产业的组织形态。互联网已渗透至各行各业，传统产业纷纷变革发展模式，以技术、产品、服务、商业模式等方面的创新抢占竞争制高点，催生诸多新兴业态。

1.“互联网+”新业态的几种模式

一是“互联网+”与传统产业融合形成新业态。传统产业在“互联网+”的强力推动下进行业态重组，带来的不仅是物理意义的增量，更重要的是对传统行业的跨界推动，以及对已有行业潜力的再次挖掘。“互联网+”传统零售业，推动信息消费跃升，成就了电子商务；“互联网+”传统工业，引领传统制造业向“网络、数字、智能”化方向转型升级，成就了工业互联网；“互联网+”传统农业，推进我国农业生产向精确化、智能化和高效化的现代农业发展；“互联网+”传统金融形成互联网金融，助力“普惠金融”。

例如，阿里金融的微贷技术依赖于互联网的云计算，对小微企业的大量数据进行运算，既保证了安全、高效，又降低了阿里金融的运营成本。针对那些通常无法在传统金融渠道获得贷款的小客户，阿里金融利用淘宝、支付宝等平台上积累的客户信用数据及行为数据，通过交叉检验技术并辅以第三方验证，确认客户信息的真实性，并进一步将其行为数据映射为企业和个人的信用评价，根据信用评价发放“金额小、期限短、随借随还”的小额贷款。①

二是“互联网+”背景下消费者需求产生倒逼机制催生新业态。随着移动互联网的发展，传统的供需关系发生变化，过去的一些潜在需求逐渐转化为显性需求，成为企业挖掘市场潜力、拓展新业态的重要机会。

例如，互联网金融理财平台“淘淘金”，通过市场调查，将理财人群进行分类，根据不同人群制定不同的理财产品，满足其潜在的理财需求。又如，苏宁任性付、京东白条、天猫分期购等网络支付手段，从产品设计到操作过程，都体现了开放、不问资产、不问身世的特点，遵循客户体验至上的理念，满足了年轻群体追求时尚的新需求。再如，滴滴出行在一定程度上解决了出租车市场的信息不

---

① 马春梅．在融合与裂变中催生新业态——发展“互联网+”新业态系列谈之二[N]．河北日报，2016-04-22（4）．

对称，其内置的滴米等积分系统有效规避了司机挑肥拣瘦的行为，保证了呼叫成功率，形成了出租车市场新业态。[①]

三是“互联网＋”背景下业务系统集成催生新业态。互联网技术的融入，加上需求市场的反向推动，使系统集成和运维服务成为趋势。企业开始向提供业务应用整体解决方案推进，通过将分散业务集约化，系统集成形成大的平台，促成多方联络和交易从而获取收益。软件应用商店、开放开发平台、电子商务平台、金融支付平台和云服务平台等，都是平台经济的具体形式。百度、阿里巴巴、腾讯等企业的成功，就在于打造了信息汇聚与分享平台。

例如，阿里巴巴打造的“互联网＋”实力产业群，选择产业集聚度高、市场活跃度好、最能代表我国制造先进水准的地区，联合各地政府共同打造“线上产业带＋线下产业园”的创新模式。通过全平台打通、平台与服务打通、服务与交易打通，实现优质产品从厂家至消费者的一站式、智能化高效分销通道，并形成代销订单回流闭环和终端消费者评价回流闭环，这样有助于重塑产业链、供应链和价值链，助力中小企业转型升级。[②]

“互联网＋”还能产生什么样的新业态？“互联网＋教育”大大延伸了学习交流的边界，“互联网＋汽修”把汽车“后服务”市场搅得火热……百度 CEO 李彦宏说：“互联网加任何一个行业都能做出花样来。”[③] 人们还在尝试各种融合方式，随着这些融合、渗透的深入，新的业态和模式会不断产生。

2.“互联网＋”新业态已成为引领经济增长的重要力量

有人预言，2008 年金融危机之后的这场“新产业革命”将会挽救全球经济，并在 2025 年使全球经济产生根本性的变革。“互联网＋”新业态已经成为后国际金融危机时代推动经济复苏、引领经济增长的重要力量。

从国际看，一是技术创新直接催生的新业态市场规模不断扩大。比较典型的如移动互联网、云计算、大数据、物联网等。市场研究公司 Gartner 称，公共云服务市场呈现出高速发展的态势，全球公共云服务市场规模 2016 年有望达到 2040 亿美元，较 2015 年的 1750 亿美元增长 16.5%。Gartner 公司预计，这种发

①② 马春梅．在融合与裂变中催生新业态——发展“互联网＋”新业态系列谈之二[N]．河北日报，2016－04－22（4）．

③ 齐泽萍．“互联网＋”催生多少新业态[N]．山西日报，2016－08－07（6）．

展势头将会持续到2017年。[①] 大数据技术和服务市场从现在至2017年的复合年增长率预计达到27%，市场规模达324亿美元。[②]

二是基于互联网商业模式创新催生的新业态对经济增长的贡献逐步增长。英国消费者指数研究部报告预计，到2016年网上快消品销售额将从现在的360亿美元增至530亿美元，增幅达到47%。网上交易对经济的贡献率逐步增长，同时提供了大量就业岗位。在线教育领域，据资本实验室风险投资与并购数据库统计，2014年上半年全球在线教育行业风险投资事件有143起，披露交易额达9亿美元。[③]

从国内看，"互联网+"新业态也是新形势下我国经济稳定运行的重要力量。2015年，我国经济增长6.9%，增长速度有所放缓，但速度背后的结构调整升级和发展质量的变化值得关注。"互联网+"新业态的快速发展使得我国经济增长出现了向中高端迈进的深刻变化。

一是"互联网+"新业态促进经济结构优化。"互联网+"新业态加速现代服务业发展，使得第三产业对经济增长的贡献明显提高。2015年，我国移动互联网流量消费达41.87亿G，同比增长103%[④]，2015年上半年全国手机上网流量连续6个月翻倍增长，移动互联网的广泛应用催生了移动支付、移动视频、移动电子商务等新业态的快速发展。"互联网+"新业态进一步释放居民消费潜力，使得消费对经济增长的拉动作用持续增强。2015年全国网上零售额38773亿元，比上年增长33.3%。[⑤]

二是"互联网+"新业态提供中国经济增长新动力。一方面，新业态领域的投资与市场规模持续扩大。产业信息网发布的《2015—2020年中国云计算行业前景调查及投资策略分析报告》显示，2014年中国云服务市场规模达到1645.8亿元，同比增长28%，高于全球平均水平；《2013—2017年中国物联网行业应用领域市场需求与投资预测分析报告》指出，2015年我国物联网整体市场规模达

---

① 腾讯科技网．2016年全球公共云服务市场规模将达2040亿美元[EB/OL]. http://tech.qq.com/a/20160127/048726.htm,2016-01-27.

②③ 于凤霞．互联网新业态成为经济发展新引擎[N].学习时报,2015-08-10(5).

④ 新华网．2015年我国网民使用移动流量同比增长一倍[EB/OL]. http://news.xinhuanet.com/fortune/2016-05/31/c_1118964918.htm,2016-05-31.

⑤ 新浪网．统计局：2015年全国网上零售额同比增33.3%[EB/OL]. http://finance.sina.com.cn/stock/t/2016-01-19/doc-ifxnrahr8512978.shtml,2016-01-19.

到7500亿元，年复合增长率约为30%。物联网在基础设施、环境监测、公共安全、工业控制等领域应用将撬动巨大市场。另一方面，移动应用融合渗透，不断刺激居民消费需求。以移动互联网与零售、社交融合应用为例，2015年除夕，春晚“摇一摇”互动总量超过110亿次，送出红包金额约5亿元；春节期间各类商家网上派发的营销类红包总额近200亿元，“红包大战”使春节期间网购消费增长了10%～20%。①

三是“互联网+”新业态有效解决我国就业问题。一方面，“互联网+”新业态直接创造新的就业机会。截至2015年12月，中国电子商务服务企业直接从业人员超过270万人，同比增长8%。由电子商务间接带动的就业人数，已经超过2000万人，同比增长11%。② 另一方面，“互联网+”新业态为弱势群体创业就业提供前所未有的机会。在“大众创业、万众创新”的大背景下，年轻“草根”和弱势群体倚重电商平台实现就业的情况呈明显上升趋势。如在阿里巴巴平台，19%的店主在开店前是失业人员，17.8%为大学生，农民占7%，残疾人占0.9%。③

（二）“互联网+”孕育行业竞争新常态

随着互联网与传统产业日益紧密地结合，“互联网+”新业态更加密集涌现，“互联网+”模式成为企业竞争、产业竞争的新常态。

1.“互联网+”塑造行业竞争新趋势

经过二十多年的发展，互联网强力渗透各行各业，“互联网+”模式成为传统行业提升竞争实力的重要途径。传统行业纷纷变革发展模式，力求以技术、产品、服务、商业模式等创新占得竞争制高点。实践证明，能够运用“互联网+”思维，用新的发展观抓住机遇的企业，具有赶超发展的更大可能。位列全球十大互联网企业的阿里、腾讯、百度、京东等，都是凭借“互联网+”思维取得了竞争优势和领先地位。例如，全球第二大互联网公司阿里巴巴以“互联网+”传统集市的思路打造了淘宝和天猫，减少了传统零售企业的业务收入，颠覆了传统销

---

①③ 于凤霞．互联网新业态成为经济发展新引擎[N]．学习时报，2015-08-10（5）．

② 中国产业信息网．2015中国电子商务服务企业直接从业人员超过270万人，同比增长8%[EB/OL]．http://www.chyxx.com/industry/201607/434389.html，2016-07-30.

售业的销售渠道；以“互联网＋”传统银行的模式创新了支付宝和余额宝，吸引了银行直接用户，变革了金融机构的经营思路。大型零售巨头华联、银泰、新世界等为应对阿里的淘宝和天猫、腾讯的微信购物等带来的挑战，陆续开展与手机淘宝、微信的合作，并通过打折、促销力图夺回市场份额；面对支付宝、余额宝等带来的竞争压力，四大银行不断推出各类互联网金融理财产品，并通过降低快捷支付限额等手段做出回应。与此同时，互联网企业到传统行业“圈地”的争夺同样激烈。为了打造互联网生态系统，以百度、腾讯、阿里巴巴为代表的互联网龙头们纷纷进行投资与合作，遍布打车、餐饮、地图、视频、团购、旅游、百货、移动支付等各个领域，在构筑自身全方位竞争实力的同时，也为各产业领域竞争态势带来变革。

2.“互联网＋”构筑企业竞争新格局

随着互联网技术的发展和普及，互联网企业将触角伸向各个经济领域，实体经济与虚拟经济及三次产业之间不断打破原有的产业边界，相互跨界融合。在市场竞争中，“互联网＋”实实在在地成为企业竞争实力的一种标志。如何在“互联网＋”的跨界融合中不被终结，而是立于不败之地，成为市场竞争新形势下所有企业都要认真思考和解决的问题。2015 年 2 月 14 日，滴滴与快的战略合并；4 月 17 日，58 同城宣布入股赶集网；5 月 22 日，携程投资艺龙成为最大股东；10 月 8 日，美团与大众点评宣布合并。为什么要合并？一是各平台入不敷出，倒贴严重，同行竞争的“烧钱”模式无法持续；二是同类平台持续恶性竞争，如果短期内不能形成一家独大的格局，只会两败俱伤，不如合作共赢，尽力推动二者合并，做大新公司的规模和估值，创造上市机会，在行业趋近红海时占据一席之地。电商平台的强强联手势必带来生活服务类 O2O 市场的新格局。①

三、“互联网＋”加速提升产业发展水平

随着中国经济进入“新常态”，稳增长、调结构、促转型给企业发展提出新

① 石家庄新闻网．“互联网＋”期待新格局[EB/OL]. http://www.sjzdaily.com.cn/digi/2015-10/15/content_2491860.htm,2015-10-15.

要求。落实“互联网+”行动计划，就要充分发挥我国互联网的规模优势和应用优势，推动互联网由消费领域向生产领域拓展，加速提升产业发展水平，增强行业创新能力，构筑经济社会发展新优势和新动能。

（一）“互联网+”行动计划促进传统产业转型升级

《“互联网+”行动指导意见》部署的产业布局是：不仅着力做优存量，推动经济提质增效和转型升级，也要着力做大增量，培育新型业态，打造新的增长点。“整个互联网与工业融合趋势之下将形成新的生态体系：工业大数据服务、供应链金融服务、工业云计算服务、融合应用解决方案等业态将出现，规模庞大的新兴市场应运而生。”[①] 对我国总体相对落后的产业体系而言，“互联网+”行动计划的实施，将为我国传统产业的转型升级注入根本性的变革力量，进一步促进了传统产业数字化、网络化、智能化。

1.“互联网+”对传统产业不是颠覆，而是换代升级

网络时代的产业革命不只是单一的技术革命或新产业诞生，更多地表现为新业态与新模式的创新，并且带来传统产业生产与消费模式的变化。例如，在通信领域，人们都在用即时通信应用进行语音、文字甚至视频交流。微信等即时通信应用诞生时，传统运营商如临大敌，因为语音和短信收入大幅下滑。随着互联网的发展，数据流量业务收入的增长已经大大超过语音收入的下滑。互联网的出现并没有彻底颠覆传统通信业，而是促进了运营商进行相关业务的变革升级。

在交通领域，过去车辆运输、运营市场不敢完全放开。“互联网+”交通使传统交通监管模式受到挑战。移动互联网催生了一批打车、拼车、专车软件，国外的优步、来福车，国内的滴滴、快的，它们把移动互联网和传统的交通出行相结合，改善了人们的出行方式，提高了车辆使用率，推动互联网共享经济发展，同时还节能减排，对环境保护也作出了贡献。

在金融、零售、电子商务等领域，它们都在与互联网融合。移动互联网没有颠覆传统行业，而是对传统行业起到了很大的升级换代作用。“互联网+”传统

---

① 中国电子网．“互联网+”正式成为国家行动计划[EB/OL]. http://www.21ic.com/news/computer/201506/631813.htm,2015-06-26.

媒体产生网络媒体，“互联网＋”传统娱乐产生网络游戏，“互联网＋”传统零售产生电子商务，互联网让传统金融变得更有效率、更符合“普惠金融”的精神。目前，“互联网＋”不仅在第三产业全面应用，形成了“互联网＋”金融、“互联网＋”交通、“互联网＋”医疗、“互联网＋”教育等新生态，而且正在向第一产业和第二产业渗透。“互联网＋”工业正在从消费品工业向装备制造和能源、新材料等工业领域渗透，全面推动传统工业生产方式的变革；“互联网＋”农业也在从电子商务等网络销售环节向生产领域渗透，为农业提供广阔的发展空间。

2.“互联网＋”成为传统产业转型升级的重要途径

“互联网＋”的发展过程就是传统产业转型升级的过程。电子商务平台使产品与消费者无缝对接，既缩短了流通时间，又减少了流通环节，使得产品的价格大幅度降低；运用大数据精确定位目标客户，轻松实现产品的零库存；网络促销方式多样，如搜索引擎营销、电子邮件营销、即时通信营销、博客营销、播客营销、事件营销等。更为重要的是，“互联网＋”从本质上改变了生产和销售的关系。传统产业依托互联网数据实现用户需求的深度分析，调整产业模式，形成以产品为基础、以市场为导向，为用户提供精准服务的商业模式。基于新的商业模式，传统产业通过调整资本运作和生产方式，从单纯注重产品生产的固有思维中解放，在关注产品的基础上加入用户需求元素，形成具有互联网思维的新型企业模式。在这个过程中，传统产业的生产与消费模式发生变化，进而影响人类的生产和生活方式，交易在线化就是一个典型的例子。“互联网＋”金融之后，交易在线化得到了飞速发展，网销渠道完全打开，大件、小件商品均可网购、网销甚至“全球购”。例如，“云上医院”，医疗服务的网络时代。远程在线医疗为患者节约了时间成本、缩短了空间距离，也实现了优秀医生资源共享。“云上医院”的大数据平台，还能为个人健康提供档案管理，为线下患者康复、优化医学路径提供数据支撑，同时还可承载重大疾病报告、流行病预防、药物统计等社会责任。过去，我们每年的体检报告和信息没有联动；未来，云上健康档案平台可以实现诊疗、体检的过程化和家庭化管理。阿里云计算有限公司与西安国际医学投资股份有限公司、东华软件联合打造的西安国际医学中心，就是基于云计算进行设计、开发、搭建和管理的医疗机构。

（二）“互联网+”行动计划促进传统产业变革

互联网在中国发展了二十多年，前十年互联网催生了很多经济，与传统行业共生共存；第二个十年，互联网分四个阶段改变了很多传统行业，第一个阶段是营销的互联网化，第二个阶段是渠道的互联网化，第三个阶段是产品的互联网化，第四个阶段是互联网全面融入金融、教育、旅游、健康、物流、工业、农业等传统行业。

1.“互联网+”重构传统产业组织体系

随着“互联网+”理念的不断扩展和应用，越来越多的互联网企业开始利用互联网向社会大众提供日常生活的便民服务。网络餐饮、网络娱乐、网络家政、生活本地化O2O（线上线下电子商务）等与人民群众日常生活息息相关的互联网应用，已经成为互联网产业的一个主要增长点。各传统产业也在探索与互联网深度融合的道路。互联网已经从一个技术性工具逐步演变为重要的生产要素。在融合的过程中，传统行业被注入互联网基因，这是一个全新的产业组织体系的变革过程，迅速转型的企业将产生与互联网高度融合的产业新形态。“互联网+”行动计划重点促进以云计算、物联网、大数据为代表的信息技术与现代制造业、生产性服务业等的融合创新，发展新兴业态，形成新的产业增长点。

“互联网+”极大地延伸了区域经济发展空间，为区域经济提供了新的发展契机。互联网具有渗透性强、产业链长、关联度高等特点，在互联网迅速发展的环境下，区域经济的边界已超越了传统的地理空间范围，发展不断延伸，呈现出动态化、开放性的特点，催生出一批新兴产业，形成了区域经济新的增长点。“互联网+”优化组合区域资源，利用国内相对优质与国际领先的互联网力量提升传统产业的效率、品质、创新、合作与营销能力，以信息流带动物质流，打破地区性产业壁垒限制，使传统产业直接面向全国和全球市场。

2.推动“互联网+”行动计划实施

2015年，国务院印发的《关于积极推进“互联网+”行动的指导意见》明确了十一项重点行动，分别是“互联网+”创业创新；“互联网+”协同制造；“互联网+”现代农业；“互联网+”智慧能源；“互联网+”普惠金融；“互联网

+”益民服务；“互联网+”高效物流；“互联网+”电子商务；“互联网+”便捷交通；“互联网+”绿色生态；“互联网+”人工智能。2016年4月19日，在网络安全和信息化工作座谈会上，习近平总书记再次强调指出，要将“互联网+”行动计划切实贯彻落实好，推动互联网和实体经济深度融合发展。通过发挥互联网优势，实施“互联网+制造”，发展智能制造，带动更多的人创新创业；实施“互联网+农业”帮助农民增收；实施“互联网+教育”“互联网+医疗”“互联网+文化”等，促进基本公共服务均等化；实施“互联网+扶贫”，推进精准扶贫、精准脱贫；实施“互联网+政务”，让百姓少跑腿、信息多跑路，解决办事难、办事慢、办事繁的问题；等等。[①]

当前，我国电子商务的发展为实施“互联网+”行动计划奠定了一定的基础，但也存在一些比较突出的矛盾和问题。例如，支撑保障体系不完善，特别在网络技术、网络管理、网络速度、网络安全等方面存在一定差距；社会信用体系不健全；跨境电子商务瓶颈也亟待突破。因此，推动“互联网+”行动计划的实施，必须在努力规范上下功夫。

首先，用互联网平台效应，深度整合传统产业链、技术链、服务链，从产品形态、销售渠道、服务方式等方面打破原有业态边界。我们要牢固树立移动互联网思维，科学筛选、精心培育一批代表未来发展方向、具有较高技术含量的新兴业态，作为推动产业升级的战略方向抓实抓好。新业态往往孕育着裂变式发展，能够有效推动传统产业转型升级步伐。

其次，依托互联网技术的高度倍增性、广泛渗透性和深度产业关联性，将电子商务、云服务、大数据等新兴网络服务嵌入制造企业的生产经营管理全过程。在建立高效协同供应链管理、营销管理和物流服务体系的前提下，在产业链关键环节重点培育引进一批拥有核心关键技术及自主品牌的互联网企业，不仅能够推动优势传统产业转型升级，还能为“大众创业、万众创新”注入强劲动力。

最后，破除传统路径依赖，以互联网思维大力推进产业技术、商业模式、产业文化等方面全方位创新。以技术创新带动移动互联网、云计算与大数据、物联网、3D打印等领域核心技术的研发和产业化，不仅能够应对工业4.0变革浪潮，

---

① 中国青年网．论习近平总书记网络空间治理新战略[EB/OL]. http://pinglun.youth.cn/ll/201611/t20161118_8860708.htm,2016-11-18.

抢先发展新一代智能互联、物联生产制造系统的新技术、新模式、新业态，还可以加速推进制造业及整体产业的转型升级。

我们应以整个产业价值链视角对传统产业转型升级进行系统布局，用开放、平等、融合、用户至上的互联网思维，以互联网引领产业价值链体系重构，强化互联网对传统产业转型升级的引领、融合、创新驱动作用，为“大众创业、万众创新”提供开放的环境，在不断创新中为中国经济打造新的增长点。

四、“互联网+”创造新的产业机会

当前，互联网与经济社会各领域的深度融合进一步发展，互联网支撑“大众创业、万众创新”的作用进一步增强，成为提供公共服务的重要手段。“互联网+”不断创造出新的产业发展机会，成为新常态下经济增长的新动力，形成网络经济与实体经济协同互动的发展格局。

（一）“互联网+”为创业提供选择

2015年，李克强总理在政府工作报告中提出，要推动“大众创业、万众创新”，互联网就是“大众创业、万众创新”的工具。网络时代的“大众创业、万众创新”，就是在传统的创业创新与互联网新技术之间建立连接，利用互联网信息技术对传统创业创新模式进行改造，使传统的创业创新模式互联网化，目的是推动经济良性良好发展。“互联网+”的特征是重构供需，这势必对新一代的创业者带来前所未有的机遇和挑战，也意味着传统互联网创业时代的结束和新的创业时代的到来。

1.“互联网+”为“大众创业、万众创新”带来机遇

一是政策支持。“大众创业、万众创新”和“互联网+”行动计划已经写入2015年政府工作报告。“大众创业、万众创新”既可以扩大就业、增加居民收入，又有利于促进社会纵向流动和公平正义，是激发亿万群众智慧和创造力的重大改革举措，是实现国家强盛、人民富裕的重要途径。互联网是“大众创业、万众创新”的工具。只要“一机在手”“人在线上”，实现“电脑+人脑”的融合，就可以通过“创客”“众筹”“众包”等方式获取大量知识信息，对接众多创业投

资，引爆无限创意创造。把"互联网+"行动计划上升到国家战略层面，可以消除"大众创业、万众创新"的各种束缚和桎梏，让创业创新成为时代潮流，汇聚起经济社会发展的强大新动能。在国家政策支持下，我们迎来了一个前所未有的创新创业、促进产业转型升级的大好时代。

二是转型需要。金融危机以来，我国经济发展的环境容量压力巨大、土地资源紧缺、转型升级艰难，经济增长下行压力增大，迫切需要调整经济结构，转换经济增长动力。互联网、大数据、云计算、工业4.0、3D打印等技术创新成了拉动经济增长的新引擎，党的十八大提出以信息化带动工业化，是实现经济转型升级的必由之路。而"互联网+"就是两化融合的升级版，将互联网技术与创新创业需求相结合，不仅是新常态经济发展的驱动力，也是创新驱动发展的新特征。互联网对传统行业的渗透与融合，深刻改变着各行业的生产组织方式、要素配置方式、产品形态和商业服务模式。互联网与其他行业企业的跨界融合催生了大量新技术、新业态和经济新增长点，推动产业迈向中高端、带动创新创业、促进整个社会经济的转型升级。

三是制度和技术创新驱动。在网络时代的创业浪潮中，一系列制度创新和技术创新助推"大众创业、万众创新"。例如，通过工商制度改革，放宽注册资本登记条件，放宽市场主体住所登记条件，最大限度地降低了公司注册门槛和创业成本，有利于激发民众的创业热情，为社会经济发展注入活力和动力。"互联网+"本身也是技术创新的结果。目前，我国已经是全球互联网网民数量第一的国家，使用手机上网的人数和流量已经超过计算机，移动互联网正在改变我们的生活。网速提升和费用下降不仅降低了移动互联网领域创业公司的成本，更拉动了相关消费。在移动互联网发展初期，竞争相对还不太激烈，不需要太多资源支持，只需凭借优秀产品创意即可抢得先机。

四是创业成本低、机会均等。移动互联网加速了知识和信息的自由流动，大大降低了创业成本和门槛。在国家政策的大力支持下，移动互联网的飞速发展给无经验、无资金、无人脉的大学生提供了广阔的舞台，"互联网+"成为大学生创业的有利条件，大学生选择互联网作为创业平台已成为一种经济和社会现象。在网络时代，创业者有了无限的创业机遇，每天都有大量接触商业平台的机会。对于没有雄厚资本的年轻人来说，只要有一个极具创意的点子，就可能通过自己的激情和思维做出一番事业，这正是"互联网+"创业的魅力所在。"互联网+"

的发展过程，就是一个打破垄断、保证大家机会均等的过程。

五是传统产业创新倒逼。在网络时代，传统产业压力巨大，如果不主动创新，对接互联网，势必会被淘汰。互联网与传统产业的跨界融合是一种创新，催生了大量新技术、新业态和经济新增长点，推动产业迈向中高端，带动了创新创业，促进了整个社会经济的转型升级。互联网使传统产业创造了新的服务方式，获得了新的发展机会。在传统产业的创新过程中，互联网充分发挥在生产要素配置中的优化和集成作用，将创新成果深度融合于传统产业的各环节，提升传统产业的创新力和生产力，形成更广泛的以互联网为基础设施和实现工具的经济发展新形态。

2.“互联网+”为“大众创业、万众创新”带来挑战

一是不知道“互联网+”到底应该“+”什么。互联网时代的创业者，都想利用“互联网+”概念创业，但很多人根本不知道应该“+”什么。“互联网+”可以“+”一些新兴行业，如纳米、基因技术等，但这些高端领域的创业需要深厚的专业背景。对一般创业者而言，更多的选择是传统行业与互联网的结合，但许多传统行业也很复杂。因此，利用“互联网+”创业，既需要丰富互联网经验的“行家”，也需要懂传统行业的“里手”。

二是不知道“互联网+”应该怎么“+”。青年创业者对互联网技术的敏感度很高，天马行空的想法也很多，好不容易选择了一个方向却不知道怎么去“+”，这是致命缺陷。互联网创业“门槛低”已成共识，但在低门槛的背后，是不足10%的创业成功率。原因在于不少创业者对传统行业了解不够，做出的设想大多不切实际。应当脚踏实地地学习传统行业创业和发展的思路，然后借助互联网来进行创业和创新。

三是不知道“互联网+”创业的困难在哪里。“互联网+”创业公司最常遇到的问题有：对行业了解不够全面、注意力没有放到核心问题上、预期过于乐观等。互联网领域从来不缺少好的创新，缺少的是将创新一步步变成一个能被市场接纳并且长期保有用户黏性的产品的执行力。当然，创业过程中还面临着融资难、推广难、维护难等诸多问题，需要逐一克服才能取得最后的成功。

四是不知道“互联网+”创新是否需要颠覆传统的产业运行模式。传统的产业模式相对比较成熟和稳定，“互联网+”创业不需要通过革命的方式去构建新

的社会秩序或商业秩序。我们要做的是利用互联网使传统产业转型升级，提升传统产业的价值，这也是一种巨大的创新。

3. 网络时代的创业选择

2015年，近半数的中国人都在上网，互联网已经成为中国人生活和工作形影不离的工具。未来两三年内，移动互联网将继续渗透我们的生活和工作，并且在诸多方面改变和改善我们的生活和工作形态，产生更多的商业机会。

一是“互联网＋”服务商（网络服务商）。“互联网＋”的兴起会衍生一大批处于政府与企业之间的第三方服务企业，即“互联网＋”服务商。他们本身不会从事“互联网＋”传统企业的生产、制造及运营工作，但是会帮助线上及线下双方的协作，做双方的对接工作，盈利方式则是双方对接成功后的服务费用及各种增值服务费用，如培训、招聘、资源寻找、方案设计、设备引进、车间改造等。第三方服务涉及领域有大数据、云系统、电商平台、O2O服务商、CRM等软件服务商、智能设备商、机器人、3D打印等。

二是“互联网＋”工业（网络工业）。“互联网＋”工业即传统制造业企业采用移动互联网、云计算、大数据、物联网等信息通信技术，改造原有产品及研发生产方式。具体来说，借助移动互联网技术，传统制造厂商可以在工业产品上增加网络软硬件模块，实现用户远程操控、数据自动采集分析等功能，极大地改善了工业产品的使用体验。基于云计算技术，一些互联网企业打造了统一的智能产品软件服务平台，为不同厂商生产的智能硬件设备提供统一的软件服务和技术支持，优化用户的使用体验，并实现各产品的互联互通，产生协同价值。物联网技术有助于加快生产制造实时数据信息的感知、传送和分析，加快生产资源的优化配置。借助互联网，企业通过自建或借助现有的“众包”平台，可以发布研发创意需求，广泛收集客户和外部人员的想法与智慧，极大地扩展了创意来源。

三是“互联网＋”金融（网络金融）。这种结合有三种方式：第一种是互联网公司做金融；第二种是金融机构的互联网化；第三种是互联网公司和金融机构合作。互联网金融为普通大众提供了多元化的投资理财选择，如互联网供应链金融、P2P网络信贷、众筹、互联网银行等形式。

四是“互联网＋”商业（网络商业）。移动互联网对零售、电子商务等领域起到了很大的升级换代的作用，商家可以利用大数据进行顾客分析，更有针对性地提升自己的服务，可以利用互联网与目标客户群进行更有效的互动，更便捷地获得用户反馈。中国“互联网+产业”智库、中国电子商务研究中心（100EC.CN）发布的《2015年度中国电子商务市场数据监测报告》显示，2015年，中国电子商务交易额达18.3万亿元，同比增长36.5%，增幅上升5.1个百分点。其中，B2B电商交易额13.9万亿元，同比增长39%。网络零售市场规模3.8万亿元，同比增长35.7%。2015年是B2B电商发展爆发之年，产业互联网时代到来，传统企业纷纷开展“互联网+”行动或直接转型进军电商市场。报告显示，2015年，中国B2B电子商务市场交易额达13.9万亿元，同比增长39%，增幅上升17%。[①] 2015年的全球互联网百强企业，中国有4家入围，互联网经济成为中国经济的最大增长点。

五是“互联网+”交通（网络交通）。新一代的信息技术很好地契合了交通运输技术点多、线长、面广、移动性强的突出特点，“互联网+”交通引领智能交通的发展，有力地支撑了我国规模庞大的交通基础设施的运行，更好地服务于公众的便捷出行和物流的畅通运输。互联网思维推动了以服务为核心的交通管理方式的创新和业务流程的再造。例如，智能终端和移动互联网的发展，使出行信息服务越来越关注用户的个性化需求与体验；电子支付与智能交通的结合，使得出行服务与消费体验更加紧密地结合在一起；汽车全面融入信息网络，成为信息网络中的传送单元，自动驾驶技术正在走向成熟。

六是“互联网+”民生（网络民生）。随着生活水平的不断提高，人们对于各种公共服务需求不断扩大，大到个人的婚丧嫁娶、生老病死，小至水电缴费、个人身份数据信息等，“互联网+”成为提供公共服务的重要手段。民生服务流程日益简化，不仅节约了人们的时间和成本，还有效地解决了民众办事难的问题，政府的群众满意度不断提高。以“互联网+”思维探索民生服务新模式，从根本上颠覆了民生服务传统观念。从1994年中国接入互联网，到2015年遍及全国大部分地区的宽带网络建立，很大程度上出于民生需求。整合打包政务、公共服务、商业资源，各类行政平台互补融合，极大地降低了资源浪费，使公共服务资源效率最大化，让民生服务踏入共享时代。

---

① 新浪网.2015年电商交易额突破18万亿　同比增长36.5%[EB/OL].http://finance.sina.com.cn/roll/2016-05-17/doc-ifxsehvu9099362.shtml,2016-05-17.

七是“互联网+”医疗（网络医疗）。传统医患模式中，患者普遍面临事前缺乏预防、事中体验差、事后无服务的问题。通过互联网医疗，患者可以从移动医疗数据端监测自身健康状况，做好事前防范；依靠移动医疗实现网上挂号、询诊、购买、支付，节约时间和经济成本，提升事中体验；依靠互联网在事后与医生沟通，解决事后服务问题。百度、阿里、腾讯都先后出手互联网医疗产业。2015 年，我国移动医疗市场规模为 48.8 亿元，预计 2017 年将达到 200.9 亿元①，移动医疗未来将高速发展。

八是“互联网+”教育（网络教育）。在教育领域，面向中小学、大学、职业教育、IT 培训等多层次人群开放课程，可以足不出户，在家上课。“互联网+”教育，使一切教与学的活动都围绕互联网进行，老师在互联网上教，学生在互联网上学，信息在互联网上流动，知识在互联网上成型，线下活动成为线上活动的补充与拓展。这不仅能够影响创业者，在线教育平台还能提供职业培训，解决就业问题。

九是“互联网+”政务（网络政务）。《人民日报》和微博联合发布《2016 年上半年〈人民日报〉·政务指数微博影响力报告》。截至 2016 年 6 月 30 日，经过新浪平台认证的政务微博账号达到 159320 个，较 2015 年年底增加 6930 个。报告指出，移动视频直播正成为政务公开和与民互动的新常态，微博则是“移动直播+政务”的主阵地。② 政务微博账号以开放性为基础，与其他移动政务平台协作发展，不但有利于提高政府行政效率，而且能够加强政务的透明性与公正性，为社会经济运行态势和社会管理创新提供有力的方法手段。随着“互联网+”政务战略的推进，发展智慧城市服务已经成为考验城市管理者行政能力的重要指标。一些地方政府已经开始与互联网巨头合作，通过互联网提升政府效率，增加行政透明度，助力向服务型政府转型。例如，腾讯与河南省、重庆市和上海市政府合作打造“智慧城市”，其中一项重要内容就是将交通、医疗、社保等一系列政府服务接入微信，把原来需要东奔西走排大队办理的业务通过手机完成，节省时间，提高效率。

---

① 前瞻网．2015 年我国移动医疗市场规模为 48.8 亿元[EB/OL]. http://www.qianzhan.com/qzdata/detail/149/160106-d021cc5d.html，2016-01-06.

② 中国社会科学网．2016 年政务微博超 15 万个　微博成“移动直播+政务”主阵地[EB/OL]. http://ex.cssn.cn/xwcbx/xwcbx_rdjj/201608/t20160815_3161739.shtml，2016-08-15.

十是“互联网+”农业（网络农业）。网络时代的农民不仅可以利用互联网获取先进的技术信息，也可以通过大数据掌握最新的农产品价格走势，从而决定农业生产重点。与此同时，农业电商将推动农业现代化进程，通过互联网交易平台减少农产品买卖中间环节，增加农民收益。面对万亿元以上的农资市场以及近七亿名农村用户，农业电商面临巨大的市场空间。

十一是“互联网+”物流（网络物流）。互联网无论如何发展，不管任何形态，最后都离不开物流，离不开供应链的对接。网络信息化、平台化、低成本、高效率使物流市场从卖方市场转向买方市场。伴随着传统企业转型升级的深入推进及产业结构的优化调整，以平台经济为核心的集约型发展模式得到快速推广，以物流平台为代表的经济格局初现雏形。从趋势来看，未来的物流是平台经济的时代。通过对资源的整合，互联网物流企业处于快速发展的势头，商业机会明朗，商业价值逐渐攀升。

十二是“互联网+”旅游（网络旅游）。空间的天然距离和用户心理隔膜给互联网涉足旅游领域造就了宽阔的空间。互联网在游前、游中、游后发挥优势，通过线上的信息展示、营销、互动、决策、预订、支付等反作用于线下旅游体验服务的加强，形成线上线下服务体验的闭环过程。随着用户越来越多的个性化需求被唤醒，线下旅游服务的分布广泛性和复杂性也逐渐凸显，从攻略、预订、打车租车、导游、餐饮、门票等旅行过程的各个维度，都需要移动互联网提供本地化、实时化的O2O服务。很明显，原属于传统行业范畴的旅游行业，已经成了和互联网联系最为紧密的行业之一。

十三是“互联网+”餐饮（网络餐饮）。互联网和餐饮的融合使中国餐饮业正在从传统服务业向现代服务业转型升级，互联网的发展推动着整个餐饮行业加速变局。未来，店面职能可能从原来的赚钱、服务、销售产品，转化为品牌展示与服务体验。现在不仅出现了一些纯做外卖、根本没有店面的企业，而且很多快餐行业的供应商也纷纷进军快餐业，原来需要店面来制作的食品，现在由工厂做好，通过物流系统直接送达消费者，这将对整个快餐行业形成非常大的冲击。根据国家统计局及行业公开数据，2015年餐饮业市场规模达到3.2万亿元，环比增长16%，增速加快。餐饮O2O行业发展强劲，2015年市场规模达到1400亿元，相比2014年增长了48%，远远高于整个餐饮行业的增速。而在三四线城市，随着移动互联网及智能手机的普及，线上餐饮交易规模增速加快，仍有较大的发展空间。[①]

十四是“互联网＋”文化（网络文化）。文化产业方方面面都能与互联网、移动互联网相结合，结合的过程会产生新的用户消费习惯，会不断产生新的市场需求，也会产生一批新公司。文化企业与互联网、移动互联网结合，垂直打通各个文化产业环节，把文化产业做大，创造出适合于网络时代的新型文化产业生态。例如，腾讯公司提出的“泛娱乐”战略融合发展模式抓住了市场需求，以网络平台为基础，展开电影、音乐、动漫等多领域、跨平台的商业拓展，从产业链上下游纵向看，它们贯通资金、内容制作、演艺明星、宣传推广、发行销售、衍生产品等各个环节。

（二）传统企业的“破与立”

在网络时代，一切商业都将互联网化。2015 年，我们制订了“互联网＋”国家行动计划，一些实力雄厚的传统企业纷纷向互联网转型，而部分企业由于互联网化成本偏高，面临转型难、每况愈下的经济形势。如何在互联网的跨界竞争中保持优势，已成为所有企业都需要认真思考和解决的问题。

1.“互联网＋”发展的制约因素

一是制度不适。信息生产力没有最大限度地发挥作用，受到原有基于“工业经济”的生产关系的束缚，制度安排落后。例如，没有促进信息（数据）流动与共享的政策；只有 IT 投资预算制度，没有购买云服务的财政支持制度。再如，互联网金融监管不能适应技术发展的需要等。二是观念落伍。传统产业存在较为严重的观念固化现象，对云计算、大数据等基础设施服务缺乏必要的了解和应用，也没有及时适应消费者为主导的商业格局的转变。三是基础设施滞后。与发达国家持续进步相比，我国宽带、现代物流等方面存在差距。特别是城乡、中西部的“数字鸿沟”制约了信息技术的深入普及和应用。四是技术创新体系陈旧。我国的技术创新体系，传统上倚重高校、科研机构及国有企业，相关的产业扶持资金没有得到有效利用，一些过度依赖补贴的企业创新动力不足、技术进步效果

---

① 中文互联网数据中心．国家统计局：2015 年餐饮业市场规模达到 3.2 万亿元[N]．北京商报，2016－03－16（4）．

不佳。五是小微企业活力不足。国家的扶持政策对小微企业重视不足，主要落在中型企业上。在经济“降速转型”形势下，“大众创新”受到重视，而承担“大众创新”主体的正是小微企业，小微企业对解决就业、促进创新和经济增长有重要作用。六是人才匮乏。适应“互联网+”发展的相关专业人才短缺，如电子商务人才、移动互联网人才、互联网金融人才的培养机制与市场需求严重脱节。

2. 传统企业的“互联网+”行动

网络时代，国家在转型，经济在转型，市场也在转型，这一切对于企业而言，意味着依靠原有传统大规模生产、大规模销售的增长模式获取人口红利的日子难以为继。移动互联网技术的迅猛发展推翻了信息不对称，导致人与信息的无限自由链接，意味着过去所有依靠信息不对称的盈利模式瞬间坍塌。2015 年 12 月 16 日，习近平总书记在浙江省乌镇视察“互联网之光”博览会时指出，互联网发展给各行各业创新带来历史机遇。要充分发挥企业利用互联网转变发展方式的积极性，支持和鼓励企业开展技术创新、服务创新、商业模式创新，进行创业探索。鼓励企业更好服务社会，服务人民。要用好互联网带来的重大机遇，深入实施创新驱动发展战略。[①] “互联网+”已经成为必然趋势，传统行业必须与互联网相融合，通过互联网平台重构生产模式、商业模式和盈利模式，实现创新发展，才能顺应和融入产业革命升级的滚滚大潮。

首先，战略层面要引入互联网思维，深入研究各传统行业与互联网的契合点，分析哪些业务更适合借助互联网开展，使互联网变成传统行业业务的延展和补充。其次，传播层面要更多地借助网络营销，通过网络媒体、微博、微信、各种通信工具等进行宣传，弥补电视、报纸、公关等传统媒体反馈慢、成本高、盲目单向宣传的不足。再次，渠道层面要通过线上线下一体化（O2O）的模式，借助互联网平台进行产品推广和销售，在线上提供丰富的产品、比价、互动、评价，与线下实体门店实际体验和面对面咨询沟通相结合。最后，业务层面要以客户为中心，借助于海量的客户网上数据，了解客户需求，深入分析客户行为，为客户推荐其感兴趣的产品，或为客户量身定制适合的业务，降低交易成本。

---

① 新华网．“平语”近人——关于互联网，习近平做过这些重要论述[EB/OL]. http://news.xinhuanet.com/politics/2016-04/20/c_128911200.htm,2016-04-20.

第二章　网络金融：技术创新与规范发展并重

互联网浪潮带来的创新不可阻挡，中国金融业亦不例外。网络金融的繁荣在中国已经持续多年，深刻地改变着金融业态。2015年，随着政府出台互联网金融相关指导意见和监管细则，“网络金融2.0时代”已经来临。近年来，互联网企业频繁介入金融服务行业，给社会大众带来了更好的体验和更多的选择，也促进了传统金融机构的变革，增进了社会的整体福利。

一、网络金融概览

网络金融是充分运用以互联网为代表的现代信息科技，特别是移动支付、社交网络、搜索引擎和云计算等高新技术手段，促进金融服务更加富有效率的商业模式；是对人类金融模式产生革命性、颠覆性影响，进而影响社会经济发展乃至整个社会生活的金融新业态；是市场参与者大众化，普惠于普通老百姓，体现民主，追求平等共赢的金融新通道。

（一）网络金融的兴起

网络金融的兴起具有深刻的宏观背景，部分是全球性的，也有部分为中国所特有。

1. 国际背景

首先，互联网已经影响了许多行业，尤其是不需要物流的行业，金融业也不例外。过去十年，通信、图书、音乐、商品零售等多个领域均在互联网的影响下，发生了颠覆性的改变，这点从传统书信在电子邮件兴起后的迅速式微中可窥一斑。金融具有天然的数字属性（金融产品可以看作数据的组合，金融活动也可以看作数据的移动），因此，作为一种本质上与互联网具有相同数字基因的行业，金融不可能也不应该成为不受互联网影响的“圣域”。

其次，走向数字化是未来社会的整体趋势。目前，全社会信息中约有70%已经被数字化。未来，各类传感器会更加普及，在大范围内得到应用（例如，目前智能手机中已经嵌入了十分复杂的传感设备或程序），购物、消费、阅读等活动均从线下转到线上（3D打印普及后，部分制造业也会转到线上），互联网上会产生很多复杂的沟通和分工协作方式。在这种情况下，全社会信息的90%可能会被数字化。这就为大数据在金融中的应用创造了条件。如果个人和企业的大部分信息都存放在互联网上，基于网上信息就能准确地评估这些人或企业的信用资质和盈利前景。

最后，部分实体企业已积累了大量可用于金融活动的数据和风险控制工具，共享经济（sharing economy）也正在全球范围内悄然兴起。这些互联网交换经济既为网络金融提供了广阔的应用场景，也为互联网金融打下了数据基础和客户基础，体现了实体经济与金融在互联网上的融合。

2. 国内背景

首先，中国金融体系中长期存在的一些低效率或扭曲的因素，为互联网金融的发展提供了很大的空间。这些因素包括：正规金融对小微企业服务不足，而民间金融（或非正规金融）有其内在局限性，导致风险事件频发；正规金融无法满足经济结构调整所产生的大量消费信贷需求；普通投资者投资理财渠道匮乏，难以实现资金的保值增值；现行新股发行体制下，股权融资渠道不顺畅；在存贷款利差受保护的情况下，银行利润高，各类资本都有进入银行业的积极性；证券、基金、保险等机构的产品销售受制于银行渠道，有动力拓展网上销售渠道。

其次，中国对普惠金融的支持与推动也是促使互联网金融发展的重要动因。普惠金融的实现与互联网金融息息相关。普惠金融的核心是有效、全方位地为社会所有阶层和群体，尤其是那些被传统金融忽视的农村地区、城乡贫困群体、中小微企业提供金融服务。发展普惠金融，实现金融资源的公平配置，已成为国家层面的政策取向。然而，由于缺乏传统金融的资本实力、网络渠道和客户资源，普惠金融在传统经营方面天然处于劣势。相比之下，互联网金融服务模式，能够有效消除海量用户之间的信息不对称，降低交易成本，从而解决普惠金融所面临的诸多困难。通过互联网信息处理技术，结合丰富的数据资源，未来互联网金融将成为建设普惠金融的重要力量。

（二）网络金融的特点

1. 拓展金融服务边界

传统金融以银行、证券、保险为中心，金融资源供需在结构和总量上存在失衡，大型金融机构多服务于大型客户，中小企业贷款难、直接融资难、民营企业受歧视等问题得不到解决，这使得企业不能平等地参与到金融活动中。而资源开放化的互联网金融使用户获取资源的方式更加自由，拓展了互联网金融受众的有效边界，使中小客户群体的资金融通需求得到满足，打破了传统金融业的高门槛，从而优化了资源配置。目前，大数据金融、人人贷、众筹等新型金融模式已在一定程度上解决了小微企业及个体商户的融资需求，以余额宝为代表的理财产品更是深获年轻投资者的喜爱。互联网金融以其平民化、大众化的特征，拓展传统金融市场的边界，小型客户的理财投资需求得到满足，使金融业成为一个开放的市场，让原本专业性较强的金融业务走进千家万户，惠及广大百姓。互联网金融带来了更加开放的市场和更加便利的服务，大大拓展了金融服务的广度和深度。

2. 低成本与高效性

借助互联网信息技术，互联网金融打破传统金融机构必须通过实体网点提供服务的限制，突破时间和空间的约束，以较低的成本使得因偏远分散、信息太少而难以得到金融服务的小微群体可随时随地根据自己的需求来获得金融服务。同时，在互联网金融模式下，大数据确保信息的全面性，云计算保证海量信息的高速处理能力，二者有机结合，极大地提高了投资效率和减少了交易成本。而且，资金交易过程都在网络上完成，边际交易成本极低，从而形成了成本低廉的新型融资模式。早在 2000 年，欧洲银行业测算其单笔业务的成本，营业点为 1.07 美元，电话银行为 0.54 美元，ATM 为 0.27 美元，而通过互联网则只需 0.1 美元。[①] 如今，阿里金融小额贷款的申贷、支用、还贷等在网上进行，单笔操作成本仅为 2.3 元，远远低于银行的操作成本。除此之外，由于互联网的开放性和共享性，人们通过社交网络生成并传播金融信息，使得投资者通过自己的方式对该金融产品有了更深入的了解，传统金融市场中的信息不对称问题得以缓解。

3. 大数据与云计算

金融业务的核心要素是信用、定价、风控，每一要素均对数据的数量、质量和数据的深度挖掘、处理技术有较高要求。互联网金融渗透到社交、商务、生活等方面，积累了海量的数据信息，包括历史交易记录、客户交互行为、违约支付概率等，这些数据信息都成为信用评级的重要资源和资产，形成更加完善的征信体系。互联网金融通过云计算技术，收集、挖掘、整理和加工大数据，可以用较低成本摸清互联网金融的参与者，尤其是经营规模或信用额度低于一定标准的客户的信用状况，从而有效地解决小微型客户因信用评级造成的融资困境。同时，运用数据分析量化用户行为，了解用户群的特点，有效进行市场细分，定位用户的需求和偏好，为精准营销和个性化定制服务提供数据支撑。

4. 风险扩大化

互联网金融的本质仍旧是“金融”，金融的存在必然伴随着风险，尤其是基于网络构建而成的金融更是伴随着巨大的不确定因素，这就需要风险意识和风险管理水平同步发展。互联网金融的出现降低了进入金融行业的门槛，一定程度上实现了普惠，同时加剧了该行业的风险。缺乏金融风险控制经验的非金融企业大量涌入，加之互联网金融行业发展迅速，涉及客户数量众多，一旦出现风险事故，极有可能产生多米诺骨牌效应，使得风险迅速蔓延以至于造成群体性事件，甚至最终给互联网金融行业及关联经济体造成损失。目前，我国互联网金融企业对风险识别的能力具有很大的局限性，即使在成熟的传统金融市场，金融违约的案例也时常发生；相较而言，快速发展的互联网金融将面临识别风险的巨大挑

① 杨再平．互联网金融之我见[EB/OL]. http://finance.ce.cn/sub/cj2009/201310/16/t20131016_1626469.shtml,2013-10-16.

战。此外，由于互联网金融是在互联网基础上建立起来的，相对于传统金融行业，网络的稳定和安全问题加大了互联网金融的风险程度。互联网平台一旦出现问题，互联网金融企业便无法运营，这种不稳定性会严重地削弱互联网金融的可信性，更严重的是直接危害个人或企业的财产和隐私安全。

（三）网络金融与传统金融的区别与联系

1. 网络金融与传统金融的区别

互联网金融与传统金融的本质区别在于实现方式上，包括支付方式、信息处理和资源配置。

支付作为金融的基础设施，在一定程度上决定了金融活动的形态。传统金融的支付方式是人们通过各商业银行的物理网点分散支付，需要更多的人力、物力及场地设施等。在互联网金融模式下，个人和机构可以在中央银行的支付中心开设账户，不再完全是现有的二级商业银行账户体系。人们以移动支付为基础，通过移动互联网进行证券、现金等资产的支付和转移，有助于实现支付清算电子化，代替时下的现钞流通。

信息既是金融的核心，也是构成金融资源配置的基础。在传统金融模式下，信息以非标准化、碎片化和静态化的形式存在，信息处理的难度非常大，通过人工处理又会降低信息处理的速度及精准度。由于信息的不对称性，使得小微型企业处于资金融通的弱势。而互联网金融中的信息处理通过网络方式进行，搜索引擎对信息进行组织、排序和检索，缓解信息超载问题，有针对性地满足信息需求；大数据的海量数据信息保障信息的准确性；云计算提供高速处理能力，使信息处理更加有效、快捷。在互联网金融模式下，资金供需双方通过网络揭示和传播信息，搜索引擎组织信息，再通过大数据和云计算最终形成时间持续、动态变化的信息序列。

在资源配置方面，传统金融机构以银行、券商等中介机构匹配资金借入方和借出方，而互联网金融下的资金供需信息直接通过网上发布和匹配，供需双方可以了解更多的资金需求者或投资者，并且直接联系和交易。在供需信息几乎完全对称且交易成本极低的条件下，互联网金融模式使得中小企业融资、民间借贷、个人投资渠道等问题更加容易解决。这种资源配置方式，信息充分透明，定价完全竞争，从而有助于实现社会福利最大化。

在互联网金融模式下，企业能更好地了解用户需求和偏好，从而带给用户更加丰富的产品和更好的客户体验。互联网金融加强了信息通信技术对金融发展和经济增长的贡献度，促进了金融与经济更紧密的结合与互动，扩大了金融服务的覆盖面和渗透率，提高了传统金融的包容水平。

2. 网络金融与传统金融的联系

马云曾提出阿里巴巴要“做金融行业的搅局者”，让人们觉得传统金融会被互联网所颠覆，但从本质来讲，两者是互补的关系。互联网金融业态服务对象的特点是海量、小微、低端的80%客户，刚好与传统金融服务20%的大型客户形成互补，两者服务对象的不同，使得金融服务行业更加完善。就目前来看，互联网金融是对产业的技术演进，而对金融核心不能产生撼动作用，股权、债权、保险等金融契约的内涵不变，金融风险、外部性等内涵不变，说明互联网金融只是提升了金融的效率，改变了相关金融产品的质量。互联网金融对金融行业的本质没有影响，而是使金融业回归其服务业的本质，起到金融脱媒作用。以余额宝为例，通过聚集传统银行不在意的个人小额闲散资金，共同买入天弘基金，从而帮助普通百姓理财，其本质也是阶段性、窗口性的制度红利，并没有改变金融业的核心。

形形色色的互联网金融模式，除去互联网的“包装”，其本质仍然是金融业务。金融业的本质是跨时空的资金、信用和风险的交换，是风险的识别、控制和分配，互联网金融正是围绕这一本质展开。互联网金融模式与传统金融模式之间不仅是竞争关系，两者之间存在较大的融合空间。金融业可以拓展互联网服务功能的广度与深度，进一步发挥互联网的技术优势与组织模式，提升自身服务能力与效率，扩大服务领域与受众。互联网有助于金融业创新产品、服务，以及低成本扩张。互联网与金融业的协同作用，优化了资源配置，使得金融资源得到良性运转，有利于社会经济的发展。

二、网络金融的主要业态

网络金融是一个谱系概念，它的两端，一端是传统银行、证券、保险、交易所等金融中介和市场，另一端是瓦尔拉斯一般均衡对应的无金融中介或市场情形，介于两端之间的所有金融交易和组织形式，都属于互联网金融的范畴。按照目前各种互联网金融形态在支付方式、信息处理、资源配置三大支柱上的差异，可以将它们划分成以下几种类型。

（一）信息化金融机构

信息化金融机构是指在互联网金融时代，通过广泛运用以互联网为代表的信息技术，对传统运营流程、服务产品进行改造或重构，实现经营、管理全面信息化的银行、证券和保险等金融机构。

过去的二十多年是我国银行的信息化阶段，我国银行业的信息化建设一直处于业内领先水平。经过二十多年的发展，中国金融机构信息化建设从无到有、从小到大、从单项业务到综合业务，取得了令人瞩目的成绩。

1. 信息化金融机构的特点

金融信息化是金融业务的发展趋势之一，信息化金融机构则是金融创新的产物。目前，金融行业正处于一个由金融机构信息化向信息化金融机构转变的阶段。总的来说，信息化金融机构有以下几个特点。

（1）金融服务更高效、快捷。

传统金融机构通过信息技术投入、硬件设施升级等基础性信息化建设，实现了工作效率的极大提升。信息化金融机构通过以互联网技术为基础的更高层次的信息化建设，对传统运营流程、服务产品进行了改造或重构，也在金融服务方面取得了质的提升。更高效、快捷的金融服务，成为信息化金融机构的一个显著特点。

（2）资源整合能力更为强大。

由于金融机构管理的资产比较特殊，一般是负债性业务所得，因此具有高风险特性。现代金融机构的业务构成比较复杂，信息化的建设使得金融机构能够实现业务的整合。同时，通过完整的 IT 建设，可以使金融机构按照统一的 IT 架构将机构内部各管理系统全部整合到一个系统管理平台，实现各系统的互联互通。通过信息化建设集成的统一内部管理系统，使得金融机构可以运作的空间更为广阔。

(3) 金融创新产品更加丰富。

金融机构的信息化建设极大地提高了金融的创新能力，各金融行业不断推出新型的金融产品。作为移动互联网时代的产物，手机银行作为银行业的创新产品，方便了人们的日常生活，无论是转账、生活缴费，还是投资理财，仅仅通过触摸屏幕即可实现。

理财产品的日益丰富也是金融产品创新的一个体现，更多的平民理财产品的出现，改变了金融行业理财带给人们的高门槛印象。金融行业线上线下业务的创新组合，也给人们的生活带来了便利，同时拓展了金融机构自身的服务空间。

2. 信息化金融机构的运营模式

目前，信息化金融机构的主要运营模式分为三类：传统金融业务的电子化模式、基于互联网的创新金融服务模式和金融电商模式。

(1) 传统金融业务的电子化模式。

传统金融业务的电子化也是金融电子化的过程，是指金融企业采用现代通信技术、网络技术和计算机技术，提高传统金融服务行业的工作效率，降低经营成本，实现金融业务处理的自动化、业务管理的信息化和决策的科学化，为客户提供快捷、方便的服务，达到提升市场竞争力的目的。它是一种基于传统的、封闭的金融专用计算机网络系统，其本质是行业内部管理的自动化与信息化。

(2) 基于互联网的创新金融服务模式。

金融机构信息化建设为金融服务电子化创造了条件。近年来，金融机构依托云计算、移动互联等新技术加速转型，不断扩大金融服务电子化的范围及影响。金融服务电子化的变革体现在金融电子渠道对金融业务和服务的不断创新。

(3) 金融电商模式。

对于传统的金融机构而言，在互联网时代充分抓住互联网带来的机会，主动“拥抱”互联网金融是每个机构的必然选择。这种选择体现在运营模式上的一个最大特色和共同点就是金融机构电商化的选择。他们或者自己建立电商平台，或者与其他拥有海量客户信息和渠道的互联网企业合作建设电商平台，无论采用何种模式，其目的都是获得多元化的盈利模式。

(二) 网络金融门户

互联网金融门户，是指利用互联网提供金融产品、金融服务信息，集汇聚、搜索、比较金融产品为一体，并为金融产品销售提供相关服务的第三方网络平台。简单来说，互联网金融门户就是利用互联网进行金融产品的销售，以及为金融产品销售提供第三方服务的平台。它的核心就是“搜索＋比价”的模式，即通过采用金融产品垂直比价的方式，将各家金融机构的产品放在平台上，供用户对比、挑选合适的金融产品。目前，互联网金融门户呈多元化创新发展趋势，包括全天候更新各类理财资讯类新闻门户，提供高端理财投资服务和理财产品的第三方理财机构，提供保险产品咨询、比价、购买服务的保险门户网站等。这些平台既不负责金融产品的实际销售，也不对外承担任何担保或做出任何承诺，同时资金也完全不通过中间平台，因此不存在太多政策和运行风险。在互联网金融门户领域，针对信贷、理财、保险、P2P 等细分行业比较知名的网站有融 360、91 金融超市、好贷网、新融网、格上理财、未央网和 DOP2P 等。

互联网金融门户最大的价值就在于它的流量入口功能和平台价值。互联网金融分流了银行业、信托业、保险业甚至部分证券咨询方面的客户，加剧了上述行业的竞争。随着互联网金融时代的来临，利率市场化已经逐步铺展开来，对于资金的需求者而言，只要能够在一定的时间内、在可接受的成本范围内获取到资金即可，具体的资金来自国有银行也好、民营银行也罢，还是 P2P 平台、众筹公司，抑或信托基金、私募债等，已经不再重要。融资方在浏览融 360、好贷网或 91 金融超市时，甚至不需要逐一浏览商品介绍及比较参数、价格，更多的是提出其需求，反向进行搜索比较。因此，当融 360、好贷网、91 金融超市等互联网金融渠道发展到一定阶段，拥有一定的品牌及积累了相当大的流量，成为互联网金融界的“京东”和“携程”的时候，就成为各大金融机构、小贷、信托、基金的信息展示平台，掌握了互联网金融时代的互联网入口，引领着金融产品销售的风向标。

1. 网络金融门户的类别

（1）从提高网络金融服务的内容及方式角度分类。

根据互联网金融门户平台的服务内容和服务方式的不同，可以将互联网金融门户分为第三方资讯平台、垂直搜索平台和在线金融超市三大类。

第三方资讯平台是为客户提供全面、权威的金融行业数据及行业资讯的门户网站，它们大多由以前的财经资讯网站衍生和分化而来，本身具有较高的行业知名度和从业经验，典型代表有和讯网、金融界和财经网等。

垂直搜索平台和普通的网页搜索引擎的最大区别是对网页信息进行了结构化信息抽取，也就是将网页的非结构化数据抽取成特定的结构化信息数据，是对网页库中某类专门的信息进行整合，定向分字段抽取需要的数据进行处理后再以某种形式返回给用户。互联网金融垂直搜索平台通过提供丰富的资金供需信息，满足双向自由选择，从而有效地降低互联网金融交易的搜索和匹配成本，典型代表有融 360、人人贷、网贷之家、和信贷等。

在线金融超市汇聚了大量的金融产品，在提供在线导购及购买匹配，利用互联网进行金融产品销售的基础上，还提供与之相关的第三方专业中介服务。该类门户一定程度上充当了金融中介的角色，通过提供导购及中介服务，解决服务信息不对称的问题，典型代表有大童网、点融网、91 金融超市等。

依据以上三类互联网金融门户网站在金融服务中扮演的角色分析，第三方资讯平台充当的是外围服务提供商角色，垂直搜索平台扮演的是媒介角色，而在线金融超市居于二者之上，该类门户在产品链中充当的是代理商角色。三者均为产业链下游客户服务，而处于三者上游的企业便是金融机构。

(2) 从网络金融门户专注的细分领域角度进行分类。

根据汇集的金融产品、金融信息的种类不同，互联网金融门户又可以细分为 P2P 网络贷款门户、信贷类门户、保险类门户、理财类门户和综合类门户五个子类。其中，前四类互联网金融门户主要聚焦于单一类别的金融产品及信息；第五类互联网金融门户则致力于金融产品、信息的多元化，汇聚着不同种类的金融产品和服务信息。

2. 网络金融门户的特点

(1) 整合垂直搜索，实现快速匹配。

互联网金融门户通过充分利用垂直搜索引擎，将相关金融机构的各类产品进行归属分类，再放在其网络平台上，即可让客户自行通过对各类金融产品的投入、收益、风险等信息进行对比分析，挑选适合其自身投入与风险承担能力的各类金融服务产品或融资项目。

具体而言，从互联网纵向分层的角度分析，互联网金融门户的重要革新主要集中在搜索层，即对海量金融产品信息进行甄别、提炼、加工和挖掘的过程和服务。互联网金融门户通过网络内容挖掘和网络结构挖掘，对各类金融产品信息等原始数据进行筛选和提炼，建立符合其经营产品类别的金融产品数据库，便于客户对金融产品进行快速、精准的搜索比价。同时，互联网金融门户还可以通过网络用户挖掘，将客户在网络交互过程中的网络行为数据抽取出来，进行智能分析，以更好地了解客户的需求倾向。

（2）服务意识浓厚，注重用户体验。

专注为融资双方提供匹配信息是互联网金融门户的根基，也是其必须构建的核心竞争优势。互联网金融门户相对于传统金融中介，有其覆盖面广、边际成本低和零距离贴近等优势，也存在难以针对具体客户进行面对面交流式贴心服务的缺点。由于互联网金融门户间的竞争超越时空限制，必然更为激烈。这就要求从业网站更加注重通过对市场进行细分来明确各类目标客户群，根据其特定需求提供相应服务，通过对产品种类的不断扩充和营销手段的创新，动态地适应客户需求，以达到不断提升客户在交易过程中的用户体验的目的。

从服务提供的成本上看，互联网金融产品和服务本身具有规模经济的特性，互联网金融门户注重用户体验的原因也在于此。具体而言，正是由于互联网金融门户额外增加一个产品或提供一次服务的边际成本较低，随着门户规模的扩大，其平均成本会随着用户数量的增加而不断下降。因而互联网金融门户获取规模经济的成功基础便是吸收大量的客户资源，特别是在当下互联网金融门户网站还处于圈地时代，规模扩张远未触及市场空间边缘，用户数量尚存极大的增长潜力的形势下。因此，只有更好地提升客户体验，更多地满足客户需求，才能使互联网金融门户导入足够多的流量，从而赚取更多利润。

总而言之，注重用户体验能够使互联网金融门户根据客户的行为变化及信息，及时了解客户实时需求，为其提供差异化金融服务；甚至可以协助金融机构为其设计特定的金融产品，更好地满足客户特定需求，从而使互联网金融门户进一步扩大市场份额，赚取更多的利润。

（3）信息实效权威，助力占据渠道。

前面两个特点分别从技术背景和服务环境上体现互联网金融第三方服务机构的立业之本，但是作为高度专业性门户网站，互联网金融门户成功的另一不可或缺的特质就是及时、全面、专业地提供最新政策信息和行业信息。只有牢牢把握住最快、最准的信息发布职能，互联网金融门户才能聚集人气，在圈地时代后的“战国时代”中生存下去，并据此建立起自己的用户黏性，继而助力自己的经营渠道。从产业链角度分析，互联网金融门户的上游为金融产品供应商，既传统金融机构，下游为客户，而作为中间桥梁的互联网金融门户，其最大的价值就在于它的渠道价值。

（三）众筹模式

互联网众筹，即众筹（Crowd funding），同样是基于互联网概念发展而来的。这一概念源自众包，众筹是众包的一种应用。众包中集合众多个体参与者的资源类型是多种多样的，如果集合的资源仅指资金，就是我们通常所说的众筹。

1. 众筹的由来

根据 WordSpy. com 网站的资料，Crowd funding 一词最早被迈克尔·沙利文（Michael Sullivan）在 2006 年 8 月用于博客中持续报道和解释其建设的融资平台 Fundavlog 的核心思想，该平台可供项目发起人播放视频来筹集资金。

众筹，顾名思义就是利用互联网和 SNS 传播的特性，让小企业、艺术家或个人对公众展示他们的创意，争取大家的关注和支持，利用众人的力量，集中大家的资金、能力和渠道，为小企业、艺术家或个人进行某项活动等提供必要的资金援助。相对于传统的融资方式，众筹更为开放，能否获得资金也不再由项目的商业价值作为唯一标准。只要是网友喜欢的项目，都可以通过众筹方式获得项目启动的第一笔资金，为更多小本经营或创作的人提供了无限的可能。每一位普通人都可以通过众筹模式获得从事某项创作或活动的资金，使得融资的来源不再局限于风险投资等机构，还可以来源于大众。

2011 年 7 月，我国引入众筹模式，国内第一家众筹网站——点名时间正式上线；9 月，追梦网上线。此后，包括淘梦网、乐童音乐、众筹网等在内的众筹平台网站先后成立。众筹活动在中国越来越频繁，各个众筹平台上的项目不断增加，成功众筹的金额不断增长。随着一些“明星项目”的成功，众筹受到越来越多的关注，更有媒体将众筹形容为在中国互联网金融行业继 P2P 之后第二个“野蛮生长”的领域。

2. 众筹的特点

（1）明显的开放性。

众筹的开放性表现为众筹项目的开放性和众筹参与人（包括项目发起人和支

持者）的开放性。众筹项目的发起人并没有特别的年龄、性别、经济或经历等要求，项目发起人的信息只是作为支持者进行支持决定的参考。众筹项目的类别也没有要求，更多强调的是项目的创造性和可操作性等，以便吸引支持者，并且能够保证项目的顺利完成。而支持者的个人化、目标的多元化和地理分布的分散化也体现了众筹的开放性。从理论上说，任何个人、企业或者机构都可以发起任何一个众筹项目；与此同时，任何一个人都可以成为支持者，而支持者通常又是普通民众，而非公司、企业或专业的风险投资人。这区别于以往的风险投资、机构投资等。这种开放性也激活了普通大众的创业热情和投资热情，使得众筹活动得到了更广泛的关注和支持。2012 年，风险资本家仅为美国 2750 万家公司中的 3800 家提供了资金①。随着众筹活动的开展，更多的中小企业或项目可能筹集到需要的资金，同时，更多的只有少量可用于投资资金的个人也可以对他们看好的企业或项目尝试着进行投资。

（2）强烈的互联网基因。

众筹从一开始就是基于互联网发展起来的，通过互联网，众多的互联网用户群体得以互联并进一步合作。互联网传播信息具有传播范围广、方便快捷、低成本的特点，并且操作交互性强，是高效的信息交换平台。在传统融资环境下，金融中介作为控制交易成本与信息成本的专业化机构，起到了平衡借贷双方信息不对称的作用。在基于互联网的众筹模式中，借款方与投资者借助互联网可以高效地进行信息交换，有效地建立信任机制，相比之下，融资成本更为低廉。众筹较多地表现为社交网络和社会集资的融合，并被称为 Web 3.0。在国外，众筹发起人可以将那些拥护者、粉丝、Twitter 关注群转变为投资者和资金，而在国内，基于微信朋友圈等网络体系的众筹活动已经进行了很多成功的尝试。互联网使得众筹项目的发起人和参与方能够以很低的成本参与交易，利用互联网和 SNS 传播的特性，众筹项目也可以争取更多的关注和支持，进而获得所需要的资金援助。基于互联网技术的众筹平台为众筹项目发起人和支持人提供了更简单的操作以及更多的对比和选择，而基于互联网的项目发起人和支持者在项目前期宣传预热和后期执行的过程中的充分沟通和交流，也为项目的筛选和执行提供了更有效

---

① 中金网．三个创业者的故事：看他们如何玩转众筹[EB/OL]. http://news.cnfol.com/130718/101,1587,15573782,00.shtml,2013-07-18.

的监督机制。

（3）日益拓展的功能。

众筹所带来的最基本的也是最重要的作用是解决项目发起人的资金问题，通过众多参与者的投资，使项目得以成功进行。随着众筹活动的开展，不同的众筹模式带来的作用远不止于此。众筹可以通过平台和支持者的筛选对某个项目进行评判；通过支持者的监督对项目进行保障；通过发起人和支持者的沟通对项目进行改进；甚至可以通过众筹直接提取消费者需求，并且更便捷地植入生产过程；通过项目对产品或品牌进行口碑传播；等等。有些众筹项目发起人可以通过众筹进行市场调查，得到支持人（也是目标客户）的反馈信息和改进建议。如中国第一家众筹平台点名时间就将网站定义为“中国最大的智能产品首发平台”，而网站功能也演变为帮助众筹项目召集“公测”用户、整合产业资源和扩大品牌宣传。有些众筹项目具有“预购”的营销功能，如众筹网站发布的“江西赣州脐橙”的众筹项目；有些众筹项目，项目本身已经完成，而通过众筹的方式进行产品的推广和宣传，如乐嘉的《本色》一书的众筹项目。当然，一些公益性质的众筹项目，搭建了慈善人士和需要帮助群体之间爱的桥梁。当下，众筹已然成为小微企业创业的重要动力，继而带来社会经济的发展和相应的就业需求。

3. 对当前的众筹运行模式的评析

众筹活动在运行过程中有四个关键机制，包括融资机制、回报机制、信息沟通机制及投资者保护机制。在当前的众筹运行模式下，四个关键机制有些运行比较成熟，有些仍需要积极探索。融资机制是众筹与生俱来的功能，众筹的诞生就是从另一个角度解决中小企业的融资问题。众筹可以使大众手中分散的少量闲散资金汇集到难以通过传统融资方式融资的中小企业手中，而在融资机制中需要解决的问题是如何提高融资效率，即怎样才能让资金以更低的成本到达最需要的企业手中。回报机制是众筹投资者参与众筹的原始动力，合理且多样化的回报设置、有效的回报保障都能够激发投资者的长期投资热情。在当前的众筹运行中，对于回报的设置比较多样化，但仍需要更多的想象力和创造力，更好地挖掘投资者的需求，投资回报的实现则需要更多方面的制度及规则保障。信息沟通机制是众筹互联网特点的附属性质之一，在当前的众筹活动中，都强调了信息沟通的重要性，很多众筹平台都要求项目发起人有与支持者沟通的平台，项目发起人和支持者之间能够积极交流，信息沟通渠道也非常多元且畅通。在硬件上这一机制的运行是有保障的，其不足更多地体现在沟通过程中的技巧、信息消化及沟通结果的有效性等方面。投资者保护机制是众筹活动最重要的，也是监管机构关注的地方。就当前的投资者保护机制而言，如美国已经有相应法律出台，投资者风险意识本身也比较高，投资经验比较丰富，投资者保护机制相对完善；而中国仍然处于法律的真空期，对投资者的保护更多的是依靠众筹平台的审核及众筹制度设计，投资者在经验不足的情况下，承担着较大的风险，这也是当前众筹运行过程中亟待解决的问题。

众筹活动的开展需要良好的创新能力、完善的信用体系、有效的知识产权保护制度、适度的投资者保护体系等一系列环境保障，这些有效的众筹运行环境建设需要更长的时间进行众筹实践。当前的众筹运行中虽然存在种种不足，但这种商业模式必将在未来得到迅速发展。

（四）P2P 网贷

P2P 网贷，又称 P2P 网络借贷。P2P 网贷源于英文 Peer-to-Peer Lending，即点对点信贷，或称个人对个人信贷。而 P2P 平台，就是从事 P2P 网贷中介服务的网络平台。P2P 借贷，是基于互联网应用的一个创新模式。P2P 网贷起源于英国，随后发展到美国、加拿大、日本等国家，典型的模式为：网络信贷公司提供平台，需要借贷的人群可以通过网站平台寻找到有出借能力并且愿意基于一定条件出借的人群。网络借贷中介帮助确定借贷的条款和准备好必需的法律文本。借贷双方在网贷平台撮合成交。资金借出人获取利息收益，并承担风险；资金借入人到期偿还本金；网络信贷公司收取中介服务费。

1. P2P 网贷的交易流程

P2P 网贷包括三个核心主体：网贷平台、借款人和出借人。除此之外，还涉及第三方支付、征信系统等。首先，网贷平台提供交易的平台，借款人和出借人需要在网贷平台上进行注册，并提供身份证、手机号码、电子邮箱等用于核实真实身份，绑定同名的银行账号用于资金划拨。网贷平台对上述信息进行审核后，借款人和出借人才有资格进行借贷。

借款人发布自己的借款需求（包括金额、利率、期限、用途等），待网贷平台审核后在网贷平台上予以发布（发标）。而出借人可以自行判断，并进行投标（投标前要先通过第三方支付，将款项打入平台指定账户）。资金募集完成后，该借款标募集结束。资金从出借人账户转出，转入借款人账户，然后借款人将资金从平台中提出使用，同时生成电子的借贷合同。之后，借款人按照约定的时间进行还本付息，出借人得到相应的利息，本金获得收益。

上述流程是网贷交易的基本流程，因为各个网贷平台在具体运营时的模式有所不同，网贷交易的流程也就略有差异。

2. P2P网贷在国内的发展状况

在我国，最早的P2P网贷平台成立于2007年。在其后的几年间，国内的网贷平台还是凤毛麟角，鲜有创业人士涉足其中。直到2010年，网贷平台才被许多创业人士看中，陆续出现了一些试水者。2011年，网贷平台进入快速发展期，一批网贷平台踊跃上线。2012年，我国网贷平台进入爆炸式的发展期，网贷平台如雨后春笋般成立，比较活跃的有400家左右。2015年，全行业成交量超过一万亿元，从交易量看，P2P已经成为互联网金融中最重要的一块版图。互联网金融连续第二次写入政府工作报告，李克强总理用“异军突起”形容互联网金融的发展；《关于促进互联网金融健康发展的指导意见》落地，总体基调鼓励互联网金融的发展。在庙堂之上，P2P被赋予金融创新的重任，被寄予缓解中小企业融资难的厚望。但P2P的火爆发展也为不法分子提供了浑水摸鱼的机会。回顾2015年倒下的问题平台，多数是披着P2P外衣的“庞氏骗局”及资金链断裂的民间放贷机构。更荒谬的是，从来不认为自己是P2P平台的e租宝被经侦调查之后，居然引起P2P全行业的信任危机。P2P被污名化不但没有扭转，反而不断加剧。2015年12月28日，《网络借贷信息中介机构业务活动管理暂行办法》（征求意见稿）出台，政策收紧。2016年，P2P行业的创业者面临更大挑战，经营不善者将会出局，但互联网改造金融行业的大戏刚刚开始，更多的金融机构和产业巨头即将登场，未来将有更多的企业通过互联网融资，更多的用户通过互联网管理自己的财富。

3. 我国P2P网贷的优缺点

网贷优点主要包括：一是年复合收益率高。例如，普通银行的存款年利率为

3%，理财产品、信托投资等也一般在10%以下，与网贷产品动辄20%以上的年利率无法相比。二是操作简单。网贷的一切认证、记账、结算、交割等流程均通过网络完成，借贷双方足不出户即可实现借贷目的，一般额度不高，无抵押，使得借贷双方皆更便利。三是开拓思维。网贷促进了实业和金融的互动，也改变了贷款公司的观察视野、思维脉络、信贷文化和发展战略，打破了原有的借贷局面。

网贷的缺点主要包括：一是无抵押，高利率，风险高。与传统贷款方式相比，网贷完全是无抵押贷款。同时，央行一再明确年复合利率超过银行利率4倍不受法律保护，也增加了网贷的高风险性。二是信用风险高。网贷平台固有资本较小，无法承担大额的担保，一旦出现大额贷款问题，很难得到解决。而且，有些借款者是出于行骗的目的进行贷款，部分贷款平台创建者目的也不单纯，携款潜逃的案例屡有发生。三是缺乏有效监管手段。由于网贷是一种新型的融资手段，央行和银监会尚无明确的法律法规指导网贷。对于网贷，监管层主要持中性态度，不认定违规也不认可。但随着网贷的盛行，相信有关措施会及时被制定和实施。

（五）大数据金融

大数据（Big Data），或称巨量数据、海量数据、大资料，指的是所涉及的数据量规模巨大到无法通过人工在合理时间内达到截取、管理、处理，并整理成为人类所能解读的信息。一般来说，我们将大数据特性总结为“4V”，即规模巨大（Volume）、速度极快（Velocity）、模式多样（Variety）、真伪难辨（Veracity）。大数据的这些特性在数据的异构性和不完备性、数据处理的实效性、数据的隐私保护、大数据价值服务的有效性发掘、大数据的再分析处理等方面给我们带来了挑战。

1. 大数据的分类与特点

通常情况下，大数据可分成为以下三种类型。

（1）结构化数据。

结构化数据是能够存储在数据库里，可以用二维表结构来表现的数据，市场上有多种数据库的管理可以进行此类数据的分析和研究。

（2）半结构化数据。

半结构化数据包括电子邮件、文件，以及许多储存在网络上的信息。半结构化数据是基于内容的，可以被搜索。

（3）非结构化数据。

非结构化数据包括图像、音频和视频等可被感知的信息等。

与传统规模的数据工程相比，大数据的感知、获取、存储、表示、处理和服务都面临着巨大的挑战。这归因于大数据的几个突出特征，主要表现在以下几个方面。

一是大数据量的规模性。如今，数据量已经从 GB、TB 再到 PB，甚至已经开始以 EB 和 ZB 来计数。IDC（Internet Data Center，互联网数据中心）的研究报告显示，未来十年全球大数据将增加 50 倍，管理数据仓库的服务器数量将增加 10 倍。

二是大数据类型的多样性。数据的种类包括结构化数据、半结构化数据和非结构化数据。现代互联网应用呈现出非结构化数据大幅增长的特点，截至 2012 年年末，非结构化数据占有比例达到整个数据量的 80%。

三是大数据的时效性。海量数据的产生速度快，处理能力要求高。根据 IDC 的“数学宇宙”（Digital Universe）报告，预计到 2020 年，全球数据使用量将达到 40ZB①，在如此海量的数据面前，处理数据的效率就是企业的生命。大数据往往以数据流的形式动态、快速地产生和演变，具有很强的时效性，只有把握好对数据流的掌控才能有效利用这些数据。

四是大数据的可靠性。数据真伪难辨，可靠性要求更为严格。大数据的集合和高密度的测量会使“错误发现”的风险增长。斯坦福大学的统计学教授 Trevor Hastie 称，如果想要在庞大的数据“干草垛”中找到一根有意义的“针”，那么所要面临的问题就是“许多稻草看起来就像是针一样”。

五是大数据应用的复杂性。数据价值大，但密度低、挖掘难度大。如何通过强大的机器算法更迅速地完成数据的价值“提取”，从过载的信息量中抽取被稀释了的数据价值，是当前大数据背景下亟待解决的难题。

---

① 阿里云资讯网．2020 年全球信息量将超过 40ZB，达到 12 年 12 倍[EB/OL]. https://www.aliyun.com/zixun/content/1_1_15290.html,2014-08-05.

除此之外，与传统的数据分析相比，大数据最大的不同之处在于其侧重的是数据模块间的相关关系，而非传统的数据统计带来的简单的因果关系。维克托·迈耶·舍恩伯格（Viktor Mayer Schönberger）在《大数据时代：生活、工作与思维的大变革》中最具洞见之处在于，大数据时代最大的转变就是放弃对因果关系的渴求，取而代之的是关注相关关系。也就是说，只要知道“是什么”，而不需要知道“为什么”，抑或在相关关系分析法基础上的预测才是大数据的核心。从量化时代到抽样时代再到如今的大数据时代，如何在纷繁的数据海洋中找到相关的数据模块，如何用复杂的海量数据来帮助简化问题都是亟待解决的难题。

2. 大数据金融的定义

大数据金融是指集合海量数据，通过对其进行实时分析，重新提取与金融相关的数据价值，为互联网金融机构提供客户全方位的信息。金融大数据通过分析和挖掘客户的交易和消费信息来掌握客户的消费习惯，准确预测客户行为，使金融机构和金融服务平台在营销和风险控制方面有的放矢。借助海量的数据形式，通过分析，使金融行业呈现出更清晰的流程化、新产业链的重构等形态，便于更精准地探测到问题的症结和寻找新的利润空间，从而为金融企业在竞争日益白热化的时代进行深度挖金提供可能。

目前，中国的金融市场已经发展到资产、负债两边都高度多元化的状态，在大数据时代，如何利用海量数据更有效地控制住实质风险，是我们亟待解决的问题。通过大数据的搜集与应用，深入分析客户数据，全面诊断，精准改善，提升金融企业竞争优势和行业地位，并持续跟踪服务，践行与客户共同成长的价值观。在互联网和云时代，通过大量企业原始数据的积累，大数据金融研究应势打造大数据平台，给客户提供越来越丰富、立体和更具价值的金融数据。

基于大数据的金融服务平台主要指拥有海量数据的电子商务企业开展的金融服务。大数据的关键是从大量数据中快速获取有用信息的能力，或者从大数据资产中快速变现的能力。因此，大数据的信息处理往往以云计算为基础。目前，大数据服务平台的运营模式可以分为以阿里小额信贷为代表的平台模式和以京东、苏宁为代表的供应链金融模式。

3. 大数据在金融领域的应用

互联网金融企业推出产品的根本原因在于，目前国内的现代金融体系没能充分满足百姓和实体经济的现实需求，其覆盖率和覆盖面还非常低；而互联网金融发现了巨大的潜在客户群体，在一定程度上弥补了传统金融领域的不足，使得传统金融机构了解到自己不再是“一家独大”。

金融数据的涉及面很广，如基金公司的销售数据、客户持有份额与交易数据、客户接触数据、客户网站浏览数据等；银行涉及进出账户的数据、客户基本信息的数据；保险公司所有客户购买保险的数据；等等。概括而言，金融数据可以分成以下几类：客户基本属性数据、客户产品购买数据、客户交易行为数据、客户偏好数据等。在搭建大数据技术构架后，根据分析需要的不同获取不同的数据源，通过放宽数据源范围，整合第三方数据并进行深度挖掘，在商业价值探寻的驱动下进行相关分析，从而得到目标信息。如果基金公司能够获得用户在网络上的浏览行为的数据，就可以判断用户最近有没有关注相关产品，或者是否关注竞争对手的产品。

此外，大数据的应用还可以深入金融领域的方方面面，具体表现在以下几个方面。

（1）大数据授信。

金融授信是数据挖掘最早应用的领域之一，国内的数据挖掘最早也是基于授信所需要的分类挖掘算法而发展的。基于大数据对用户信用风险进行判断，是一个重要的方向，特别是目前很多信用评估体系依赖于国外的评估机构。基于大数据来构建信用评估机制，是非常实用的领域，尤其是在未来线下生活服务全面互联网化的趋势下，线下零售与服务的具体交易数据很可能被交易平台获得。既知道消费者具体买了什么，也知道商家都卖了什么，从而可以像阿里小贷和线上信用支付一样对现在的线下行为授信。

（2）交易风险控制。

与大数据用户授信不同，原来的数据挖掘能够实现对用户静态的信用评估，基于大数据的流式处理能力可以实现对用户的动态评估，即交易风险的判断。例如，当发现同一个账户在近乎相同的时间在不同的地区进行信用卡交易的时候，交易风险就产生了。客户的信用卡可能被盗刷，也可能存在欺诈交易行为。通过大数据的流式处理能力，实时对用户的交易行为进行监测和管控，能够尽可能地降低交易风险。

（3）提现预测。

目前，互联网金融一个很大的特点就是打破了原来流动性和收益率不能兼得的特征。而现在类似于支付宝的金融创新产品能够两者兼得，除了与创新有关，如果在技术层面能够实现大数据对产品的支撑，会做得更高效。具体来说，这类产品需要满足每天用户提现的需求，这就需要储备流动性较强的资金，储备少了，会出现挤兑；储备多了，资金不能得到充分利用，无法产生更多的收益。所以，需要构建预测模型，实现对资金需求的有效预算与管理。

（4）营销监控与评估。

营销监控与评估容易被忽视，由于其涉及具体战术的工作。大多数人都关注营销的最终效果，例如组织一场营销活动，看最终转化了多少，很多环节都会影响到用户的转化：哪些是关键影响环节，各环节对转化率的影响度是多少，接触情况、吸引性、消费滞后性等，这些都需要依赖于大数据对客户做出更准确的解答。

（5）流失预警。

如果能获取的数据可以洞察用户在整个相关产品里的使用行为，就可以洞察用户潜在的流失风险与去向。例如，当发现原来优质的客户在最近一段时间突然不太活跃，就说明可能会有风险。但是到底是最近比较忙没有交易还是其他原因，就需要依赖于大数据进行洞察，客户这段时间是否正在关注或已经购买了竞争对手的产品，可以提供更大的营销管理价值。

（6）精准营销。

通过大数据，完全可以获得某个人的消费能力、喜好、习惯、社会关系，从而可以准确地知道向他推销什么产品他会容易接受。

国内某公司通过分析全球3.4亿个微博账户的留言，判断民众情绪（人们高兴时会买入股票，而焦虑时会抛售股票），以此决定公司股票的买入或卖出。该公司2012年第一季度获得了7%的收益率。Equifax公司是美国三大征信所之一，其储存的财务数据覆盖了所有美国成年人，包括全球5亿个消费者和8100万家企业，在它的数据库中与财务有关的记录包括贷款申请、租赁、房地产、购买零售商品、纳税申报、费用缴付、报纸与期刊订阅等。看似杂乱无章的共26PB数据，经过交叉分享和索引处理，能够得出消费者的个人信用评分，从而判断客户支付意愿与支付能力，发现潜在的欺诈。

三、网络金融发展前景展望

网络金融作为传统金融行业与互联网精神相结合的新兴领域，近年来出现井喷式增长，并首次被写入“十三五”规划。从互联网金融引入中国伊始发展至今，虽一直处于争议之中，但整个行业发展的迅猛是毋庸置疑的。从2012年互联网金融引爆，到2014年持续发展，再到2015年政府出台相关管制政策，相信未来互联网金融的各个产业领域将不断地分化组合。与此同时，互联网金融推动了传统金融机构的改革，有效地解决了小微企业融资难的问题，在传统金融和互联网金融的推动下，中国的金融效率、交易结构，甚至整体金融架构都将发生深刻变革。“这是最好的时代，这是最坏的时代”，未来网络金融的发展之路将充满挑战，相信网络金融的发展值得期待。

（一）网络金融与金融监管

任何新生事物在发展初期必定会存在诸多不足，甚至是弊端，作为金融创新的互联网金融业也不例外。从风险角度看，互联网金融参与者众多，带有明显的公众性，并且很容易触及法律和监管的红线，如非法吸收公众存款、非法发行股票债券、集资诈骗等，甚至会引发系统性金融风险。尽管我国互联网金融链条上的部分业态和部分环节受到了监管，但从整体上看，还处于无门槛、无标准、无监管的“三无”状态，因而，对互联网金融必须进行有效监管。

现阶段，互联网金融业务主要由各金融监管部门根据法定权限进行相应的监管，工商部门和信息产业管理部门分别负责工商登记和网站ICP许可、备案，但是部分业务还未明确具体的监管部门，同时针对互联网金融业态还未出台统一的指导意见。国务院办公厅出台的《关于加强影子银行监管有关问题的通知》将互联网纳入影子银行的范畴，明确由央行牵头制定监管办法并进行监管协调。目前，关于互联网金融监管的管理办法正在起草之中。

（1）互联网支付的监管现状及挑战。

目前，在获得行政许可的200多家第三方支付机构中，提供互联网支付服务的有近100家。互联网支付作为第三方支付机构的具体业务由中国人民银行进行监管。中国人民银行已经对第三方支付制定了若干规章和规范性文件，其中，

《非金融机构支付服务管理办法》及其实施细则明确了非金融机构从事支付业务的行政许可制度，并对业务开展、制度建设和监督管理做出了明确规定。《支付机构客户备付金存管办法》对支付机构客户备付金的存放、归集、使用和划转等行为及其监督管理进行了规定。《银行卡收单业务管理办法》和《支付机构反洗钱和反恐怖融资管理办法》分别规范了收单业务并且规定了支付机构的反洗钱、反恐怖融资义务等。现阶段，互联网支付监管存在的主要挑战包括以下几个方面。

一是虽然针对第三方支付机构的法律规范已初成体系，但还缺乏专门针对互联网支付的管理办法，而互联网支付的账户管理、业务管理、商户管理和安全风险管理等还需要进一步规范。

二是互联网支付业务范围已从网上购物、公共事业缴费等传统领域逐步渗透到基金、理财、保险、信贷等诸多领域，具有跨界经营的典型特征，对当前分业经营、分业监管的体制是一种挑战。

三是监管机构最初为鼓励创新，对互联网支付的部分违规行为未做纠正，导致发展壮大之后，可能变成一种默认，如果监管部门再采取措施，将会显得比较被动。例如，根据《非金融机构支付服务管理办法》的规定，我国“支付机构之间的货币资金转移应当委托银行业金融机构办理，不得通过支付机构相互存放货币资金或委托其他支付机构等形式办理”，但是，不少互联网支付机构并不符合这一规定，如果监管部门纠正这一行为，可能被认为是故意偏袒银行业金融机构。当前，网络流传的《支付机构互联网支付业务管理办法》（征求意见稿）中关于转账额度和风险管理等的措施也遇到类似的问题，其实这些监管措施只是为了让开展互联网支付的第三方支付机构回归最初设定的业务框架范围。

（2）P2P 网络借贷的监管现状及挑战。

现阶段，我国 P2P 网络借贷方面尚无专门的法律法规和管理办法，也缺乏明确的监管部门。P2P 行业无准入门槛、无行业标准，业务开展也无须审批，经营范围、风险防控、市场淘汰机制等均无明确规定，致使 P2P 行业鱼龙混杂、良莠不齐，难以实现健康发展。从法律规范来看，P2P 的业务活动主要受《合同法》《担保法》《民法通则》及最高人民法院的相关司法解释等民事法律调整；利率遵循《关于人民法院审理借贷案件的若干意见》的规定，不能超过国家规定的同期银行贷款利率的 4 倍。从具体的监管文件来看，2011 年 8 月，银监会发布了

《关于人人贷有关风险提示的通知》，要求银行业金融机构针对P2P平台可能存在的风险与问题，做好风险预警监测和防范，建立防火墙。2013年6月，中国人民银行下发《支付机构风险提示》，要求商业银行和支付机构加强网络信贷平台管理，采用有效措施防范信用卡透支资金用于网络借贷。可见，监管部门将P2P网络借贷作为重要的风险来源，要求金融机构加强防范，而没有对P2P网络借贷做出具体的规范。现阶段，P2P网络借贷监管存在的主要挑战表现在以下几个方面。

一是P2P网络借贷的法律定位不明，业务边界模糊，相关监管部门职责不清，难以开展有效监管。

二是当前P2P网络借贷由于沉淀着大量资金，因而存在挪用风险、洗钱风险和流动性风险，这些都给金融监管部门维护金融稳定造成了巨大的压力。

三是由于长期以来对P2P网络借贷存在监管真空，也缺乏明确的监管部门和管理办法，导致P2P网络借贷长期处于地下状态，因而，需要加大对其监管的研究。对P2P网络借贷监管的研究主要集中在以下三个方面：P2P网络借贷的定位问题，P2P网络借贷是信息中介还是借贷中介；是否应该将P2P网络借贷在机构和业务上纳入传统金融监管的框架，是否应该给P2P网络借贷发放金融牌照；是否应该由中央监管部门对P2P网络借贷进行监管，还是参照小额贷款公司的方式由地方进行监管或由中央金融监管部门出台指导意见，由地方政府负责具体监管等。

(3) 其他业态的监管现状及挑战。

一是在众筹融资方面，我国还处于起步阶段，现阶段我国有十余家众筹融资平台，还没有专门的法律法规对众筹融资进行监管和规范。

二是对于网络保险，2012年保监会发布了《保险代理、经纪公司互联网保险业务管理办法》(试行)，对网络保险业务的资格条件、运营管理和信息披露进行了规定。目前，保监会正在研究制定《网络保险业务管理办法》。

三是对于基于互联网的基金销售，2013年3月，证监会颁布了《证券投资基金销售机构通过第三方电子商务平台开展业务管理暂行规定》，允许电子商务平台为基金销售提供辅助服务，但是应向证监会备案。2012年年底修订的《证券投资基金法》也明确要求从事公募基金销售支付的第三方支付机构到证监会注册或备案。当前，监管面临的主要挑战表现在以下几个方面：

一是对于众筹融资，需要加强法律规范，明确具体的监管部门并出台指导意见，引导众筹规范、健康地发展。众筹具有私募特征，如果缺乏明确的法律规范，较容易触及非法吸收公众存款和非法集资两条红线。

二是对于网络保险和基于互联网的基金销售，主要面临的问题是如何规范作为非金融机构的互联网公司与保险公司和基金公司的合作行为，互联网公司在业务合作中的定位，是辅助地位还是主体地位。同时，如何切实保障消费者利益、信息安全和公平竞争，营造良好的金融市场环境。

（4）网络金融混业模式给监管带来的新挑战。

一是由于互联网企业内部存在行业交叉，容易形成金融控股集团模式。从互联网金融企业的组织架构来看，阿里巴巴、腾讯等大型互联网企业依托自由电子商务平台，通过第三方支付系统与各类金融商品供销渠道相连接，从最初单纯的消费支付业务向转账汇款、跨境结算、小额信贷、现金管理、资产管理、供应链金融、基金和保险代销、信用卡还款等传统银行业务领域渗透，并在集团层面上同时具备间接金融与直接金融的媒介功能，使得互联网金融控股集团架构初现。以阿里小微金融服务为例，其持股公司涉及业务包括支付类如“支付宝”、小额贷款类如“阿里小贷”、保险类如“众安保险”、基金类如“天弘基金”、保理类如“商诚、商融”等板块，未来还将发起设立银行（网商银行），成为一个带有互联网基金的金融控股集团，这对目前的分业监管将是一大挑战。

二是互联网金融在业务交叉、产品交叉下已经形成了大量混业事实，甚至已经跨越了金融范围。基金理财模式“余额宝”涉及第三方支付、货币基金和协议存款，监管分别对口央行、证监会和银监会。保险理财模式“娱乐宝”涉及投险、信托，其产品最终投资于文化产业，监管则分别对口保监会、银监会和文化部。一些网络借贷平台采用将P2P、股权投资结合起来的经营模式，在平台上除了进行投融资撮合，还支持债权转让功能，允许投资人在平台中的债权页面进行债权转让操作，这些功能又分别对口银监会、证监会等监管部门。第三方支付虚拟信用支付，涉及央行和银监会的监管。移动支付如二维码支付、NFC支付等，不仅和管理支付清算的央行相关，也涉及工业和信息化部。

互联网金融跨业、混业经营造成各部门对这些问题的处理难度。如果这些部门存在涉嫌非法集资，对其行为的处理必将涉及行业界限，也必将涉及由多个部门组成的处置非法集资部际联席会议处理。由此看来，监管协调是对互联网金融的一大挑战。

（二）网络金融的发展趋势

互联网金融的创新和积极尝试，对我国金融业的发展产生的重要影响是不可磨灭的，其互联网思维为金融机构找到了发展方向，改变了传统金融的经营模式，金融机构更加注重交互、去中心化、定向精准营销。从短期来看，鉴于我国利率市场化改革的平稳缓慢步伐和我国传统金融机构思维改革的重构，互联网金融在未来的几年甚至几十年间可能成为我国金融业的重要组成部分，对金融业的发展具有重要的理论和实践意义，在一定程度上，冲击着传统金融机构的垄断地位。

1. 移动支付成为网络金融的主力军，银行卡或退出历史舞台

2013年，中国移动支付客户达3.08亿人，交易规模由2011年的742亿元增至2013年的2230亿元。① 2015年，我国移动支付规模超过16万亿元人民币。②

移动支付包括手机银行和NFC（Near Field Communication，近距离无线通信技术）。超过30家银行“登录”银联移动支付平台，中国移动、中国电信、中国联通三大运营商力推移动支付，2015年前将磁条银行卡全部更换为芯片银行卡，移动支付产业链中包括SIM卡芯片企业、智能卡商及NFC天线供应商。

另外，支付宝、财付通、拉卡拉等第三方支付平台迅速发展，微信支付通过加入社交属性，更加简单、快捷。随着第三方支付的发展，可能在银行支付系统外创造一个新的支付系统，银行卡退休，人们使用手机支付，POS机“告退”，二维码取而代之。也许，未来的财富交易，人们只需一部手机即可完成。

2. 网络金融促使金融脱媒态势正在形成

金融脱媒是指随着直接融资的发展，资金的供给绕开商业银行这个媒介体系，输送到需求单位，实际上就是企业融资由依靠银行转为不依靠银行，资金融

① 中国产业信息网．我国移动支付客户将达3.08亿[EB/OL]. http://www.chyxx.com/news/2013/1227/226114.html,2013-12-27.

② 网易．2015移动支付规模超16万亿　易宝支付成最大黑马[EB/OL]. http://money.163.com/16/0202/15/BER20BE100253B0H.html,2016-02-02.

通去中介化，包括存款的去中介化和贷款的去中介化。

从居民户的角度来看，金融脱媒表现为家庭金融资产构成从以银行储蓄为主转为以证券资产为主。

从企业的角度来看，金融脱媒表现为更多的企业选择通过股票市场、债券市场进行直接融资，因为活跃的资本市场将大大降低他们的融资成本和财务风险。

从银行的角度来看，一是由于证券市场的发展，一些业绩优良的大公司通过股票市场或债券市场进行融资，对银行的依赖性逐步降低，银行公司客户群体的质量趋于下降，对银行业的发展将会产生一定影响；二是随着大型企业集团财务公司的迅速崛起，企业资金调配能力加强，不仅分流了公司客户在银行的存、贷款量，而且开始替代银行提供财务顾问、融资安排等服务，对银行业务将会造成一定的冲击；三是短期融资债券的发行造成了大企业客户的流失和优质贷款被替换，直接影响了银行的收益。

以上是传统金融业态下金融脱媒的表现，下面结合互联网金融发展来看，互联网金融将促使金融脱媒态势加速形成。

第一，互联网金融将侵蚀银行表外业务。由于表外业务具有较强的可替代性，互联网第三方支付平台已经涉足银行支付的领地，今后诸如担保、证券理财及代销金融理财产品等可替代性服务类表外业务，互联网金融必将逐步涉足，而不必依赖于银行。

第二，互联网金融将撼动银行赖以生存的“存贷中介”根基。在互联网金融模式下，资金供求双方通过互联网和移动通信网络沟通，信息收集成本、信用等级评价成本、签约成本及贷后风险管理成本极小。交易双方信息沟通充分、交易透明，定价由市场决定，风险管理和信用评价实行数据化，信息不对称现象发生了改变，可以使资金的借贷成本更低廉，使用更高效。

3. 大数据必将担当起建设生态金融、普惠金融的重任

（1）大数据为网络金融体系建设提供基础与保障。

远古时代，我国民间就有着留音石的传说，这个神话故事其实是人类社会最早对大数据的一种憧憬。留音石可以记录先知说过的话，后人据此可以了解先知的过往。它昭示着人类社会在远古时代，就有着对大数据的向往。今天，互联网企业通过电商平台这块“留音石”，记录着用户们的交易痕迹，这些痕迹便是信

息丰富的大数据。

大数据技术深入互联网金融，依据企业的行为数据来判断企业的还款能力，而不是依据企业资产负债表上可能产生的还款能力。在这方面，阿里小贷已经走在前列。2010 年阿里小贷诞生时，马云曾振臂一挥“如果银行不改变阿里，阿里将改变银行”，为小微电商“解渴”，做小微企业贷款。从此，所有淘宝网上的商户，阿里小贷会根据他们过去的数据，自动生成商户信息，给他们透支额度；而所有的商户又可以根据透支额度随时贷款，按天计息，与银行贷款相比，大大提高了贷款效率。

未来大数据技术将在互联网贷款、购买保险、证券投资等方面发挥积极作用。金融和数据拥有天然的数据化基因，因为金融本身就是信息和数据，做金融的本质就是做信用。大数据技术提供的有据可查的信用数据，可以为构建互联网金融信用体系提供保障。

（2）大数据必将促进金融业转型发展。

未来的金融企业将以智能数据分析系统为平台，利用大数据技术来挖掘信息，支持业务创新和服务创新。大数据支持金融业升级转型的方式主要体现在以下三个方面。

一是促成中国金融业建立全新的风险控制体制，向有效监管转型。大数据技术对客户资信和交易信息进行深度挖掘、实时监控，能够及时发现潜在风险，从而降低风险管理成本。

二是支持中国金融业转型为以精细化管理为主导的现代企业。大数据的核心优势在于信息挖掘，精细化管理的首要条件是充分信息化，涉及对象包括业务信息化和管理信息化。

三是推动金融业从“一切为了利润、实现股东利益最大化”的单向目标向“一切为了利润、实现股东利益最大化和一切都以客户的满意度为标准”的双重目标转型。大数据掌握的海量客户信息可以用于分析客户消费行为模式和客户偏好选择，使客户对产品服务更满意，并根据不同客户的需求开发出不同的产品，达到差异化竞争的目的。唯有如此，金融企业才能真正实现以客户为中心，并促进金融业良性循环发展。

（3）大数据在金融业中必将具有更加广泛的应用空间。

第一，利用大数据进行风险监控，便于金融机构进行低成本、高效率的金融风险管理。例如，在放贷前，阿里巴巴等互联网企业可以通过大数据分析，判断这家公司的真实经营情况，判断它是否真的有融资需求，如果有，在对方提供相应的证明后，就可以发放与其经营规模相适应的额度贷款；钱放出去以后，阿里巴巴也完全可以依据大数据进行风险跟踪，实现在线实时监控，一旦发现这些企业行为不轨，就可以对风险实行重新评估，进而降低坏账发生的风险。这样的风险控制模式，成本低、效率高且操作简便。

第二，大数据为互联网金融机构提供全新的营销渠道和营销手段。由于社交媒体、移动互联和金融业的联姻，使得互联网金融机构可以依据这些海量的联姻数据，进行客户与客户之间的信息链接，从而提高自己与客户之间的黏性，并对客户与客户间的相关数据进行联姻拼图，进一步挖掘客户潜能，创造增值商机，实现互利双赢。

（4）大数据时代的征信系统。

征信系统是征信机构开展征信业务的信息处理系统，负责数据的采集、整合、交换、加工分析、挖掘和对外服务。通过征信系统的征信服务，可以降低拥有信用记录的个体与企业的交易成本。征信服务在防范信用风险、降低融资成本、维护金融稳定和改善金融生态方面至关重要。

征信系统的数据未来将具有以下特点。

一是从数据量角度看，未来征信系统的数据量会激增，包括证券数据、保险数据、商业信用数据、消费交易数据和公共事业缴费数据等，不同征信系统之间也会发生数据交换。

二是从数据流转角度看，数据实时采集、实时分析、实时服务将是征信系统未来的发展趋势。

三是从数据多样性角度看，非结构化数据将成为征信系统的新数据潮。

四是从数据处理准确性角度看，提高计算模型的准确性对征信系统尤为重要。

五是从数据价值角度看，征信记录汇集的价值较大，可以从中发现信贷风险的规律，挖掘出信贷欺诈模式，以及微观信用主体的风险特征、宏观的金融信贷趋势和结构描述等信息。

第三章　网络工业：打造全球化产业生态体系

互联网作为信息经济社会的重要基础设施，对工业的支撑作用日益重要。未来的工业体系将更多地通过互联网技术，以网络协同模式开展工业生产。制造企业从顾客需求开始，到接受订单、寻求生产合作、采购原材料、共同进行产品设计、制订生产计划及付诸生产，整个环节都通过网络连接在一起，彼此相互沟通。而信息会沿着原材料传递，指示必要的生产步骤，从而确保最终产品满足客户的特定需求。[①] 互联网与工业的融合发展成为必然，这也成为新一轮科技革命和产业革命的核心内容。

一、网络工业概览

网络工业是互联网向工业领域深度渗透的产物，其本质是互联网渗透并打通企业经营管理信息系统、生产管理信息系统、工业控制系统和生产设备，将实体生产设备、物料、产品、人等相互连接，实现企业内外部生产、运营、管理等环节的互联互通及数字信息的采集、传输、集成、共享和分析，从而提升效率和决策水平、降低成本，并推动新模式、新业态和新产品等的蓬勃发展。[②]

---

① 百度百科．互联网＋工业[EB/OL]. http://baike. baidu. com/link? url＝MKSx9PV 4thhw EEq21Pqq IX-ir9N5Zac_8hgOcYfsiVgEZTSK1aOSIZjHh - H67UmUHZnMuKbEkKVXA3DRck6U z - yX0_mXmQI6IeP2RnyKtnNmNOS8yBmGb0uCTdRevhchRPp0eecnOkuaynpwL7XkbKa，2015 - 06 - 12.

② 王建伟．工业互联网助推中国产业升级［J］．互联网经济，2015（3）：34 - 39.

（一）网络工业的兴起

当前，全球新一轮科技革命和产业变革风起云涌，网络工业的发展有着深刻的国际和国内背景。

1. 网络工业兴起的国际背景

对于未来工业的发展模式，发达国家纷纷提出了各自的愿景，实施“再工业化”战略。美国的工业互联网战略、德国的工业4.0战略、英国的高价值制造战略、法国的新工业法国战略、日本的机器人新战略、韩国的IT融合发展战略等，都致力于利用网络化、数字化、智能化等信息技术，加快工业转型升级，形成新的经济增长动力。

以典型的美国工业互联网和德国工业4.0为例，二者都是以工业体系与互联网技术高度融合为核心内容，且均已上升为国家战略，并推出了相应实施计划。美国和德国互联网和工业的融合发展为我国网络工业的发展提供了宝贵的经验。

（1）美国工业互联网。

国际金融危机后，美国为振兴经济、推动制造业创新和转型发展，提出一个新概念——工业互联网。通用电气（GE）、英特尔（Intel）、思科（Cisco）、国际商业机器公司（IBM）、美国商业资讯（Business Wire）- AT&T五大行业的龙头企业共同成立了工业互联网联盟（Industrial Internet Consortium，IIC），这一联盟基于企业的发展与市场需求考虑，在技术、标准、产业化等方面做出前瞻性布局，致力于推动全国乃至世界制造业互联。在美国工业互联网战略中，企业发挥主导作用，美国政府发挥的是推动、倡导和引领作用，通过政策扶持、规则制定、国际协调等途径，为企业创造适宜的发展环境。

工业互联网将美国乃至全球范围内的机械、人和数据连接起来，在更大范围内配置资源、销售产品、减少库存的产生。目前，美国工业互联网的发展已经取得初步成效，并且成为带动经济复苏、拉动就业增长的重要力量。工业互联网带来的变化之一是谷歌、亚马逊、Facebook等一大批传统互联网公司纷纷围绕硬件产业布局，如谷歌开始进军无人驾驶汽车和智能机器人；亚马逊正在完善多轴无人飞行器来送快递；苹果公司推出智能手表；等等。随着这些技术的普及，美国制造业将迎来颠覆性革命，未来的生产组织形态、用工模式将产生重大变革，美国通过工业互联网迈入了“新硬件时代”。这里的新硬件，不是主板、显示器、键盘等计算机硬件，而是一切物理上的存在，包括过去闻所未闻、见所未见的一切人造事物。

（2）德国工业 4.0。

工业 4.0 的概念首先由德国提出，主要是针对产业的互联网服务，建立新的增值网络，提升制造业的智能化水平，其目的是增强德国工业的竞争力。之所以称为工业 4.0，主要是相对于前三次工业革命而言的：工业 1.0 指的是第一次工业革命，用蒸汽推动机械化，实现了机械生产代替手工劳动；工业 2.0 是指第二次工业革命，用电力推动大规模生产，实现了生产的批量化、规模化；工业 3.0 是指用电子系统和信息技术实现了生产的自动化。工业 4.0，简单来说，就是以智能制造为主导的第四次工业革命。

与美国的企业主导工业互联网不同的是，德国工业 4.0 主要由德国政府推进，将其上升为国家战略与法律，自上而下实施。工业 4.0 的两大主题分别是“智能工厂”和“智能生产”，其终极目标是使制造业脱离劳动力生产要素的束缚，将生产的流程成本降到最低，从而实现制造业竞争力的最大化。

此外，印度、巴西等新兴市场国家也在积极承接国际产业转移。发达国家和新兴经济体都高度重视互联网与实体产业的融合发展，备战新一轮全球经济竞争。

2. 网络工业兴起的国内背景

我国经过几十年的艰苦奋斗，已经建立起门类齐全、独立完整、规模庞大的工业体系，已经迈入全球工业大国行列。但工业大国不等于工业强国，面对全球新工业革命的激烈竞争，我国必须加速工业与互联网的融合发展，抢占新一轮产业竞争的制高点。

党的十七大提出“大力推进信息化与工业化融合”。2011 年 4 月，工业和信息化部等五个部门联合印发了《关于加快推进信息化与工业化深度融合的若干意见》，提出了到 2015 年“两化”深度融合的发展目标和主要任务。党的十八大进一步指出“两化”深度融合是我国走新型工业化道路的重要途径和必然选择。2013 年，工业和信息化部下发《信息化和工业化深度融合专项行动计划（2013—2018 年）》，对未来几年两化深度融合工作进行了安排，共有八项行动，其中第七项是互联网与工业融合创新行动，加快工业生产向网络化、智能化、柔性化和服务化转变，推动中国制造向中国创造转变。

2015年两会期间，国务院总理李克强在政府工作报告中三次提及互联网发展，并首次提出要“制定‘互联网＋’行动计划，推动移动互联网、云计算、大数据、物联网等与现代制造业结合，促进电子商务、工业互联网和互联网金融健康发展”。“互联网＋”工业，实现信息化和工业化加速融合，将会为工业发展带来更多的机遇和更大的发展。

2015年5月8日，国务院公布《中国制造2025》行动纲领。有学者指出，这是中国版的“工业4.0”规划。这是我国实施制造强国战略的第一个十年的行动纲领。《中国制造2025》纲领的思路之一就是要大力发展智能装备和智能产品，推进生产过程智能化，培育新型生产方式，全面提升企业研发、生产、管理和服务的智能化水平。

2016年5月20日，国务院印发《关于深化制造业与互联网融合发展的指导意见》，部署深化制造业和互联网融合发展，协同推进《中国制造2025》和“互联网＋”行动，加快建设工业强国。

事实上，无论是美国的工业互联网，还是德国的工业4.0，其核心都是智能化生产，而要实现智能化生产，就离不开以互联网为代表的新一代信息技术。因此，走新型工业化发展道路，推进“互联网＋”工业的融合发展，是我国制造业和工业由大变强的关键所在。

（二）网络工业发展的关键要素

机器、信息和人共同构成了网络工业生态系统，可以说，网络工业是机器、信息和人的完美结合。

在互联网时代，工业生产中数以千万计的机器、设备组和各种设施通过传感器、嵌入式控制器和应用系统与网络紧密连接，并无时无刻向后台系统传输海量数据，将这些杂乱无章的数据加工成具有商业价值的信息，才能为企业实时决策提供依据，这就需要先进的数据分析技术，实现数据向信息资产的转化。网络工业的发展趋势虽然是智能化，但终究还是离不开人，其中既包括企业内部的技术人员、领导者和远程协同的研发人员，也包括企业之外的消费者。人机交互、机器与机器的互联、用户和工厂的对接，通过机器、信息与人的紧密结合，最终完成产品设计、实际操作、产品维护及高质量的服务等工作。

在机器、信息和人三者之中，起关键纽带作用的是信息技术。网络工业的发展在技术手段上，需要四类技术的支撑保障，分别是新兴信息技术、新兴制造技术、智能科学技术及制造领域应用技术。其中大数据、云计算、移动互联网、高性能计算、仿真、网络安全、智能终端等新兴信息技术智慧化和3D打印、智能化机器人、智能制造装备等新兴制造技术智慧化的快速发展，以及机器深度学习、大数据驱动下的知识工程、基于互联网的群体智能、跨媒体推理、人机协同的混合智能等人工智能技术的新发展①，为“互联网+”工业的发展奠定了重要的技术基础。

（三）互联网与工业融合的作用机制

互联网与工业的深度融合，使产业组织和制造模式、企业和用户的关系都发生了变化，引发传统产业链发生深刻变革。互联网影响不同产业链变革的作用机制主要体现在以下几个方面。

1. 互联网与工业融合变革沿产业链下游向上游拓展

从产业链来看，靠近下游和最终用户的行业最先发生变革。消费品行业是最靠近消费者的。从实践来看，互联网引起的变革首先发生在消费品行业。当前网络购物已经成为一种流行的购物方式，网民数量的急剧增长改变了供需双方的关系，传统生产者占主导地位的以产定销模式发生了变化，消费者由被动消费变为主导消费。消费者的个性化消费得以彰显，这使得消费品行业发生的最明显变化是由原来大规模集中生产向个性化、柔性化生产转变。在产业链传导机制的作用下，处于产业链中游的装备行业柔性、智能、可重构的生产体系应运而生，互联网对中游装备行业的影响开始显露端倪。随着作用机制的传递，波及上游原材料行业。显然，位于上游的原材料行业与互联网融合的步伐滞后于上游与中游行业。

从生产经营的具体环节来看，越是下游的行业，与互联网发生融合创新的环

① 新华网．李伯虎：云制造是实施互联网的中国制造2025的智慧模式[EB/OL]. http://news.xinhuanet.com/tech/2015-12/23/c_128560296.htm,2015-12-23.

节越多。最接近末端的消费品行业，依然是创新最活跃的行业，移动社交营销、个性化定制、众包研发等创新模式大多来自消费品企业，且触及的环节最多，融合创新涉及研发设计、加工制造及营销等多个环节。而处于中游、上游的装备行业和原材料行业由于距离最终用户远近不同，受影响的程度也有差异。相对来说，装备行业与互联网融合的生产经营环节比原材料要多一些。

2. 互联网从价值链交易环节向研发设计环节渗透，实现价值的一般传递到价值创造和增值转变

互联网对企业价值链的渗透和影响也有一定的规律，从采购、营销端向研发、设计和制造端渗透，从交易环节的价值传递向研发、制造环节的价值创造延伸。

最先与互联网融合的大多是处于价值链后端的营销活动，营销环节是与消费者联系最密切的环节，并且关系着价值在交易双方间的传递和转移；继而是研发、设计环节，这与用户需求紧密相连，企业利用互联网等先进技术，实现基于互联网的众包设计、协同设计等，也成为继营销之后与互联网融合得较好的领域之一，① 生产制造环节相对受影响较小。这主要是生产制造对于稳定、安全性的要求比较高，且相对独立和封闭，与互联网开放、共享的特征不宜契合。随着各类信息技术的进步，互联网与生产制造系统的融合条件已经具备，表现为对生产制造过程的监控、辅助智能决策及对设备的运程运维等。

再来看价值的传递，在营销和交易环节，产品价值通过互联网营销方式在交易双方进行简单的传递和转移。随着研发、设计、生产、服务等价值创造环节与互联网的深度融合，其所创造价值的过程更快，效率更高，价值增值更多。因此，互联网与工业的融合实现了从单纯的价值传递到价值增值的转变。

（四）网络工业给传统工业发展带来的机遇

1. 互联网和工业的融合发展有利于促进企业构建先进生产方式

互联网与工业的深度融合有利于信息和知识的快速渗透传播，为传统工业企

① 杜鹃，等．互联网与工业融合创新的主要路径及模式初探[J]．产业经济评论，2014（7）：20－26.

业创新发展提供机遇，促进企业创新生产手段，优化工作流程，提升工作效率和能力，进而构建集先进管理思想、方法和手段于一体的管控平台，转变生产方式，提高生产制造效率。例如，上海家化率先开发并实施了产品研发全生命周期管理系统，一方面快速有效地提升了产品上市时间，另一方面大大降低了质量缺陷率。

2. 推动工业企业向价值链高端跃升

网络工业的发展将推动制造业从单纯的产品制造向服务型制造转变，大大提升了传统企业的价值创造空间。在网络工业时代，生产设备网络化和生产系统智能化水平大幅度提升，使得消费者需求在设计环节、生产领域都能够得到快速、及时响应，制造端与服务端的距离被前所未有地拉近，原来以生产者、产品和技术为核心的制造模式向社会化和用户深度参与模式转变，推动传统企业向价值链高端延伸。

3. 优化产业链，提升我国工业整体竞争力

互联网为企业研发设计、经营决策、组织管理提供新的工具，为产业链上下游协同提供新的平台。同时，网络工业的发展，能够有力推动我国工业生产方式由粗放低效向绿色精益转变、生产组织由分散无序向协同互通转变，为整个产业链、价值链结构优化调整、转型升级提供新的机遇。

二、网络工业发展的新模式与新业态

随着互联网在工业领域的渗透不断深化，二者在产品研发设计、生产制造、经营管理等环节创新融合加速，催生了大规模个性化定制、网络协同制造、服务型制造、工业云等广泛而深刻的互联网与工业融合新模式新业态，加速推动传统工业向网络化、智能化、柔性化、服务化转型。

（一）大规模个性化定制

2016 年，政府工作报告提出，鼓励企业开展个性化定制、柔性化生产。培育精益求精的工匠精神，增品种、提品质、创品牌。

1. 大规模与个性化在网络时代的“兼容”

事实上，个性化定制并不是互联网时代的新鲜事物。早在 20 世纪 80 年代，很多企业就开始根据客户的需求定制服饰、家具等，但受到条件限制，很多定制只能针对个人或小批量生产。如今，互联网等先进技术的发展与应用，为工业企业提供大规模个性化定制提供了有利条件。为满足客户需求的个性化、定制化，传统工业逐步向大规模个性化定制生产转变。

制造企业通过运用互联网及移动互联网、3D 打印及移动 O2O 等技术，打造用户聚合平台，用大数据分析系统收集并分析用户个性化产品需求，并使原有的相对固化的生产线和生产体系向柔性化生产转变，在产品设计与生产过程中融入客户的个性化需求，将个性化定制从奢侈品扩展到普通商品，从少数人可扩展到社会公众，让现代制造承载了高度个性化、服务周期长、零库存、高度数字化等更多特点。传统意义上“个性化定制”和“大规模标准化生产”难以调和的“两难困境”，在网络工业时代可以得到完美“兼容”。

2. 大规模个性化定制的典型案例

2016 年 5 月，在中国大数据产业峰会暨中国电子商务创新发展峰会的信息产业界巨头座谈会上，李克强总理向大家展示了他所穿的西装，并介绍他的西装是中国企业运用大数据生产出来的。青岛红领集团就是这样一家运用大数据进行个性化定制的服务企业。通过从个性化的需求数据中寻找共性，青岛红领集团用大数据改造传统制造业，以工业化的流水作业，生产个性化的定制产品，以客户个性化需求推动企业智能制造，实现了“互联网＋”工业，在我国服务行业高库存、负利润、业绩整体下滑的背景下，青岛红领集团不仅做到了零库存，而且业绩不断跃升，领跑传统服装行业。

青岛红领集团成立于 1995 年，从 2003 年开始探索传统制造向基于“互联网＋”大规模智能定制转型，经过十多年的摸索发展，目前青岛红领集团 C2M（Customer to Manufactory）模式已经相当成熟，具有日产量超过 3000 套/件的个性化定制服装生产能力，2015 年网上定制业务收入与净利润同比增长 130％以上，被工业和信息化部列为“2015 年智能制造试点示范项目”，成为 46 个智能制造试点之一。

青岛红领集团的“酷特智能”是一个集订单提交、设计打样、生产制造、物流交付于一体的互联网平台。客户可以借助电脑、手机等终端登录该平台，对服务定制进行体验、下单。该平台最大的突破在于改造生产和组织流程，运用大数据和云计算技术，将大量分散的客户需求数据转变成生产数据。例如，平台涵盖300多万名客户服务版型的超过100万亿个的个性化数据，能提供多种版型、工艺、款式和尺寸供客户自由搭配，有超过1000万亿种设计组合和100万亿种款式组合可供选择；红领集团独创“三点一线”量体法，即只需要肩端点、肩颈点和第七颈椎点，并在中腰部画一条水平线，即可采集到身体19个部位的24个数据，将其输入“酷特智能”平台，系统会进行数据建模，不到1分钟便可形成专属于客户的数据版型，快速、高效的智能裁剪代替了烦琐、低效的人工打版。

经过CAD（计算机辅助设计）部门的大数据制版后，信息会传输到布料配给部门，裁布机器会自动按照订单要求准备布料，进行个性化裁剪，裁剪后的布料被挂上电子标签进入流水线，数据在300多道工序间传递。红领集团的每个工位都有专用电脑读取电子标签信息，每道工序的工人对要进行的操作要求一目了然。

“红领模式”实现了数据系统和流水线的结合，生产成本、设计成本和库存成本大幅度降低，缩短了产品生产周期，大大提高了生产效率。一般西服定制需要3～6个月，而红领集团制作一套西服只需要7个工作日。红领集团以数据驱动智能制造，最终实现了用工业化的手段和效率做个性化定制产品。

大规模个性化定制在传统工业向网络工业转型发展中的成功案例已屡见不鲜。家电行业的海尔“智慧工厂”、家具行业中的尚品宅配和美克家居、汽车行业的奥迪等，都已探索出适合本企业发展的大规模定制模式。随着互联网技术和制造技术的发展成熟，结合规模化生产的低成本优势和个性化定制的高附加值，个性化定制生产线将逐步普及，按需生产、大规模定制将成为网络工业发展的常态。

（二）网络协同制造

在工业全球化、经济全球化的今天，现代工业体系分工越来越细，复杂产品都是由若干供应商协同设计和生产的。网络协同制造，强调制造企业充分利用互联网技术及理念，聚焦核心技术和品牌，通过互联网整合制造资源，企业与产业链各环节紧密协同，外包研发设计、生产加工等环节，形成生产制造网络。

1. 网络协同设计

传统企业受空间、资源等限制，研发设计的环节都是在企业内部独立完成的。在互联网时代，一方面，企业面临的经营环境发生了很大变化，不确定性急剧增加，市场需求多样化程度呈几何指数上升，部分企业封闭式的研发设计已经跟不上形势发展；另一方面，网络及信息技术的发展使得社会资源可以在更大范围内自由、快速流动，为开放式研发设计提供了有利条件，企业可以有效整合设计资源，实现更广范围内各方设计研发者之间的协同共享，打破地域限制，提高企业研发效率，降低企业创新成本。基于互联网的众包设计研发、协同设计模式就是典型的表现形式。

众包设计模式的创始者是美国的 99designs，这是世界上最大的在线平面设计交易平台，将有设计需求的初创企业、小型公司、营销机构与来自全球 192 个国家超过 25 万个平面设计师连接在一起。

国内比较著名的众包设计平台是“猪八戒网”。猪八戒网成立于 2006 年，秉承“找人做事，上猪八戒网”的口号，服务项目涵盖了品牌创意、工业设计、软件开发等类别，拥有 500 万家中外雇主，1000 多万家服务商，通过网络整合海量设计资源为企业提供短、平、快的“众包”服务。2015 年，该平台交易额达 75 亿元，市场占有率超过 80%。①

工业企业基于互联网的协同设计成功案例有很多。典型如中国拥有完全自主知识产权的三代核电站堆芯测量系统“华龙一号”，就是中核集团成功利用互联网聚合了上千名来自全国各地的设计人员同步完成的。“华龙一号”堆芯设计非常复杂，但设计中心的核心团队只有二十多人，参加设计的终端有 500 多个，分布在十几个城市，参加的设计人员有上千名，通过互联网和图像数据同步重建技术，搭建了三维综合设计平台，实现了异地、多专业协同设计。②

互联网一个最大的特点是“集众智”，通过互联网在更大范围内寻求解决方

---

① 百度百科．猪八戒网[EB/OL]. http://baike. baidu. com/link? url＝f1Ei6l3g2kkq 2－jcbMw3ALPh VHMTm7LgVIw8pWZWYMHH1gF4HvgrglL _ q － _ VeJAOWNEKptg6o1xYKfmOU7h GGhGwu －IRQUwrg80b－mIZanyilNm2X3LELJfZbhs8XeUZ,2016－02－02.

② 中国新闻网．核电互联网＋千名设计人员同步[EB/OL]. http://www. cpnn. com. cn/dlcj/201602/t20160202_868756. html,2016－09－07.

案，可以节省大量的人力和智力。基于互联网的开放式研发设计，能够推动中国制造走向中国“智”造。

2. 网络协同生产

协同生产在“互联网+”工业时代已经屡见不鲜。航空制造被称为“现代工业之花”，大型飞机更是被誉为“工业皇冠上的明珠”，大型飞机产业链深而广，具有惊人的产业辐射带动效应。我国拥有完全自主知识产权的国产大型客机C919的研制起步于2007年，2008年实施国家大型飞机重大专项中大型客机项目的主体——中国商用飞机有限公司（以下简称“中国商飞”）正式成立。2015年11月2日，C919实现总装下线，2017年5月实现首飞。

工业和信息化部把C919飞机网络协同制造列为2016年智能制造试点示范项目之一。C919大型客机的零件、设备、部件、部段总共超过百万件，国内有22个省市、200多家企业、36所高校、数十万产业人员参与了C919大型客机的研发和制造，包括宝钢在内的16家材料制造商和54家标准件制造商成为大型飞机项目的供应商或潜在供应商。国外的GE、Honeywell等跨国公司也成为大型飞机机载系统供应商，不过，这些跨国公司要与国内企业合作，在航电、飞控、电源、燃油和起落架等核心机载系统供应方面成立了16家合资企业。C919首架机机头、前机身、中机身、中央翼、中后机身等九大部段由中航工业西飞、成飞民机、沈飞民机和洪都航空等多家航空工业企业制造。C919大型客机的生产制造是由一个很庞大的生产网络协同完成的。

广州北江纺织有限公司（北江纺织）成立于1995年，是粤北地区最大型的牛仔布生产商，如今北江纺织提供的牛仔面料已遍及全球，是工业和信息化部2014年度“互联网与工业融合创新试点企业”。为了适应“互联网+”的发展，北江纺织对生产流程进行改造，实行在线设计、远程下单、即时制造等环节的实时协同。客户在移动终端登陆北江纺织APP即可下单，并且可以在全球任一工厂进行标准化生产，通过网络协同制造，对制造资源进行了有效整合。

3. 协同创新云平台

阿里巴巴、京东、唯品会等都是电子商务领域比较成功的大平台，推动电子商务功不可没。工业协同创新可以借鉴电子商务领域的平台模式，通过建设行业创新云平台，整合行业上下游企业资源，对市场需求进行集聚和对接，培育产业生态圈，实现社会协同大制造。

目前，工业创新云平台从宏观到微观主要包括以下几种类型。

宏观领域较为典型的如中国互联网与工业融合创新联盟（以下简称“联盟”），该联盟成立于2014年7月，是在工业和信息化部指导下，由中国信息通信研究院、电子科学技术情报研究所、北京大学国家竞争力研究院等单位共同发起的。

该联盟立足于搭建互联网与工业融合创新的合作与促进平台，聚焦工业、互联网领域的中坚力量及相关机构等社会资源，共同探索互联网与工业融合的新模式和新机制，服务企业，支撑政府决策，推进试点示范，推动网络工业不断发展。

中观领域较为典型的是天智网，由中国航天科工二院研制的“天智网”云制造平台，服务涵盖了研发、采购、营销、生产及售后等各业务环节，以云服务形式提供各类制作能力与制造资源。目前，有2万多家遍布全国各地的企业在线上进行实时对接，快速共享生产资源，加快企业转型升级。

以汽车行业应用为例，通过天智网提供的各种云制造服务，汽车企业将整车研发周期缩短2个月，同时节省了大批用于人员招聘、软件采购、原材料加工等的运营成本。

微观领域较为典型的是海智在线，这是一家专注于工业零部件领域的产业链综合服务平台，为零部件制造商提供订单对接、生产线改造、数字化管理等服务。

工业零部件具有天然的非标属性，即不是按照统一的行业标准和规格制造的设备，而是根据自己的用途需要设计制造的设备。工业零部件的需求方是世界各地有零部件采购需求的企业，既包括广大的中小企业，也包括世界500强企业，该平台成立不久，就有超过20多个国家的企业发布询盘；供给方是具备来图来样生产加工能力的工厂。海智在线引入“大众点评”的概念，建立采购和供给双方的信任机制，帮助工业企业更好地发展。

（三）服务型制造

长期以来，我国服务型制造发展滞后，制造业主要以加工组装为主，通过大量引进先进制造装备和生产线来生产产品。但在市场竞争越来越激烈、生产要素成本不断增加、供需信息日益对称等因素的作用下，制造本身在工业产品附加值构成中的比例越来越低，而增值性服务位于价值链的高端，制造企业由生产型向生产服务型转变逐步成为行业一种新型产业形态。

2016年7月26日，工业和信息化部联合国家发展和改革委员会和中国工程院共同发布《发展服务型制造专项行动指南》，提出到2018年基本实现与制造强国战略相适应的服务型制造发展格局。在此指导下，部分工业企业积极利用物联网和大数据分析等互联网新技术，由提供设备向提供系统解决方案转变，整合分析覆盖产品全生命周期的巨量数据，并反馈至研发和制造等环节，形成各环节紧密合作、服务链与价值链快速联动的新态势。[①]

传统制造企业向服务型制造转变主要有以下几种趋势。

1. 在线定时服务替代人力定期运维

工业产品的在线服务支持和远程运维是服务型制造的发展趋势之一。随着制造业数字化和智能化水平的提高，设备复杂程度提高及生产运行节奏的加快等，任何机器设备的停工所造成的损失都十分巨大，尤其是昂贵的进口设备，采用远距离跨国维修的方式，既费时又增加企业运营成本。传统设备依靠人力定期检修、运维和保养，在互联网时代将被远程实时监控、故障诊断、远程维修等替代。

近年来，三一重工和中联重科等工程机械制造企业，依托新的互联网技术不断提升服务能力，通过数据建模分析、专家诊断等方式，提前预判故障风险并给出相应的解决方案，从而将过去的被动维护或凭经验开展的定期维护转变为按需提供的主动服务，实现了向服务制造的有效转型。

2. 智能服务代替常规服务

与在线实时服务不同，智能服务更注重对产品在生产、使用过程的信息进行收集并进行深度挖掘，以实现更高级的自主化功能和增值服务。例如，传统的维修方法属于被动的维修模式，通过周期性检修方式达到产品或设备故障的及时修

---

① 秦业．互联网+协同制造：激发中国智造创新活力[J]．世界电信，2015（8）：49.

复；而智能维护服务属于一种主动的维护模式，通过信息分析及性能衰退预测，达到近乎零故障性能及自我维护。

以飞机为例，如果传统情况下飞机发生故障，仅确定故障原因就需要很长时间。智能维护系统应用于飞机发动机后，加入了很多新型的检测技术，形成发动机的自我监测系统，配合地面分析系统，能够提前几个月预测发动机是否需要进行维护，为航空公司安排各航班发动机的维护计划提供了方便，既降低了检查和维护成本，也大大降低了意外事故的发生概率。

3. 能力交付代替产品销售

“互联网＋”工业使产品开始数字化，并实时可控，对产品功能的使用而非对其产权的拥有，在制造业中变得越来越重要。产品租赁或基于绩效的服务购买成为传统制造向服务制造转型的趋势之一。企业与客户的关系也从一次性购买变成了长期服务。

例如，工厂通过租用的模式配置相关设备，工厂只是设备的使用方，设备厂家是设备管理和维修的主体。沈阳 i5 智能机床就是这方面的典型案例。在国内数控行业市场整体萎靡之时，沈阳 i5 智能机床却逆市上扬。除了智能机床能让企业大幅度提高生产效率，还有一个重要的原因是沈阳 i5 机床采用租赁模式，解决了很多中小企业的资金困难。用户选择租赁机床后可以选择按时间、按价值或按工件数量付费。沈阳 i5 机床成功实现了由商品买卖转变为提供租赁服务，实现了经营方式的转型升级。

4. 虚拟融入现实

AR/VR（Augmented Reality/Virtual Reality）技术，即虚拟现实/增强现实技术，可以增强用户在产品研发、生产、营销、使用等过程中的体验，通过营造虚拟化体验场景，为用户提供“超预期”的满意体验，进而带来研发方式、操作方式、营销方式和维护方式的改变。这是工业企业在产品服务方面竞争的重要领域。

家居行业把 VR 技术运用到产品的设计、展示和推广中，帮助客户摆脱时间和空间的限制，展现 720°无死角的整屋视觉效果，让客户感觉更逼真，体验感更强，可以在一定程度上增强与客户的黏度，促进客户购买决策。

此外，要积极引导相关服务企业转型发展，提高跨界综合服务能力。伊利、九阳、思念、洋河酒厂、回家网、南航等纷纷利用互联网提升个性化体验，实现了服务模式创新。

三、网络工业发展面临的主要问题及对策

互联网与工业的融合发展并不是一蹴而就的，由于二者之间有着各自不同的属性和特征，且不同领域、环节和企业的应用水平程度差距不等，网络工业在发展过程中还存在一些问题，针对这些问题要提出相应的解决办法，才能促进互联网与工业的加速融合发展。

（一）网络工业发展面临的主要问题

互联网与工业的深度融合具有难度大、风险高、成本高、跨领域等特点，发展过程中存在的诸多困难和问题，主要体现在以下几个方面。

1. 互联网服务支撑能力不足

当前我国的互联网服务主要体现在消费端，难以支撑工业的生产性需求。互联网企业作为互联网与工业融合发展中的一个重要主体，或缺乏对工业生产的足够认识，或对工业企业市场缺乏相应的技术和服务能力，造成在两化融合过程中互联网服务提供的支撑能力不足的困境。与国际先进的互联网服务能力相比，国内的互联网企业大多属于中小企业，虽然创新意识很强，但专业化程度不高，服务水平和技术含量参差不齐，高端服务、复合型服务缺乏，缺少一批引领全球的工业互联网信息服务企业，这使得网络工业发展中的很多新兴互联网服务需求难以得到有效满足。

2. 供应链的协同能力不足

工业企业想要实现基于互联网的大规模个性化定制，需要整个供应链具有强大的协同组织能力，目前国内供应链协同组织能力还有待发展。一方面，缺少融合发展的平台，当前工业云、工业大数据平台等公共性平台相比发展成熟的消费互联网平台仍显得匮乏，现有的工业互联网平台的支撑能力也有待提升；另一方

面，国内很多企业尤其是中小企业囿于观念、成本、人才等因素，整体信息化水平不高，发展阶段也不同，制约了企业间开展进一步的融合创新。部分工业企业对互联网的创新理解不够，对加速与互联网融合的必要性、紧迫性、复杂性及方向、路径认识不清，同时，缺乏开放共享的精神和自我变革的勇气。这些都影响了供应链的协同创新能力。

3. 核心技术是制约我国网络工业发展的瓶颈

在网络工业发展的三大关键要素中，先进的核心技术起到了重要的连接作用。我国的科技创新能力整体较弱，自主创新水平不高。以智能机器人为例，控制器、伺服电机、减速器三大核心零部件占据机器人成本的七成左右，核心技术受制于国外厂商，国内企业利润微薄。此外，工业互联网大量核心技术，如制造业操作系统、大规模集成电路、网络传感器、工业控制器、高端数控机床和高端工业软件等多由国外厂商垄断。国内企业在开展创新应用模式的时候往往受到技术瓶颈约束，由此导致国内企业深度应用互联网受限，网络化、智能化的生产组织能力薄弱。[①]

4. 产业融合的管理机制不完善

网络工业属于典型的融合性领域，目前相关促进网络工业发展的体制机制有待进一步完善。例如，产业融合的标准化问题，在网络工业发展过程中会产生很多融合性产品或服务，相应的标准体系尚未统一，接口困难，企业方各自推动的标准建设带来较高的重复建设成本。

旧有的不合理制度政策阻碍两化的深度融合。例如，融合性产品和服务的市场准入问题，监管领域的缺位或越位问题等，都需要创新服务管理机制，进一步完善和规范市场，清除应用推广壁垒。工业互联网属于新兴事物，相关领域的法律法规建设也需要及时健全。

5. 人才匮乏是网络工业发展亟待解决的问题

网络工业的发展当前面临着人才总量不足、人才结构不合理、缺乏领军人才

---

① 秦业．互联网＋协同制造：激发中国智造创新活力[J]．世界电信，2015（8）：47－49.

等诸多问题。新的商业形态催生对复合型人才的需求，互联网与工业的深度融合，需要既了解工业又熟悉互联网的融合性人才队伍。而现状是工业企业缺少精通大数据、云计算等先进信息技术的人才，而互联网软件企业大多不懂工业流程、业务等知识，高端复合型互联网人才的缺乏为工业互联网技术攻关带来很大挑战。

在人才培养上，一方面，随着我国传统制造业领域大中型国有企业的转型，企业不再办学校，导致技术型应用人才队伍有序培养断层。加上国内职业技术教育落后，导致高水准技术工人成为紧缺人才；另一方面，一些以传统工科专业为主的院校开始把工作重点转向金融、互联网等专业，对传统工科专业实施了一系列压缩招生人数等做法，使得高端工程技术人才培养严重缺失。

（二）发展网络工业的对策建议

我国应把握当前“互联网＋”工业的关键时点和历史机遇，瞄准关键领域和重点方向，结合国内实际情况，借鉴美国、德国等发达国家的发展经验，逐步实现我国工业面向网络化、智能化的整体突破。针对我国网络工业发展过程中存在的问题，对我国网络工业的发展建议如下。

1. 搞好顶层设计和制定战略规划

美国工业互联网和德国工业 4.0 已经上升为国家战略，并推出相应的实施计划，我国还没有相应的工业互联网发展战略。政府和有关国家研究机构要加快推动制定出台工业互联网发展战略，形成顶层设计和总体布局。

互联网与工业的深度融合是一项涉及多领域、多行业、多主体的复杂且庞大的系统工程，以国家发展和改革委员会、工业和信息化部为首的政府部门要制定出不同时期的具体发展规划，各省区根据国家规划制定各自的中层设计和具体规划。工业企业是实施互联网和工业深度融合发展的主体，也应提出各自的相关规划。

我国工业互联网的融合发展，要以顶层设计为引领，凝聚各方力量，统筹部署推进设施建设、技术研发、标准研制、架构设计、安全保障、应用推广和国际合作等重大问题的解决，打造政府引导、企业主体、产学研结合的工业互联网发展格局。

2. 以设施建设为核心，夯实发展基础

工业互联网对网络信息系统的依赖性很大，因此要以信息化设施建设为核心，夯实发展基础。2016 年 7 月，中共中央办公厅、国务院办公厅印发《国家信息化发展战略纲要》，这是指导我国信息化领域发展的纲领性文件。

加快推进网络工业的发展，我国将继续实施宽带中国战略。要大力推进第四代移动通信（4G）网络覆盖城乡、第五代移动通信（5G）技术研发和标准取得突破性进展，推动全光网普及、软件定义网络等新型网络部署，实现现有网络改造升级。构建工业互联网标识解析体系，积极培育适用于工业互联网的 IPv6 产业链，大力提升信息基础设施对工业互联网的支撑水平。

3. 以试点示范为依托，加快产业推广应用

以试点示范为依托，完善工业互联网发展的推进机制，加快产业推广应用。通过推动产业链上下游相关单位联合开展工业互联网试点示范，引导工业企业积极建设应用工业互联网，探索形成可复制、可推广的经验和做法。

工业和信息化部为了落实信息化与工业化深度融合专项行动计划，于 2014 年遴选了 24 家具有典型示范性的领先企业，开展互联网与工业融合创新试点工作；2015 年继续在互联网与工业融合创新领域开展试点示范工作；又分别在 2015 年和 2016 年开展智能制造试点示范专项行动，试点企业在各试点领域各有突破，带动示范成效显著。

4. 以安全可控为根本，加快提升保障能力

随着信息技术在工业领域中的不断运用，信息安全和数据隐私保障问题亟待解决。对政府来说，要保证公共数据的安全与稳定；对企业来说，要确保自身商业数据的安全。

我国工业互联网的发展需要构建一个安全可靠的发展环境，一方面，针对目前数据安全管理相关政策法规尚不完善的问题，要通过进一步完善数据安全、隐私保护等相关法律法规，形成工业基础设施、工业控制体系、工业数据等重要战略资源的安全保障机制；另一方面，从技术方面着手，通过加强工业互联网关键安全技术和标准的研究制定，加快产品研发和应用推广，提升工业互联网安全的

可控能力。

5. 健全融合发展人才队伍

人才资源是第一资源，人才竞争才是最终的竞争。首先，深化人才体制机制改革，完善激励创新的股权、期权等风险共担和收益分享机制，吸引具备创新能力的跨界人才，营造有利于融合发展优秀人才脱颖而出的良好环境。其次，健全工业互联网人才培养体系。支持高校设置“互联网+”相关专业，推进高等院校专业学位建设，加强高层次应用型专门人才培养。同时，注重发挥职业院校职业技能培训优势，培养工业实用型人才。最后，在重点院校、大型企业和产业园区建设一批产学研用相结合的专业人才培训基地，积极开展企业新型学徒制试点。鼓励学校和企业联合展开教育及实训，学生不经企业实习不能毕业，一出校门即可投入工作。鼓励企业提供实训岗位，企业提供实训岗位可获得减免税收等相关政策奖励。此外，结合国家专业技术人才知识更新工程、企业经营管理人才素质提升工程、高技能人才振兴计划等，加强职业技术培训，建设高素质专业技术和产业工人队伍。

第四章　网络农业：风口下最具变革潜力的蓝海

2015年，全国两会提出的“互联网＋”一词大火之后，各个行业都在酝酿与互联网的跨界融合，即便是最传统的农业也不例外。出人意料的是，网络农业率先抢到了政策红包。目前，“互联网＋”农业已经深入生产、加工、销售等农业产业链的各个环节。虽然新兴的互联网与传统的农业看上去距离甚远，但却释放出了巨大的潜力。“互联网＋”农业已经成为一种革命性的产业模式创新。在互联网的全面推动下，最为传统的农业也将焕发出强大的生命力，在整体经济放缓的大背景下，成为我国新的经济增长点。

一、网络农业的发展及特点

（一）网络农业的发展

1. 网络农业的概念

网络农业，就目前的实践来看，主要是将互联网技术运用到传统农业生产中，利用互联网固有的优势提升农业生产水平和农产品质量控制能力，并进一步畅通农业的市场信息渠道和流通渠道，使农业的产、供、销体系紧密结合，从而使农业的生产效率、品质、效益等得到明显改善。

网络农业的本质是“互联网＋”农业。“互联网＋”通过把商品交易由线下迁移到互联网，实现了传统产业的数据化和在线化，并保证在线数据可以随时被调用。在线化增加了数据的流动性，有利于数据价值的充分发挥，而在线数据可以促进数据以最低的成本流动与交换。网络农业的实质是互联网与农业的深度融合，是充分利用移动互联网、大数据、云计算、物联网等新一代信息技术与农业的跨界融合，创新基于互联网平台的现代农业新产品、新模式与新业态。网络农业正以“互联网+”农业驱动，努力打造“信息支撑、管理协同，产出高效、产品安全，资源节约、环境友好”的现代农业发展升级版。

2. 网络农业的发展阶段

“互联网+”农业既是农业的全面转型升级，也是大数据注入传统产业领域带来的产业变革，这场农业产业大变革大致可以划分为三个阶段。

第一个阶段，传统农业产业链某个环节上的互联网化。农资和农产品的电商、智能化农业及农村互联网金融等，是针对传统的农资供应、农业生产、农产品销售和农业资金需求等问题，运用互联网提供新的解决手段的“互联网+”模式。这个阶段能够将传统农业产业链上的相应环节部分实现远程化和自动化，同时具备可行的数据积累模式和手段。目前，国内农业产业正处于这一阶段，资本市场也已经非常关注和开始着力布局介入，阿里、京东、联想等产业巨头也都已在这一领域重点布局。农资电商的典型代表为农商 1 号，作为上市农资公司牵头成立的新型实体，以其“高举高打”的手法和强大的资源整合能力迅速在农资电商领域博得瞩目并在短短半年内捷报频传：仅用 150 天，农商 1 号就点亮 20 个省份，125 个县级中心，6000 家村站，注册会员超过 40 万，订单数量达到 22 万，实现过亿元交易额，实实在在的 B2C 销量。

农产品电商是目前“互联网+”农业较为活跃的一个大板块，由于服务覆盖个体消费者，因而涉及的人数较多。农村电商也是政府着力促进农村发展、推进产业扶贫的重要手段。2015 年 8 月 21 日，商务部等 19 个部门《关于加快发展农村电子商务的意见》（以下简称《意见》）发布。《意见》指出：加快发展农村电子商务，是创新商业模式、完善农村现代市场体系的必然选择，是转变农业发展方式，调整农业结构的重要抓手，是增加农民收入、释放农村消费潜力的重要举措，是统筹城乡发展、改善民生的客观要求，对于进一步深化农村改革、推进农业现代化具有重要意义。在政策促进、互联网加速发展的背景下，农村电商可以说是一片繁荣，成为“互联网＋”农业领域的一枝独秀，也成为“大众创业、万众创新”的典型代表。以“农村淘宝”、京东“千县燎原”计划、苏宁 2015 年 1500 家 5 年内 1 万家农村苏宁易购店建设计划等为代表的农村电商大户光彩夺目的同时，扎根基层的农村电商创业者也大批涌现，整个农村电商领域呈现出大腕领军、大众参与的蓬勃场面。其中很多的创新创业故事堪称“互联网＋”时代的最美乐章。

智能化农业的典型代表是以物联网为主要环节的自动化、标准化农业新模式。将农业生产端的相关数据通过传感器传输到管理控制平台，然后产生指令发送、预测预警等一系列交互，进而在一定程度上实现农业生产的标准化、自动化和科学化，从而实现效率的提高和成本的降低等实际利益。智能化农业随着 4G 网络的逐渐普及和农业信息化的快速发展，已经在技术水平、农业生产服务等方面较为发达。

第二个阶段，农业互联网的大数据营销及风控阶段。当一个农业互联网系统的流量已经足以形成平台自身的大数据，再配合相关外部的导入数据，即可对传统农业产业链的各个环节已经应用的互联网手段进行高精准的处理，使这些活动的品质得到质的提升，效益得到 N 次方倍的增加。具体表现为农资农产品销售的精准化和去中间环节化、互联网金融的广泛应用，以及基于农户精准画像的其他行业营销的互联网实现。通过这个过程，这样一个基于大数据的农业互联网平台，将在农资农机电商平台销售和服务、农村互联网金融、平台广告及农业管理部分产业发展决策服务等多个方面产生优秀的商业模式，实现数据服务的巨大商业价值。

已经迈入这个阶段或者已经具备这个阶段雏形的优秀企业都已经在业内享有较高的声望，最具代表性的诸如大北农和新希望等企业。早在 10 年前，大北农集团便率先实现了办公经营自动化，并将这一模式推广到终端养殖户，这也是大北农集团当前实施“互联网＋农业”战略的雏形和基础。新希望的“互联网＋”战略布局在希望金融身上得到了集中体现。希望金融作为新希望集团旗下唯一的互联网金融平台，由知名农牧龙头企业新希望六和股份有限公司与新希望集团共同投资成立，是国内目前较为成功的专注于农牧供应链金融的互联网金融服务平台。

第三个阶段，也是这一新型产业生态的终极版本，是产供销一体化的综合服务阶段。精准的产供销服务和风险可控的金融服务极大地提升了农业生产者的效益，从生产到流通、加工各环节的全过程品质可控、进程可控，真正实现“从田间到餐桌”的及时按需供应，并且保质保量。从供应到销路全程打通，农资、技术、金融的服务恰当配置，运用互联网手段和大数据等相关技术，构筑起的农业互联网联结和驱动整个产业的全面升级。这一阶段的目标中，部分内容与首农集团提出的“农产品封闭供应链”体系相吻合，旨在以从产前准备开始直到最终消费者手中的农产品的各个环节数据全部进行跟踪、监测和叠加，形成全过程完整的农产品可溯源档案，以确保农产品的安全和营养。2015 年，中央农村工作会议提出，要着力加强农业供给侧改革，提供农业供给体系质量和效率，使农产品供给数量充足，品种和质量契合消费者需要，真正形成结构合理、保障有力的农产品有效供给。这一会议精神，无疑给大数据时代的“互联网＋”农业产业机会提供了加速剂，几乎所有农业供给侧改革都必须有大数据的精准分析去实现，都必须以互联网手段作为支撑。

在这个阶段，综合的产供销一体化互联网大数据平台将生产者的生产环境、生产能力等透明化，将流通者的经营管理水平透明化，将消费者的消费需求和能力透明化，进而实现以销定产的精准农业、流通环节大大减少和生产实现大大优化的高效农业和所有农产品信息消费者能够即时可视的放心农业，并在此基础上为不同区域、不同人群和不同消费能力的人有针对性地制定健康农产品消费建议，让农业不仅仅是“民以食为天”的口粮工程，更是守护每个人健康的现代服务工程。

（二）网络农业的主要特点

“怎么＋”“＋什么”，这是“互联网＋”面对的共性问题。我国互联网与农业的融合体现出三大特征。

1. 互联网与农业的全产业链相叠加

“互联网＋生产＝精准农业”，即农业的精准化。重点实施农业物联网应用示范工程，提升农业生产智能化、精准化、自动化水平，实现节本增效。关键是扩大应用规模，降低使用成本。

“互联网＋经营＝扁平流通”，大力推进农业电子商务发展，重点是农产品和农业生产资料，尤其要突破鲜活农产品电子商务的痛点。信息化给我们带来了什么？一是扁平化，信息化把流通扁平了，取消了原来的中间环节；二是透明化，在互联网状态下信息全透明，信息对称和公开解决了；三是公平化，在电子商务状态下，农户可以拥有面向市场说“不”的能力，身份是公平的，地位是平等的。

“互联网＋管理＝效率政府”，加强农业电子政务建设，完善农产品质量安全追溯体系，加快构建全球农业数据调查分析系统，实现农业行政管理的在线化和数据化，其核心是提高农业部门的透明度和效率，网上办公等都是提高透明度和效率的方式。

“互联网＋服务＝满足农民个性需求”，为农户提供了个性化服务。加快推进信息进村入户，满足农民和新型经营主体的信息需求。有一家互联网公司调查出农户有近600项需求，目前我们满足的不超过60项。我们要真正要通过互联网来解决农民的个性化需求。

2. 运用互联网实现农业经济六类资源要素数据化集成

资源与要素数据要共享、要开放，是“互联网＋”信息透明的基本要求，最终目标是实现六类资源要素数据化集成。

“互联网＋农户与企业＝新兴力量”。进入“互联网＋”农业这一领域的不少是新农人，新农人将成为现代农业中新的力量。在新农人这个“新”的力量出现以后，用“互联网＋”社会分工来解决谁去生产、谁去管技术、谁去管经营、谁去管流通，这些是可以完全通过社会化解决的，能够为农户、企业和市场主体解决他们的需求。

“互联网＋土地与资源＝规模效益”。我们现在搞土地流转，解决什么问题？解决规模效益的问题。在互联网条件下，把每家每户的土地数据化，以“农场云”的方式虚拟流转完全可能达到相同的水平，所以出现了耕地云管理的概念。

“互联网＋资本与金融＝农业不差钱”。农业将是继房地产、IT产业之后资本角逐的新蓝海，互联网时代农户融资将不再看别人眼色。

“互联网＋市场与信息＝新兴渠道”。新的市场业态、大数据业态将驱动农产品流通的变革。

“互联网＋技术与人才＝新兴范式”。现在是懂IT的不懂农业，懂农业的不懂IT，怎么跨界、怎么融合是十分重要的问题。京东董事局主席刘强东曾给农业部部长韩长赋提了一个建议，希望解决农产品分等分级的问题，这个问题一旦解决，农业电商就会有极大的发展。这就需要两个领域的合作。

“互联网+法律与体制=新兴农业管理模式”。最近滴滴、Uber 等打车软件遇到的法律问题在农业领域很快出现，倒逼我们农业体制的变革。

3. 运用互联网对农业七大传统行业在线化改造

传统种植业、渔业、畜牧业等行业是我国农业的支柱和主体，要根据行业特点和重点来确定每个行业的在线化、数据化方案。例如，种植业的重点是高效农业物联网，把节水、节药、节肥、节劳动力等物联网技术应用到大田种植中去，在“一控两减三基本”上下工夫；畜牧业将在规模化、标准化养殖场推广应用精准饲喂、二维码识别、在线监控动物疫病等物联网技术；水产业需要把物联网设备和技术应用于工厂化养殖监测、养殖水质实时监控、专家在线指导等；农机化行业着力提高农机装备信息化水平，加大物联网和地理信息技术在农机作业上的应用；饲料工业是鼓励支持饲料企业运用电子商务、大数据等技术；农垦是发挥规模化、企业化、标准化的优势，以此提升农业信息化综合水平，力争在物联网、智能机器人、电子商务等领域实现应用率先突破；农产品加工业支持龙头企业带头发展电子商务，再以此带动第一、第二、第三产业联动发展，同时大力发展休闲农业、乡村旅游等电子商务。

二、网络农业面临的挑战与对策

当前，“互联网+农业”要实现稳健、持续、高效的发展，需要我们对其发展过程中面临的主要挑战保持高度的关注、清醒的认知和审慎的思考，并安全度过挑战期。

（一）网络农业面临的主要挑战

1. 政府层面面对的主要挑战

（1）基础设施等配套建设落后。

我国农业现代化进程还在推进之中，尽管在个别区域试点有了较为成功的案例，但从全国的角度来说，还没有大范围实现农业现代化，区域的落后性还比较严重。以道路为例，尽管经过多年努力农村地区出行难、运输难的局面得到根本缓解，但农村道路的投资、建设、养护、管理等一系列问题都没有被很好地解决。同时，农村公路建设、管理与养护投入大、范围广，基层技术力量跟不上。部分农村公路建设项目出现了施工质量问题，对农村物流产生很大的影响。再以水利设施为例，尽管近年来中央和地方各级政府持续投入水利建设，但水利灌溉“最后一公里”问题始终没有得到有效解决，万亿农田始终不“解渴”，其中技术力量单薄、业务水平偏低、工程立项缺乏科学性与规范性、质量监督缺乏力度、监控措施不完善、检测手段太落后、缺乏有效管理机制、群众观念相对落后都可能造成这种结果。

“互联网＋”是一次重大的技术革命创新，必将经历新兴产业的兴起和新基础设施的广泛安装、各行各业应用的蓬勃发展两个阶段。“互联网＋”农业也不能跨越信息基础设施在农村领域大范围普及的阶段，就目前来讲，农村地区互联网基础设施相对薄弱，全国有近 60 万个行政村，其中仍有 5 万多个行政村没有通宽带，拥有计算机的农民家庭比例不足 30%，农村互联网的普及率只有 27.5%。[①] 农村通信网络一直是建设的难点和发展的薄弱环节，没有完善的通信服务和高速畅通的网络，发展“互联网＋”农业就会成为无本之木。不管“＋”什么，都需要通信基础设施，如果硬件硬不起来，“＋”什么都不会成功。此外，我国农业数据资源利用效率低、数据分割严重，信息技术在农业领域的应用大多停留在试验示范阶段，信息技术转化为现实生产力的任务异常艰巨。

（2）人员素质和数量需要全面提升。

2014 年，农业部部长韩长赋在全国农业农村人才工作会议上说，近年来全国农业农村人才规模稳步壮大，结构不断优化，为粮食稳定增产、农民持续增收、农业农村经济平稳较快发展做出了重要贡献。同时，全国农村实用人才占农村劳动力的比重仅为 1.6%，高层次创新人才和农村生产经营型人才严重缺乏，农民培训项目的覆盖面不到 5%。就全国来看，农民中大专以上学历仅占 3.3%，整体年龄偏大，农业劳动力平均年龄为 46 岁，40～46 岁的占 67.5%，“80 后”

---

① 人民网．全国拥有计算机的农村家庭不足 30%　农村离信息化还有多远［EB/OL］. http://politics.people.com.cn/n/2015/0520/c70731-27028553.html,2015-05-20.

仅为4.8%[①]。同时，人才行业结构和区域结构严重失衡，经营人才和服务型人才偏少，中西部地区及偏远山区、贫困地区人才偏少。这样的农村人力资源现状无疑是农业与互联网结合的一大不利因素。

(3) 如何引导资本注入农业领域，满足巨大的农业资本需求。

农业是最为古老的行业，也是劳动密集型行业，新时代下的农业在需要劳动力投入的同时，更需要技术和资本的注入。以前单个的小农户农资农具采购金额小，融资需求分散；在经营权流转放开后，规模化的农业生产将成为新农村的发展趋势，伴随着土地经营权流转与农业生产规模化，集中性的资金需求逐步呈现，整个农业经济将存在非常大的资金缺口。例如，农发贷平台正式上线3个月，平台注册用户已经突破4万人，平台成交额突破1.8亿元，金融机构联合贷款突破1亿元。[②] 由此可见，农业领域对于资本的渴求是非常强烈的。

于是，各行业明星企业纷纷涌入农业市场。网易的丁磊高调养猪，联想推出柳橙，刘强东种安心大米，乐视宣布进军农业……面对巨大的市场，部分资本注入时，政府层面如何引导和监管又成了新问题。事实上，资本下乡一直备受争议，一方面，它带来了社会资金，缓解了农业发展中的资金饥渴，还带来了高科技和先进的管理；另一方面，资本也带来了风险。如何真正造福农民，健康有序发展，是政府部门需要考虑的另一个严肃问题。

2. 企业层面面对的挑战

(1) 商业模式上的挑战。

第一个挑战，用户定位与分析。互联网企业关注的首要问题是“我的用户是谁？在哪?”用户对于企业来说就是财富的来源。企业首先要做的是，“即使他不付钱，我也要让他知道我，使用我的某个产品或者服务”，通过对用户的行为研究和精准分析，来提供产品或服务，最终实现企业的存在价值。传统的农业企业或者农户，并没有对用户群体进行细分，对于群体的行为数据也没有长期的积累和沉淀，能否准确找到自己产品的匹配用户，并形成较为黏性的稳定关系，是一

① 人民网．农村实用人才2020年达1800万[EB/OL]. http://finance.people.com.cn/GB/8215/39056/13191174.html,2010-07-20.

② 网易新闻中心．农业新模式创造巨大金融需求[EB/OL]. http://news.163.com/15/0612/08/ART8AVD200014AED.html,2015-06-12.

个难题。

第二个挑战，产品与服务的规划。企业的核心竞争力大多是企业所提供的产品或者服务，而产品或服务对于不同地域、不同人群甚至不同阶段都要根据不同的情况进行调整，什么是引流品、什么是基础品、什么是爆款，这些都明显区分于传统的产品与服务的分类方式。在过往的商业规划书中，我们看到的多是从企业一端出发，推向市场的产品或者服务往往不看市场需要什么，而是首先看自身有什么，是一种“推”的状态。在互联网环境下，这个格局被颠覆了，形成一种“拉”的状态，用户对于产品和服务的需要变得更加主动，而厂商的提供变成被动响应，这是一种对消费者的尊重，也是市场的进步，更是一种社会的进步。然而传统农业企业或者农户是否能适应这种感觉转变，在生产端能否根据用户需求实时修正自己的产品和服务，这个挑战还是很大的。

第三个挑战，盈利模式。通常人们对于免费都有先天恐惧感，不相信世界上有免费的午餐。但是互联网有一个特点，互联网产品和服务都是虚拟的、数字化的。研发成本是固定的，产品可以免费下载，网站可以免费访问，企业通过海量用户的贡献可以分摊掉成本，支持消费者的免费使用，这并非骗局，而是一种可行、可持续的互联网免费模式。而这对于传统的农业企业或者农户来说，其盈利的方式明显区别于过往的一切经验。能否找到一个有利的点，以免费的资源获得更大的“蛋糕”，延伸原有产业链，在增值服务方面大做文章，占领长尾市场，对于农业企业或者农户来说是一次巨大的冒险。

（2）企业运营层面的挑战。

第一个挑战，产品或服务的极致打造。互联网企业要专注做产品或服务，让用户在使用的过程中有极致的体验，满意于超出原有预期的绝佳感受。是否可以做到极致、快速、便捷，是否直击用户的痛点，都是要考量一个产品或服务是否具有长期生命力的重要指标，接下来再考虑怎样利用互联网为用户创造更多的价值，从而使企业能够比借助传统手段获取更多的用户。而传统的农业企业或者农户在打造产品或服务上几乎没有太多经验，产品或服务还是比较粗放、原始的，消费者体验性不佳，因此，能否打造自己的独特优势，形成自己的品牌影响力，是对农业企业或者农户的一个全新考验。

第二个挑战，营销推广。互联网环境下的营销效果很大程度上取决于能否聚集大量“粉丝”，在产品的不断迭代中，吸引更多的用户加入，增强他们的参与感，以及借势借人做引爆、口碑传播、病毒式传播等以“聚粉”为核心的营销方式，冲击传统的营销方式。农业企业或者农户是否通过“虚拟”与“现实”的互动，建立一个涉及研发、产品、渠道、市场、品牌传播、促销、客户关系等更“轻”、更高效的营销全链条，将“聚粉”做好，最后整合各类营销资源，达到以小博大、以轻博重的营销效果也是一个未知的考验。

第三个挑战，线上线下协同。O2O对于从事互联网行业的人来说已经耳熟能详，这也是电商发展的必然趋势。O2O将电子商务和服务性消费结合在一起，通过整合线上线下营销，整体提升服务水平并改善消费体验。但实现完美的O2O，需要做大量工作，如将线上客户引入实体商铺，实现在线支付功能，根据智能系统的统计分析制作精准的营销活动和库存管理，线下物流配送及仓储的布局和效率提升，消费过后的长期跟踪，在整个过程中需要将信息流、资金流、物流和商流紧密契合。这一切对于在城市发展的成熟电商来说并不困难，但这些一旦搬到农村市场，就会出现各种水土不服，比如冷链运输的“最后一公里”问题，线下服务人员的素质问题，线上交易时产品的标准化问题，移动或者其他在线支付的实现问题，以及如何借助移动设备和企业的数字化平台，打造企业多渠道的运营模式，实现线上和线下优势协同的问题，都成为制约电商在农村发展的瓶颈。

（二）政府企业共促网络农业落地的对策

当前，为了促进“互联网＋”农业的切实落地，政府、企业、社会都要协力助推，才能真正开启中国农业转型升级大变局，使其加速迈进精准化、动态化、智能化的农业新时代。

1. 政府层面的举措

(1) 尽快制定国家层面的“互联网＋”农业的顶层设计。

我国应明确“互联网＋”农业发展的战略地位，出台指导“互联网＋”农业健康发展指导意见及产业发展规划。尽快开展关于“互联网＋”农业的战略性研究，制定“互联网＋”农业的战略发展规划，指导“互联网＋”农业的应用与示范及产业发展，防止出现“信息孤岛”。制定“互联网＋”农业的技术发展规划，实现一些关键技术与基础领域的创新与突破。加快“互联网＋”农业的立法，推动农业大数据开放及相关人才培养等。

（2）推动落实农业农村信息化基础设施建设。

我国应借助“宽带中国”战略的实施，加快推进农村信息化基础设施建设工作，如重点解决宽带村村通问题，加快研发适于农民的智能终端，面向国内外推广“互联网+”农业信息服务。同时，需要提升各类涉农信息的深度开发，使农民愿意从互联网上获取这类信息。此外，还要建立起国家农业大数据应用及研究中心，建成一个覆盖农业大数据采集、加工、存储等全环节的完整信息链，服务于农业生产的各个环节。

（3）强化农村互联网相关从业人员素质。

政府应当对农业互联网相关从业人员给予更多的扶持，在第三方电子商务平台的公平前提下，对农民群体给予必要的创业激励，包括对农产品卖家、农村卖家给予更多的培训支持，将其作为小微企业的重点群体对象进行扶持，提升他们在互联网营销知识、新品种培育技术、生态农业技术等方面的技能，同时为互联网从业人员创造更好的创业环境，包括审批制度的简化、资金支持、税收减免等，使他们的创业和成长之路更为顺畅。

（4）加快完善农村物流基础设施。

地方各级政府应加大支持力度，统筹农村物流发展，将农村物流基础设施纳入城乡建设规划；加强交通运输、农业、供销、邮政快递等农村物流基础设施的规划衔接，实现统筹布局、资源互补、共同开发，逐步完善以农村物流枢纽站场为基础，以县、乡、村三级物流节点为支撑的农村物流基础设置网络体系；强化物流园区（货运枢纽）与国家现代农业示范区、全国重点农产品、农资、农村消费品集散中心的有效对接，构建广泛覆盖、功能完善的农村物流枢纽站场体系；按照县、乡、村三级网络构架和“多站合一、资源共享”的模式，共同推进三级农村物流节点体系建设。

2. 企业层面的举措

（1）连接农民是难点，连接村落是亮点。

农业生态圈说复杂也不复杂，互联网企业想要如京东商城那般搭建自己的复杂物流体系很不容易，但是，农业互联网连接的主要还是农民，这才是让“高大上”的互联网公司望而却步的事情。中国大多数农民文化水平不高、触网率极低、接触信息靠邻居乡亲和电视，农民生活在信息相对闭塞、生活节奏缓慢的农村，要让农民过得好、不上当，电商化需要极高的教育成本，这是大多数商业巨头都不愿意干的苦差事。从连接农民的难度看，网络农业不是个好主意；但是，一些企业却用很接地气的方式解决了这个问题。联想控股旗下的云农场借助电子商务模式，在自己的平台上经营化肥、种子、农药、农机及其他增值服务，实现了从B到B再到C的商业模式。

云农场建立了村村通的业务推广服务方式，通过村一级的单元向农民推介自己的平台、模式和产品，所有的产品均直接来自生产厂家，简化了众多流通环节，为供货商节约了大量的经营成本，让农民得到了实惠。连接村落，通过村里的优秀代表来向农民做口碑传播，这样的连接模式很有创造力，因为连接农民才能打通农业互联网，连接农民最核心的要点是取得农民的信任，而农民生活圈里除了自己的亲戚就是乡里乡亲，连接村落是农业互联网的中国式创新，也为农业互联网完成了“最后一公里”的问题。

（2）农业电商化是深水区也是关键之战。

作为一个农业人口大国，中国的农业领域创新往往超越其商业模式，还需具备民生意识。一旦出现坑农、害农现象，政府必然出面严惩，因此，农业互联网要真正地改变中国的农业生态模式，农业电商化就要小心翼翼地走过深水区。以联想为例，联想在现代农业上的布局是分层次、多模式、看长线的投资布局，当然，中国还有很多企业在做农业互联网，只是没有联想控股这么大的影响力。要想实现农业电商化，就必须解决好农资可溯源、农产品可溯源的核心问题。

（3）打破农业孤岛，迎来数据化时代。

10万亿级别的农业互联网机会，诱惑很大，但吃起来并不容易。农业与互联网的融合还要做很多工作，生产端、供应链端、农民端等复杂问题一个接一个，而早期探索者如联想控股的云农场具有很高的行业引领价值。云农场模式本身就是用连接农民和农资厂商等各环节的方式来打破农业孤岛，逐步化解信息不对称、农民不信任、物流水平低等生态问题。

连接农民的实现是可以写进中国农业史的，中国农民从来没有如此透明地连接各种生产要素，农业生产关系的变革将会带动农业生产力的变革，“互联网＋”对于农业的意义就在于此。连接农民给我们呈现出一个农业数据化时代的开始，农业电商化解决了信任问题和流通问题，接下来，农业生产环节的结构化和信息化会接踵而来，农民某一天可以用数据化的方式管理自己的农业生产和农产品销售。

三、网络农业的趋势与未来

在经济新常态下，互联网平台与互联网技术已经渗透、影响甚至改变了各个产业的发展轨迹。农业经济作为传统的基础产业经济，无法忽略互联网的影响。"互联网+"代表一种新的经济形态，代表着现代农业发展的新方向和新趋势。"互联网+"农业作为一种革命性的产业模式创新，正成为现代农业跨越式发展的新引擎。

（一）趋势一：依托互联网构建新常态下的现代化农业

1."互联网+"对于我国农业现代化的深远影响

一是"互联网+"助力智能农业和农村信息服务大提升。智能农业实现农业生产全过程的信息感知、智能决策、自动控制和精准管理，农业生产要素的配置更加合理化、农业从业者的服务更有针对性、农业生产经营的管理更加科学化，是今后现代农业发展的重要特征和基本方向。"互联网+"集成智能农业技术体系与农村信息服务体系，助力智能农业和农村信息服务大提升。

二是"互联网+"助力国内外两个市场与两种资源大统筹。"互联网+"基于开放数据、开放接口和开放平台，构建了一种"生态协同式"的产业创新，对于消除我国农产品市场流通所面临的国内外双重压力，统筹我国农产品国内外两大市场、两种资源，提高农业竞争力，提供了一整套创造性的解决方案。

三是"互联网+"助力农业农村"六次产业"大融合。"互联网+"以农村第一、第二、第三产业之间的融合渗透和交叉重组为路径，加速推动农业产业链延伸、农业多功能开发、农业门类范围拓展、农业发展方式转变，为打造城乡一二三产业融合的"六次产业"新业态，提供信息网络支撑环境。

四是"互联网+"助力农业科技大众创业、万众创新的新局面。以"互联网+"为代表的新一代信息技术为确保国家粮食安全、确保农民增收、突破资源环境瓶颈的农业科技发展提供新环境，使农业科技日益成为加快农业现代化的决定力量。基于“互联网＋”的“生态协同式”农业科技推广服务平台，将农业科研人才、技术推广人员、新型农业经营主体等有机结合起来，助力“大众创业、万众创新”。

五是“互联网＋”助力城乡统筹和新农村建设大发展。“互联网＋”具有打破信息不对称、优化资源配置、降低公共服务成本等优势，“互联网＋”农业能够低成本地把城市公共服务辐射到广大农村地区，能够提供跨城乡区域的创新服务，为实现文化、教育、卫生等公共稀缺资源的城乡均等化构筑新平台。

2. 依托互联网发展现代农业的重点任务

（1）着力构建现代农业产业体系。

一是促进农业内部协调发展，形成现代化的农业产业结构。在稳定粮食生产的基础上积极调整农业生产结构，大力发展畜牧业、园艺业、水产业、林业，大力发展高附加值、高营养品质的农产品生产。发挥区域比较优势，加快打造具有区域特色的农业主导产品和支柱产业，优化农业区域布局。调整农作物种植结构、畜牧水产养殖结构，努力满足社会对农产品多方面的需求，加快推进“一村一品”项目建设。

二是推进一二三产业融合发展，形成农业与二三产业交叉融合的现代产业体系。积极延伸农业链条，由产品生产向产业链、价值链生产转变，打造基于“互联网＋”的农业产业链，积极推动农产品生产、流通、加工、储运、销售、服务等环节的互联网化。构建“六次产业”综合信息服务平台，推动粮经饲统筹、种养加一体，大力发展农产品储藏、保鲜、加工、营销，推进农业产业升级。

三是创新农业产业模式，大力发展农业新型业态。推进现代信息技术应用于农业生产、经营、管理和服务，推动科技、人文等元素融入农业，发展农田艺术景观、阳台农艺等创意农业。

在农业中引入新的产业形态，推广新的营销方式，拓展农业增值空间。鼓励发展农业生产租赁业务，积极探索农产品个性化定制服务、会展农业等新型业态。加快推进农产品电子商务发展，破解“小农户与大市场”对接难题，发展订单直销、连锁配送等现代流通方式。

（2）着力构建现代农业生产体系。

一是完善农业科技创新体制，构建现代农业科技创新推广体系。加快实施

“互联网＋”助力农业科技创新行动，促进农业科研大联合、大协作，构建农业科技资源共享与大数据智能分析服务平台，推动重大农业科研基础设施、农业科研数据、科研人才等科研资源共建共享。构建基于“互联网＋”的农业科技成果转化通道，提高农业科技成果转化率；搭建农村科技创业综合信息服务平台，引导科技人才、科技成果、科技资源、科技知识等要素向农村流动。

二是强化物质技术装备条件支撑，促进农业智能化、标准化生产。实施“互联网＋”促进智能农业升级行动，实现农业生产过程的精准智能管理，有效提高劳动生产率和资源利用率。采用大数据、云计算等技术，改进监测统计、分析预警、信息发布等手段，健全农业信息监测预警体系。大力推进规模化、标准化、品牌化生产，建立全程可追溯、互联共享的农产品质量和食品安全信息平台，健全从农田到餐桌的农产品质量安全过程监管体系。

三是加快推进农村地区信息基础设施建设，完善农村综合信息服务云平台。加快研发和推广适合农民特征的低成本智能终端，加强各类涉农信息资源的深度开发，完善农村信息化业务平台和服务中心，提高综合网络信息服务水平；建立农业大数据研究与应用平台，覆盖农业大数据采集、加工、存储、处理、分析等全信息链，推广基于“互联网＋”的农业大数据应用服务。

四是大力推进绿色生产，促进农业资源保护和持续利用。大力推广测土配方施肥、农药精准科学施用、农业节水灌溉，推动农作物秸秆、畜禽粪便、农膜等农业废弃物资源化利用。建立农业用水节水数据平台，智能控制农业用水总量；建立农资产销及施用跟踪监测平台，智能控制化肥和农药的施用量；建立农业环境承载量评估系统、农业废弃物监测系统，有效解决农业农村畜禽污染处理、地膜回收、秸秆焚烧等问题；建立农村生产生活环境监测服务系统，提高农村生态环境质量。

（3）着力构建新型农业经营体系。

一是加快土地确权，推动土地经营权规范有序流转，为创新农业经营体系奠定基础。完善土地所有权、承包权、经营权分置办法，建立兼顾国家、集体、个人的土地增值收益分配机制，逐步形成城乡统一的建设用地市场，让农民公平地分享土地等资源、资产增值收益。探索发展农民以土地经营权入股等多种形式参与规模化、产业化经营，分享产业链增值收益。

二是发展多种形式的农业经营主体。积极利用“互联网＋”培育专业大户、家庭农场、农民合作社、农业企业等新型农业经营主体，重点培育以家庭成员为主要劳动力、以农业为主要收入来源、从事专业化集约化农业生产的家庭农场。构建基于“互联网+”的新型职业农民培训虚拟网络教学环境，大力培育生产经营型、职业技能型、社会服务型的新型职业农民。

三是完善农业社会化服务体系。加大力度培育各类农业经营性服务组织，形成农业公益性服务供给和公共财政保障机制。建设农村产权流转交易市场，引导其健康发展。健全全方位、多角度、立体化、智能化与人性化的农业信息化服务，为互联网信息技术应用提供基础和原动力。搭建农村综合性信息化服务平台，提供电子商务、乡村旅游、农业物联网、公共营销等服务。

四是统筹利用国内外农业市场和资源。积极引进、消化和吸收国外先进技术、优良种质资源、先进设备等，加大高层次科研人才引进力度，充分运用世界现代科技成果，增强农业科技创新能力。加强农业利用外资工作，积极开展国际农业投资合作。不断拓展农业国际合作领域，推进先进适用的农业生产技术和装备等“走出去”，特别是加强与“一带一路”沿线国家的农业合作，提高合作利用国际农业资源的能力。

（二）趋势二：依托物联网打造“智慧农业”生产模式

1. 农业物联网的特征

所谓农业物联网，就是应用农业领域的物联网，一般是在大棚体系中应用大量的传感器构成监控网络，实时监控棚内环境的温度、湿度、二氧化碳浓度、光照强度、土壤养分含量等各种参数，帮助农民及时发现各种问题，并通过各种设备对棚内环境进行自动控制，维持棚内环境的稳定，促进农作物的健康生长。

通过农业物联网的使用，农民不需要事必躬亲，坐在办公室里就能够对大棚的环境进行实时监控，为温室作物提供最适宜的生长环境，促使农作物生长得又好又快，以达到增收增产的目的。虽然农业在物联网之前已经实现了某种程度的机械化，然而机械之间的相互孤立，完全依靠人力操作；农业物联网模式下的机械化以信息技术为中心，实现了自动化、智能化和远程控制。从整体来看，农业物联网有以下三个明显的特征。

（1）“感知”是基础。

农业物联网本质上是一种感知农业，通过各种类型的传感器收集温度、湿度等物理参数，通过具体的数值感知作物生长的具体环境，这些数据被传输到后台控制中心，控制中心对这些数据进行计算、分析、整理，得出最优决策方案反馈给农民，农民只需要按照这个方案进行操作，就能够保证最适宜作物生长的环境。

（2）“链条”是重点。

通过传感器网络采集农作物生产环境的各种参数，然后汇总到控制中心进行处理，得出操作决策，决策反馈给农民，农民实施操作，操作完成后，传感器网络再次收集到的数据出现了变化，这些数据再被传输到控制中心，控制中心会根据这些数据给农民提供后续的反馈，这就是农业物联网发挥作用的完整链条。农业物联网要取得好的成效，这个链条必须完整、顺畅，链条上的每一个环节都不可缺失。

（3）“武器”是关键。

农业物联网的关键，在于智能化、信息化的电脑操作系统，这套系统相当于农业物联网的“武器”。如果没有匹配的系统，即便配置再多高端的机械，也无法实现以信息技术为中心的现代农业生产模式，农业生产模式只能停留在以人为中心、依赖于孤立机械的阶段。

随着物联网等信息技术的应用，曾经看起来遥不可及的智慧农业正逐步变为现实：农民坐在家中就可以通过手机遥控大棚内卷帘的升降，调节日照强度；扫描一下牛耳朵上的电子标签，就能够掌握这头奶牛的健康、喂养、产奶情况等各种信息。

2. 物联网与大数据共同托起智慧农业

物联网是世界信息产业的第三次革命，而智慧农业正式产生于农业物联网基础之上，可以说智慧农业本质上是一种信息技术。所以，智慧农业成功的前提，在于农业基础数据信息的交互与调控，并将之用于指导农业生产。农业物联网技术的应用，有助于提高资源利用率，提高农产品的品质和质量，提高生产效率，降低成本，促进产品流通等，最终实现与农业产业化配套发展。在人与物、物与物相连的物联网基础上，大数据的采集和应用成为现实。如果农民、科学家可以自由访问天气变化、农作物生长状态等农业数据，就可以制定精准的操作决策，决定农作物是否需要浇水、施肥，进一步提高农业生产效率；如果农民及农业企业家可以随时掌握市场供需数据，就可以根据供需情况来决定种植哪种作物，避免供需失衡带来的损失，企业家也可以选择更好的交易时机，寻求更大的经济效益。

由于农业生产的地域、经营规模和农作物经济性方面存在差异，以及技术不够成熟，智慧农业的发展受到了很多限制，尤其是最为关键的传感器技术不成熟，很多类型的关键传感器还没有研发出来。在这种情况下，智慧农业的实施更离不开农业内部的基础信息采集。

3. 我国农业物联网的发展趋势

我国的农业物联网刚刚起步，在未来发展中，将呈现出以下四大趋势。

（1）传感器向微型智能化发展，感知更加透彻。

传感器技术是农业物联网的关键技术，但是现阶段传感器技术并不成熟，用于监测土壤肥度、作物生长状态等方面的关键传感器都较为缺乏，成为农业物联网的短板。未来，这一短板将逐渐补齐，传感器技术将得到大幅度提高和完善，传感器的种类、数量及功能将得到极大丰富，并且吸收更多的微电子和计算机等新技术，向微型智能化发展，感知能力也将进一步提高。

（2）与云计算大数据深度融合，技术集成更加优化。

农业物联网离不开大数据技术的支持，通过大数据和云计算的分析处理，才能帮助农民做出更好的决策。大数据技术能够处理感应器采集来的海量数据，云计算则能够将存储的海量信息和大数据计算能力实现分布式共享。未来，农业物联网必然会与这些技术进行更深层次的融合。

（3）向智慧服务发展，应用更加广泛。

随着传感器技术等关键技术的逐渐提高和完善，从生产前的资源配置到生产后的物流、可追溯服务产业链的逐渐成熟，物联网的应用范围将更加广泛，从农业领域逐渐拓展到家庭与个人。农业互联网的操作系统也将不断升级，对服务需求和环境变化的反应将更加迅速，适应范围更为广泛。

（4）移动互联应用将更加便捷，网络互联更加全面。

农业物联网的发展，离不开移动互联网的支撑，移动互联已然成为信息革命的突破口。随着移动网技术互联越来越个性化、智能化、多功能化，其在农业物联网的应用范围也越来越广，作用越来越大，为农业物联网带来更好的通信质量和传输速率，并大大增加了农业物联网的容量。

（三）趋势三：涉农企业商业模式与运营模式的电商化

1. 资本注入，强势打造新型农产品品牌和影响力

产品的附加值一直是国内农业发展中的痼疾，而农业企业多数都被成本与管理压得抬不起头来，很少有资源和能力去探索品牌化的成长道路。不过，随着互联网向农业领域的延伸，这些问题都逐步得到解决，也出现了如褚橙、潘苹果、柳桃等高端农产品品牌，还有三只松鼠、獐子岛等果品海鲜电商品牌。更重要的是，一批有实力的互联网企业也大力布局农业，如网易、联想等，“有钱能使鬼推磨”，何况是既有钱又有想法的互联网巨头。

以联想为例，资料显示，联想控股于2010年开始涉足现代农业投资领域，并于2010年7月正式成立农业投资事业部，2012年8月9日佳沃集团正式成立。公司当前聚焦于水果、茶叶等细分领域进行投资，“佳沃”蓝莓每千克定价超过500元。[①] 目前，佳沃已经成为国内最大的蓝莓全产业链企业和最大的猕猴桃种植企业。目前，联想采取的方式肯定是很多互联网公司的道路，通过资本注入和品牌塑造，互联网企业与农产品结合起来，走上农业产业化的新道路。不过，这样的道路也许只适合大型的互联网公司，特别是屈指可数的国内IT业巨头，而且风险系数很大，需要有足够的抗风险能力和渠道布局水平，否则容易功亏一篑。

2. 改造传统，用互联网思维创造农业经济的线下体验

互联网技术让农产品实现从“田间”到“餐桌”的全程透明化，让农业公司从中看到广阔的“钱景”。例如，一些农业大棚通过物联网实时监测，应用大数据进行分析和预测，就能够实现精准农业，能够降低单位成本，提高单位产量。与此同时，还可以将大棚种植与农业体验经济相结合，推出类似“偷菜”一样的

---

① 一诺农旅智库．互联网+农业的五大流派及未来方向[EB/OL]. http://mp.weixin.qq.com/s? __biz=MjM5NzA0NzMxMg==&mid=2649747663&idx=1&sn=d9fe926e1a695c 1004f58d1cd80e5514, 2016-05-31.

采摘体验，如果再将社区经济和社交应用结合起来，必然具有很好的发展前景。

在移动互联网O2O的发展中，类似北京出现的农夫市集等从农户到餐桌的农产品销售日渐兴起；而在去年获得“全国移动互联网创新创业大赛总决赛银奖”的青年菜君，其以半成品生鲜电商为发展方向，用户可以通过线上预订、线下地铁口自提的方式来购买半成品生鲜。

当然，如今大红大紫的互联网金融也会对农业的发展起到极大的推动作用。据媒体报道，苏宁众筹频道正式开卖汉源樱桃，上线145分钟就越过5万元的门槛，当天认筹超过11万元，相当于帮助果农卖出至少500棵树的樱桃。[①] 而蚂蚁金服发布的数据显示，2014年，新增的农村余额宝用户超过2000万，增收7亿元。互联网思维不是空的，在具体的地方会有具体的应用，在农业上会更有广阔的前途，移动互联网O2O和互联网金融等都会在未来的“互联网+”中发挥巨大的作用。

3. 全面下乡，涉农企业将渠道网络借助互联网进行升级

互联网本质上属于一种渠道，传统企业可以借助这种渠道将原来难以组织的农村渠道组织起来，充分发挥互动性和高效率，让很多传统的涉农企业受益。

例如，新希望是国内最大的农牧企业之一，2015年1月29日，新希望同南方希望、北京首望共同出资设立慧农科技，将做强农业互联网金融上升为企业的未来战略之一。新希望公司在已有的养殖担保和普惠担保金融创新模式基础上，挖掘和整合各渠道资源，打造千企万家互联互通的农村金融服务网络，未来将业务延伸至农资服务需求、农村消费需求等。新希望推出的福达计划立志打造智能服务体系，目前一期已经覆盖3.9万客户，在掌握相关养殖场位置、栏舍状况、养殖状况、成本、营销服务情况等基础数据的基础上，为其公司提供针对性的营销服务。新希望公司即将开展的福达二期，将为养殖户提供针对性的技术服务，提升养殖户的养殖效率，打造智能化营销服务体系。

4. 网络下沉，电商巨头抢滩农村市场“第二战场”

在“互联网+”农业大潮中，电子商务企业自然是排头兵。数据显示，2016

---

① 人民网. 苏宁众筹平台上线“牵手”公益帮雅安果农卖樱桃[EB/OL]. http://js.people.com.cn/n/2015/0425/c361417-24633598.html,2015-04-25.

年农村电商市场规模达到4600亿元，谁也不想掉队。资料显示，2015年以来，商务部已会同财政部在河北、河南、湖北等8省56县开展了综合示范工作，推动阿里、京东、苏宁等大型电商和许多快递企业布局农村市场，鼓励传统的供销、邮政等实体企业在农村积极尝试线上线下融合发展。目前，有24个省市、31个地县在阿里平台设立了“特设馆”，在淘宝网正常经营的注册地为乡镇和行政村的网店更是达到163万家，其中经营农产品的网店已经接近40万个。阿里现已启动“千县万村计划”农村战略，未来三至五年将投资100亿元，建立1000个县级运营中心和10万个村级服务站。2015年3月，京东已开业26家县级服务中心，招募了近2000名乡村推广员。同时，“村淘”已进驻全国8个省区市，覆盖13个县、295个村。2015年，京东电商下乡的总目标是新开业500家县级服务中心，招募数万名乡村推广员。[①]

电子商务企业在农村的发展是“互联网＋”农业的重要内容，如何将农产品卖出去让农民增收一直是难以解决的大问题，谁率先找到出路，谁就能获得农民的喜爱。

5. 扎根基层，组织渠道打造农村营销根据地

从全国来看，中国移动很早就开始的农信通借助运营商的渠道曾取得不错的市场结果，中国电信的信息化农村建设也在很多地方获得农民的欢迎。现在，各种各样的农村网站也在兴起，全国涉农的网站已经超过3000个，村村乐、万村网、三农网、新农网、村村通网等逐渐形成了自己的核心资源。据报道，村村乐网站的估值已经超过10亿元。

很多城市人对村村乐等网站并不关注，可是在广大农村市场却已经扎下了根，并被戏称为全国最大的刷墙公司。农村营销最主要的资源，可以说是“村官”“能人”和小卖部，这些资源也构成了农村信息网站争夺的最核心资源。据报道，村村乐的模式是，首先招募20余万名网络“村官”“能人”，然后利用农村的骨干力量在线下做农村市场的推进。推广模式主要是进行路演巡展、电影下乡、文化下乡，占据村委广播、农家店、农村旅游、农村供求等主根据地，甚至

---

① 上海金融新闻网．如何撬动10万亿“互联网＋农业”市场？［EB/OL］. http://www.shfinancialnews.com/xww/2009jrb/node5019/yh/u1ai166009.html,2016-08-11.

还会提供农村贷款与农村保险理财。村村乐还整合农村的1万余家小卖部，通过为小卖部提供免费WiFi，以及在电脑上安装一套管理系统，收集数据，几乎就等于进驻了1万个乡村，农村包围城市战略取得了初步成功。

农村市场非常广阔而分散，需要长期扎实的工作来稳步推进；而且，农村市场的渠道具有很强的排他性，谁先站住了就会拥有先发优势，后来者的成本会很高。所以，拥有互联网上的农村渠道网络资源，就等于掌握了农村互联网发展的关键点，未来可以大展拳脚。

推动农业与互联网深度融合，将现代信息技术与农业生产、经营、管理、服务整个产业链相融合，实现农业生产经营流程的创新与再造，成为我国农业变革的新契机，也是世界农业发展的大趋势。

第五章　网络商业：颠覆与重构商业价值链

在互联网时代，网络商业的快速崛起广泛而深刻地影响着人们的生产方式、生活方式和消费方式，对拉动经济增长、促进就业发挥着巨大的作用。网络商业作为一种新型经济形态，正以人们难以想象的速度迅猛发展，带来了传统商业领域的一场大变革。

一、网络时代商业的新变化

网络商业，顾名思义，是在互联网上进行的商业贸易活动。在我国，主要是指基于互联网的电子商务的发展。电子商务最早在20世纪八九十年代就已经产生，主要是在以美国为代表的发达国家得到了快速发展。我国的电子商务在20世纪90年代末才有所发展，一直保持了良好的发展势头，并使传统商业的各领域发生巨大的变革。

（一）网络商业发展的概况

我国电子商务自2010年交易额突破4万亿元以来，每年以人民币2万亿元左右的幅度增长，逐步成为拉动国民经济增长的战略性新兴产业。据中国电子商务研究中心监测数据显示，2015年中国电子商务交易额达18.3万亿元，而2016年短短半年时间，中国电子商务交易额已经突破10万亿元。电子商务直接从业人员超过285万人，由电子商务间接带动的就业人数已超过2100万人。[①] 网络商业已经成为国民经济发展的重要组成部分，发挥着越来越重要的作用。

1. B2B电商行业进入高速发展期

B2B（Business to Business），即企业与企业之间的电子商务。在我国整个电子商务市场中，B2B电子商务占据七成左右，在提升商贸流通效率、降低流通成本、拓展市场渠道方面发挥着举足轻重的作用。2015年，我国B2B电子商务市场交易额达13.9万亿元，增幅上升了17%。B2B行业的主要使用群体是广大中小企业，因此，为广大中小企业提供信息交易的平台，如阿里巴巴、环球资源、慧聪网等又占据了B2B市场的半壁江山。表5-1所示为近五年来我国B2B电子商务交易规模的变化，B2B电子商务进入高速发展期。

表5-1　2011—2015年我国B2B电子商务市场交易规模

年份	2011	2012	2013	2014	2015
市场交易规模/万亿元	4.9	6.25	8.2	10	13.9

（数据来源：www. 100ec. cn）

近年来，政策扶持、资本涌入等把B2B电商推上了风口。一方面，国家在政策上为B2B发展提供了新动力。在国家消除产能过剩、推进供给侧结构改革的背景下，B2B电子商务的发展契合了传统企业转型升级的需求。国务院先后发布《关于进一步促进电子商务健康快速发展有关工作的通知》《关于推进线上线下互动加快商贸流通创新发展转型升级的意见》等政策，明确提出鼓励信息撮合、自营等B2B平台的发展，使整个供应链更加优化。综合型电子商务平台从之前单纯地提供信息发布向交易服务、供应链金融等方向转型；部分企业通过自营电子商务平台，实现了上下游企业信息的有效整合，优化了供应链；行业垂直类B2B电子商务平台的业务范围也开始向网上交易、物流配送、信用支付等服务领域渗透。

另一方面，市场对行业普遍看好，B2B领域掀起投资热潮。2015年，全年B2B行业投资额仅有50.1亿元。而2016年仅上半年，中国B2B电商行业就发生

---

① 中国电子商务研究中心．2016年（上）中国电子商务市场数据监测报告[EB/OL]. http://www.100ec.cn/zt/16dsscbg/,2016-09-16.

了92起投融资事件，总金额达79.16亿元。[①] 在资本的大力推动下，B2B电子商务将迎来新一轮发展的黄金期。

2. 网络零售市场快速、稳健增长

网络零售主要指的是目标客户直接是消费者的B2C（Business to Customer）、C2C（Customer to Customer）模式。中国电子商务研究中心监测数据显示，2015年我国网络零售市场交易规模达38285亿元，相比2014年的28211亿元，同比增长35.7%，占社会消费品零售总额的12.7%，较2014年10.6%的增长速度，增幅提高了2.1%。[②] 截至2016年6月，我国网络购物用户规模达到4.48亿人，半年时间增加了3448万人，增长率为8.3%。同样是这半年时间，我国网络零售市场交易规模达到2.3万亿元。网络购物市场保持了快速、稳健增长的趋势。表5-2所示为2011—2015年我国网络零售市场交易规模的变化，呈现出快速、稳健增长的发展趋势。

表5-2　2011—2015年我国网络零售市场交易规模

年份	2011	2012	2013	2014	2015
市场交易规模/万亿元	0.8019	1.3205	1.8851	2.8211	3.8285

（数据来源：www. 100ec. cn）

在整个B2C网络零售市场中，竞争格局基本稳定。天猫、京东和唯品会共占据了八成左右的市场份额，其中天猫和京东交易规模达到了千亿级别，唯品会达到百亿级别；剩下的市场份额为苏宁易购、国美在线、亚马逊中国、1号店、当当、聚美优品、易迅网等共同占有。

移动端网络购物快速发展。截至2016年6月，我国手机网民规模达6.56亿人，其中手机网络购物用户规模达到4.01亿人，手机网络购物的使用比例达到61.1%。[③] 据中国电子商务研究中心监测数据显示，2016年上半年我国移动网购交易规模达到16070亿元，同比增长高达90%，移动网购增速远远高于网络购物

① 中国电子商务研究中心. 2016年（上）中国电子商务市场数据监测报告[EB/OL]. http://www.100ec.cn/zt/16dsscbg/,2016-09-16.

② 中商情报网. 2015年中国网络零售市场交易规模统计分析[EB/OL]. http://www.askci.com/news/hlw/20160520/17222218677.shtml,2016-05-20.

③ 中国互联网络信息中心. 中国互联网络发展状况统计报告[EB/OL]. http://www.cnnic.cn/gywm/xwzx/rdxw/2016/201608/t20160803_54389.htm,2016-08-03.

整体增长速度，而且移动网络购物交易规模占据整个网络零售市场的七成左右。移动端购物在“80后”和“90后”年轻人中普遍受到欢迎，2015年在天猫“双11”购物节中，全天成交金额达912.17亿元，其中移动端交易额是626亿元，占比68%。移动端购物增长势不可当，一方面是移动端的便利性促使了消费习惯的改变，另一方面是电商加大对消费者的引导，在移动端下单给予更大的优惠力度。未来移动端购物将是网络零售的发展大趋势。

农村网购市场规模进一步提升。截至2016年6月，我国农村网民规模达1.91亿，为农村网购的发展奠定了基础。在国家营造的良好政策环境下，各大电商积极布局农村市场，“网货下乡”和“农产品进城”极大地促进了农村消费者网上购物。农村网购市场规模从2014年的1817亿元增长到2015年的3530亿元，同比增长超过90%。而仅2016年上半年农村网购市场规模就已经达到3120亿元，农村网购市场呈快速增长态势。[①]

3. 跨境电子商务突飞猛进

跨境电子商务是互联网时代国际贸易发展的具体体现，也是国际贸易的新形式，不仅帮助国内的中小企业跨入国际贸易的门槛，还能帮助企业降低交易成本，使“中国制造”和“中国服务”在国际竞争中逐渐成长、发展壮大。随着“一带一路”倡议的实施，跨境电子商务地位不断提升，在我国对外贸易中开始占据重要地位。

跨境电子商务的主要模式可以分为B2B、B2C、C2C等类型，其中B2C、C2C是直接面向消费者的，又称为跨境网络零售。2015年，在整个外贸市场需求低迷的背景下，我国跨境电商实现逆势增长，整体交易规模达4.8万亿元，同比增长28%，占我国进出口总额的19.5%；其中，跨境电商以出口为主，跨境电商出口交易额占跨境交易总额的83.1%，进口占16.9%；在跨境电商的三种主要模式中，跨境电子商务又以B2B为主，B2B占跨境电商总额的84.3%。跨境零售发展势头快，2015年跨境零售交易额达7512亿元，同比增长69%。而

① 中国互联网络信息中心．2015年中国网络零售市场交易规模统计分析[EB/OL]. http://www.askci.com/news/hlw/20160520/17222218677.shtml,2016-05-20.

2016年仅上半年我国跨境电商整体交易规模就达到2.6万亿元，同比增长30%，[1] 交易规模持续扩大。在传统贸易增速放缓的情况下，跨境电子商务保持了较高的增速，成为我国对外贸易新的增长点。

近几年，国家不仅在整体上给予政策方向上的引导，在出口退税、清关检疫、跨境支付等具体环节也出台了相关措施，先后设立上海、重庆、杭州、宁波、广州、深圳、郑州等10个跨境电子商务试点城市，并在杭州设立跨境电子商务综合试验区、取得成功经验后，于2016年年初再设12个跨境电子商务综合试验区，以进一步推动跨境电子商务的发展。随着国家《关于跨境电子商务零售进口税收政策的通知》《跨境电子商务零售进口清单》等政策的出台，跨境电商正在经历行业洗牌，在经历了“野蛮”生长之后，正朝着健康、规范的方向发展和深化。随着“互联网＋”外贸的发展，跨境电商将具有巨大的发展潜力，迎来发展的春天。

总的来说，网络商业越来越普及，为更多的消费者所认可，作为战略性新兴产业为我国经济发展提供了新动力。网络商业促进了传统企业的转型升级，刺激了消费，拉动了经济快速发展；同时，网络商业带动了信用、物流、支付等支撑服务的发展，也促使仓储等相关衍生服务的发展，提高现代服务业发展水平，优化了经济结构。网络商业还大大促进了就业，为大众创业、万众创新提供了新的空间。例如，阿里云每天为数十万中小企业和数亿用户提供服务；淘宝网每年能够为网商节省约280亿元的租金成本，吸引了大量草根创业者，网络商业以其特有的发展方式成为中国经济发展的新引擎。

（二）网络时代商业发展的新变化

互联网时代，消费者不再是传统商业中被动的信息接收者，他们的消费主动性不断增强，同时追求个性化、高品质的商品。商品的价格变得更加透明，相比传统商业的价格更低，支付体系电子化，并向实体商业蔓延。在大数据和云计算等技术支撑下，企业的个性化营销和精准营销变成现实，商业模式不断创新。

---

① 阿里研究院．贸易的未来：跨境电商连接世界——2016中国跨境电商发展报告[EB/OL]. http://www.aliresearch.com/blog/article/detail/id/21054.html，2016-09-08.

1. 消费者行为的变化

互联网时代，网络购物的主要载体是计算机和智能手机。消费者随时随地都可以接入互联网，提高了对碎片化时间的有效利用。在上下班路上等闲暇之余，就可以借助手机、计算机等完成对商品的挑选和支付等所有流程。

网络时代消费者的主动性增强。据统计，我国 39 岁以下网民占据全部网民的七成左右。他们更倾向于追求和表达自己的个性，更乐意参与和分享，他们会积极借助各种媒介获取所需商品的信息，并在综合比较后做出购买决策。商品的极大丰富及信息沟通的便捷性使得消费者追求个性化的消费成为现实。消费者在网购时不再像传统商业中那样迷信品牌，而是更多地关注其他购买者对商品的评价。网络信息的共享性把消费者连接起来，能让有着共同爱好的消费者，很快搜寻到彼此并聚集起来，消费者从单个人变成了一个有着共同的兴趣爱好和价值观的群体，而消费者行为也从单个人的行为，变成了一种群体行为。消费者这种基于虚拟网络空间的自发聚合与互动，形成了新的社会力量，消费者成为网络商业的中心。同时，他们还具有强烈的参与意识，他们希望能参与到商品从设计到生产、销售的各个环节。

网络商业的生存哲学就是创新，只有贴近消费者并有效分析消费者的需求，才能赢得最终胜利。例如，小米手机作为国内最大的手机生产商和销售商，在以消费者为中心这方面，走在了大多数手机制造商的前面。小米有一个创意平台，所有的“米粉”都可以在这个平台发帖子、出主意，告诉小米公司应该怎样对小米手机进行改进和优化。小米公司根据消费者的建议，每个星期推出一款新手机。可以说，小米手机是对消费者意愿的一种快速反应，从创意、设计到最后生产都是根据消费者的需求形成的。

2. 价格体系和支付手段的变化

网络商业对传统的商业价格体系造成了冲击。一方面，商品的价格信息更加透明，消费者可以简单方便地筛选出性价比更高的商品。网络时代最大的特点就是信息的极大丰富及信息搜集的便捷性，有的网站还推出相关插件自动帮助消费者比价格，消费者可以很方便地在网上获得商品的价格信息。传统的商家利用消费者信息的不对称而获得高额利润的情况不复存在。另一方面，网络商业相比传统商业有着成本更低的优势，成本降低意味着商品价格可以更低。网络商业可以避开传统商业渠道中的诸多中间商和中间环节，生产者和消费者通过网络平台直接互动，并直接达成交易。在互联网时代，网络商业不需要实体店铺，只要在虚拟的网络空间充分展示商品信息即可。省却传统商业创建需要的店铺租金、店面装修、店面管理费等若干费用。因此，同样质量的商品，在网上购买的价格低于传统销售的价格。

网络商业使得传统商业的支付方式发生了变化。以第三方支付平台和移动支付为代表的电子支付获得了快速发展，成为线上、线下商业流通领域的一种重要支付手段。截至 2016 年 6 月，我国使用网上支付的用户规模达到 4.55 亿人，半年时间增加了 3857 万人，网民使用网上支付的比例提升至 64.1%。手机支付用户规模迅速增长，达到 4.24 亿人。[①] 值得一提的是，随着移动智能手机的普及和各网上支付厂商积极布局线下消费场景，在线下商业中，手机近端支付成为一种流行的支付方式。

3. 营销方式的变化

网络商业的发展使传统的营销理念发生了很多变化。例如，互联网改变了传统营销以企业为中心的状态。互联网特别是移动互联网极大地降低了企业与消费者之间，以及消费者与消费者之间的互动成本。消费者通过微博、微信等社交平台寻找与自己有共同爱好的“同类”，形成一个群体，他们善于自主选择，动动手指和鼠标就可以找到符合自己要求有品质的、个性化的商品，不再是传统商业中那个信息的被动接受者。互联网使得企业的服务对象变成某个群体或者某类人，企业要做的就是从兴趣和爱好出发，搭建好平台去细分市场，通过网络互动与消费者建立紧密的联系，进而提供某个细分市场需要的产品和服务，从而改变了传统中以企业为主导的营销观念。此外，互联网还改变了传统广告黄金时间段的概念。互联网时代，消费者碎片化的时间得以有效利用，他们可以随时随地接入网络，不受营业时间和空间的约束。企业不必为失去所谓的广告黄金时间而遗憾。

① 中国互联网信息中心．中国互联网络发展状况统计报告[EB/OL]. http://www.cnnic.cn/gywm/xwzx/rdxw/2016/201608/t20160803_54389.htm,2016-08-03.

网络时代的个性化营销和精准营销。在互联网时代，大数据、云计算等先进技术为个性化营销和精准营销提供了技术基础。消费者浏览网络的“足迹”都被转化为数据，企业借助于先进技术对收集到的各类消费者的需求信息进行深入挖掘，滤出有价值的信息，如消费者的购买动机、偏好、特点及分布区域等。基于消费者数据分析后的智能推送广告，会让广告显得更加自然，使消费者更容易接受。在与消费者“一对一”的互动中，可以有针对性地向消费者介绍更有价值的商品。通过个性化营销和精准营销，既减少了消费者寻找合适商品的时间和精力，方便了消费者，也大大降低了企业的营销成本，提高了营销效率。

4. 商业模式的变化

网络时代，大家对B2B、B2C、C2C等商业模式已经比较熟悉，随着网络商业的发展，新的商业模式不断涌现。

O2O（Online to Offline）是一种新兴的电子商务模式，通过把线下实体商业与线上网络营销、电子支付结合起来，整合线上和线下的优质资源，为消费者提供便捷、高效的本地化服务。即网上商城通过发布折扣、优惠信息等方式，把线下商店的消息推送给消费者，消费者在获取相关信息后，在网上完成下单、支付等流程，最后凭借订单电子信息等去实体商店提取商品或享受服务。O2O依靠线上推广带动线下交易，为企业省去了大批宣传推广费用。

O2O商业模式有三大特点：一是有实体商店存在，消费者最终在实体商店完成消费；二是通过互联网推动商家信息，一般是通过O2O网站发布吸引人的打折、优惠信息；三是在线支付，消费者完成在线支付后，再到实体商店提取商品或享受服务。线下实体商店在线上招徕顾客，消费者在线上筛选商品和服务信息，这样，互联网成为线下交易的前台，而实体商店则成为线上产品体验的后台。更重要的是，每笔交易都可跟踪。

在移动互联网的大潮下，我国O2O市场发展迅速，2011年我国O2O市场规模仅有748.2亿元，而2015年O2O市场规模已经超过4000亿元。尽管近两年在增速上，O2O整体市场的增速有所放缓，但这也预示着我国O2O市场在逐步整合和规范，朝着成熟方向发展。

随着移动互联网、智能手机和微信的普及，微商成为移动电子商务发展的新亮点。微商是一种社会化的移动电商模式，采用微商模式销售商品的可以是企业，也可以是个人。常规意义的微商分为两类，一类是基于微信公众号的 B2C 微商，企业一般会利用一些促销手段吸引微信用户通过扫描二维码添加企业的公众账号，再利用公众账号推送信息，销售商品，目前国内很多企业都开设了微信公众账号；另一类是在微信朋友圈开店的 C2C 微商，个人在朋友圈发送商品信息进行商品销售。微商的最初发展离不开微信平台。腾讯公司开发的微信平台，短短几年拥有上亿的用户，蕴含着广阔的市场和商机。微商在发展之初，造就了很多千万富翁，由此吸引了无数商家成为微商，并进一步促进了微商的发展。利用微信的强大功能，微商既可以向客户发送文字信息，也可以发送语音和图片等信息，微商的营销方式可以更生动，且成本低。同时，微信的即时通信功能拉近了与客户的距离，可以及时掌握客户的反馈信息。而微商名字的由来也和微信不无关系。

微商始于朋友圈，现逐步扩展到 QQ 空间、微博、易信、来往、陌陌、论坛等网络社交空间，微商生态圈慢慢形成，逐步走向行业化和正规化。据中国电子商务研究中心监测数据显示，2015 年我国微商行业总体市场规模达到 1819.5 亿元，微商从业规模为 1257 万人，[①] 微商行业发展势头良好。

二、网络商业发展中存在的主要问题及对策

随着网络商业爆发式的增长，网络商业带给消费者的除了实惠、便捷之外，也带来了不少的困扰。如何正确对待和解决网络商业发展中出现的问题，共建健康、和谐的电子商务交易秩序和环境，是当前网络商业发展面临的一个重要问题。

（一）我国网络商业面临的主要问题

我国网络商业发展过程中存在的问题可以从微观和宏观两个角度考察。从微观上看，网络商业经营者问题主要集中在产品质量及服务方面，此外，售假、网络诈骗、虚假发货等诚信问题严峻，消费者权益无法保障；从宏观上看，网络商

① 中国电子商务研究中心. 2015 年微商行业市场规模达 1819.5 亿元[EB/OL]. http://www.100ec.cn/detail-6345496.html,2016-07-17.

业还存在安全、税收等管理方面的诸多问题。

1. 微观层面的主要问题

据中国电子商务投诉与维权公共服务平台监测数据显示，2016 年上半年通过在线递交、电话、邮件、微信、微博等多种投诉渠道，共接到全国网络消费用户涉及电商的投诉数量同比 2015 年同期增长 4.16%。其中，网络购物投诉占全部投诉的一半以上，高达 52.75%，比例最高。[①] 质量问题、售后服务、退款难、发货迟缓、退换货难、不发货、网络售假、网络诈骗、订单取消、虚假发货、信息泄露等成为网络零售被投诉的热点问题，而违法成本过低是网络购物众多问题产生的重要原因。

质量问题是网购过程中致消费者不满意的主要原因。消费者在网购中经常会遇到所购商品与商家宣传的图片不相符的情况，有的时候买到的是仿冒品，更有甚者，有的网购商品是“三无”产品，存在严重的质量风险。近年来，母婴电商发展得风生水起。据中国电子商务市场数据监测报告显示，一些平台要求所驻商家恶意刷单，此外不少用户反映一些母婴电商平台所售的奶粉、纸尿裤、面膜等商品存在假货嫌疑。

发货迟缓、退换货难、退款难等售后服务跟不上，严重影响着消费者网购的满意度。乐视商城是我国前十大 B2C 电商网站之一。乐视商城继 2015 年 9 月 19 日“发货门”事件后，2016 年 4 月 14 日“乐视硬件免费日”又引发了新一轮“发货门”，几百名用户投诉商品购买一两个月后仍未收到货，且存在商城单方面取消用户订单、退货不退款、现货变预售等问题，影响了消费者口碑。

网络诈骗、虚假发货等是消费者在网购时最容易碰到的诚信问题。在买卖双方信息不对称的情况下，一些不法商家利欲熏心，欺诈消费者，这是很多消费者不敢或较少网购的重要原因，诚信问题也因此成为制约我国电子商务发展的瓶颈。唯品会作为全国知名电商曾深陷销售假酒的风波中，于 2015 年年底、2016 年年初先后被曝出售假茅台、假五粮液，损害了唯品会的品牌形象。

以上问题不仅出现在国内网络购物中，随着跨境网购市场份额的逐渐扩大，

---

① 中国国际电子商务网 . 2016 年（上）中国电子商务用户体验与投诉监测报告[EB/OL]. http://www.ec.com.cn/article/dsyj/dsbg/201608/11053_1.html，2016-08-18.

跨境电子商务是消费者投诉的另一个重点领域。此外，微商领域也是乱象丛生。总的来说，违法成本低是众多问题存在的一个重要原因。

2. 宏观方面的主要问题

（1）网络支付安全问题。

随着网络商业的发展，网络支付规模也保持了快速增长，用户和金额规模迅速壮大。截至 2016 年 6 月，我国网上支付用户达 45476 万户，网民使用率达 64.1%。手机网上支付 42445 万户，占手机网民比率达 64.7%。从整体上看，约四成的网民不使用网上支付，而大部分网民不使用网络支付的主要因素都与安全有关。自网络商业诞生的那天起，网络支付安全问题一直都是网民最关心、亟待解决的重要问题。

近几年，虚假网络银行终端或网络商城等欺诈事件频发，将消费者引诱到虚假的钓鱼网站后，窃取用户的关键信息；网银病毒、木马病毒和网站恶意控件等会在消费者浏览网页等操作中威胁到支付安全；第三方支付平台一定程度上解决了买卖双方互不信任的问题，但很多消费者对第三方支付平台的诚信问题仍存有顾虑；出现支付安全事件时，消费者如何维权，如何对网络支付机构进行监管等问题，在我国法律体系中仍是空白，相关法律法规亟待完善。

（2）网络商业的税收问题。

2015 年，阿里巴巴“双 11”大促销当天总交易额就达 912 亿元，而我国的西藏自治区当年全区 GDP 总量为 920.8 亿元。同年，我国网络零售市场交易规模 3.8 万亿元，比全国排名第五的河南省全年 GDP 总量（3.4 万亿元）还要高，占据社会消费品零售总额的 12.7%，电子商务在拉动消费、增加就业、降低流通成本、提高劳动生产率、促进我国经济转型升级等方面的作用日趋明显，电子商务税收问题再次成为各界关注的热点。当前，我国电子商务税收政策并不是完全“真空”，社会上对电商征税的探讨存在一些误区。例如，很多人误认为电子商务交易不用缴税。实际上，国内现行税法并没有针对电子商务交易做出特殊规定，电子商务交易和传统的商品、服务交易并没有本质区别，只是交易方式发生了变化，因此，在网上不管是销售货物还是提供劳务，都应该与线下传统交易适用相同的税法规定。换句话说，现行税法规定是一直适用于电子商务的，并不是大家误解的电子商务交易免税。

事实上，电子商务领域的B2B、B2C模式下企业利用网络进行销售，大多与传统线下销售模式一样已被纳入税务机关的征管范围，因征管不到位，偷税漏税现象严重。电子商务税收征管问题主要集中在C2C交易平台，大量的个体网店还没有进行工商登记和税务登记，存在税收征收困难的问题。

此外，当前国际贸易格局正在发生深度变革，传统贸易陷入低迷期，而跨境电子商务却突飞猛进。当前国际贸易主体、生产贸易方式、商业模式、组织形态等都发生着历史性变革，这对全球贸易规则提出了全新要求。中国作为一个发展中的跨境电子商务大国，如何谋取在世界贸易领域新规则和新标准制定中的话语权和主导权，是当前跨境电子商务发展面临的一大课题。

（二）我国网络商业发展的对策与建议

在综合考虑网络商业发展中的微观和宏观问题后，为促进我国网络商业更加健康、有序地发展，可以从以下几个方面着手。

1. 积极推进电子商务立法工作

现行电子商务发展中遇到的很多问题，大多是由于没有相应的法律法规进行约束所致，因此，扫清电子商务发展中的诸多障碍，首先要积极推进电子商务立法工作。

考虑到电子商务立法与其他法律存在的交叉关系，在电子商务立法时需要确立两个原则：一是可以在当前法律领域解决的电子商务法律问题，应通过修订这些法律的方式来解决；当遇到这些现有的法律不能独立解决的问题，再通过电子商务立法来解决。例如，2013年修订的《消费者权益保护法》全面确立了网络环境下的消费者保护制度，成功解决了电子商务中的消费者权益保护问题。二是电子商务立法着眼于解决妨碍电子商务发展和应用的诸多问题，这些问题不是一部法律就可以解决的，这些问题有些问题如电子支付安全、网络环境下个人信息的保护和利用等非常专业，涉及的方面也比较多，需要专门的立法来解决。

商务部印发的《2016年电子商务和信息化工作要点》中提到，要积极参与《电子商务法》立法工作，填补行业法律空白。同时，推动现行法律针对电子商务发展的新情况、新问题进行相应修订完善。宣传贯彻《网络零售第三方平台交易规则制定程序规定》，总结执行情况，加强对平台企业的规范和指导。研究制订《网络零售平台自营业务评价指标与等级划分》《电子商务消费品质量检查采样规范》《移动无形商品（服务）电子商务经营服务规范》等标准。各地商务主管部门要积极推进地方电子商务立法和标准体系建设。[①]

2. 加强电子商务信用体系建设

电子商务信用是伴随着电子商务的发展衍生出来的一个名词。它通常指的是在电子商务活动中，交易主体取得另一方对其履约能力的信任，或指双方互守承诺。互联网时代，大数据等先进技术推广使得信息更透明，网络传播的速度也更快。拥有良好的信用对从事网络商业的企业和个人来说是激烈竞争中必不可少的竞争品质。

目前，我国的电子商务信用体系还在进一步建设中，对于网络交易中的失信、违规行为的监督管理机制还有待完善。在整个电子商务交易过程中，电商企业目前是交易中的主角，可以通过建设电子商务信用基础数据库，进一步完善电子商务企业信用记录。同时，积极发挥第三方信用服务机构认证和信用评价的作用，开展信用评价指标、信用档案等标准研究和推广应用，建立统一的信用评价体系；建立健全电子商务信用信息管理制度，推动银行、税务、法律、保险等部门建立信用信息的互通与共享，以及协同监督与联合惩戒机制，促进电子商务企业信用信息的公开；推动电子商务领域应用网络身份证，完善网店实名制，鼓励发展社会化的电子商务网站可信认证服务；等等。

电子商务信用体系的建设是一项庞大而复杂的系统工程，需要政府、各个行业、企业、消费者及媒体等部门联合起来，相互协作，共同努力，以道德为支撑，以法律为保障，采用科学的组织管理体系和先进的技术手段，共建电子商务信用体系，杜绝不道德、不诚信的行为发生。

3. 完善电子商务税收政策

针对 B2B、B2C 领域因征管不到位而存在的偷税漏税问题，解决途径是在现有税收征管框架下，进一步完善现有税收征管技术手段，努力实现线上、线下交

---

① 商务部.2016 年电子商务和信息化工作要点[EB/OL]. http://dzsws.mofcom.gov.cn/article/zcfb/201603/20160301282048.shtml,2016-03-24.

易的税负公平。

对于C2C交易平台上交易规模较小，无实体经营场所的个体网店，可以按循序渐进的原则逐步将其纳入税收征管范围。当前，国家要求电子商务交易活动要进行实名登记，但并没有要求经营者到工商管理部门进行实名登记，这使得税务机关不能按照现有程序办理相关税务登记，造成C2C领域税收的漏洞。因此，下一步可以通过修订税收征管法，对自然人纳税登记进行明确规定，建立可以覆盖自然人的普遍登记制度，解决个体网店的税务登记问题。

考虑到电子商务的特点，结合我国产业结构调整和促进就业的战略需要，在完善电子商务税收政策时，要进一步有条件地制定电子商务税收优惠政策。例如，对高新技术企业、小微企业实行税收优惠；再如，对国家正在鼓励大力发展的跨境电子商务实行税收优惠；等等。

4. 积极参与国际规则制定

跨境电子商务在全球发展已有20多年的历史，各国发展程度有所不同。美国、欧盟各国、中国等跨境电商规模领先，也有一些小国家没有跨境电商。由于各国跨境电商的发展重点和利益诉求不同，当前跨境电子商务还没有形成统一的国际规则。但随着电子商务的快速发展，各国也已经认识到要尽早制定规范电子商务国际规则，跨境电子商务规则也因此成为WTO谈判和各个自贸区谈判的新热点。

2016年9月召开的G20杭州峰会中，跨境电子商务首次进入G20议题。阿里巴巴集团董事局主席马云在二十国集团工商峰会中提出的eWTP（Electronic World Trade Platform)，即世界电子贸易平台，成为一大热门词，并被写入二十国集团领导人杭州峰会公报。eWTP是一个由企业主导、广泛参与、公私对话的平台，这个平台既不属于阿里巴巴，也不属于中国，而是属于全世界的，是全球的公共产品。建设这个平台的具体措施包括孵化跨境电子商务新的行业标准和规则，完善基础设施，分享跨境电子商务试验区等经验，目标是促进全球跨境电子商务和数字经济的发展，解决中小企业，尤其是发展中国家中小企业面临的问题。事实上，eWTP的全面推进面临诸多困难，但可以说，中国在引领跨境电子商务规则方面已成功迈出了第一步。

以eWTP为契机，我们继续积极开展电子商务对外交流合作。依托多边、区域和双边等谈判渠道，开展电子商务谈判相关工作，积极参与电子商务规则制定，促进国内电子商务发展与国际对接，建立有利于我国企业开展电子商务的国际规则体系和外部环境。

积极发起或参与多双边或区域关于电子商务规则的谈判和交流合作，研究建立我国与国际认可组织的互认机制，依托我国认证认可制度和体系，完善电子商务企业和商品的合格评定机制，提升国际组织和机构对我国电子商务企业和商品认证结果的认可程度，力争国际电子商务规制制定的主动权和跨境电子商务发展的话语权。

5. 加强电子商务人才培养

人才决定着一个行业的未来发展情况。我国电子商务发展迅猛，但存在较大的人才缺口。据中国电子商务研究中心发布的《2015 年度中国电子商务人才状况调查报告》显示，在被调查的 305 家电商企业中，我国 75%的电商企业存在人才缺口。其中，处于招聘常态化、每个月都有招聘需求的企业占 36%；属于业务规模扩大，人才需求强烈，招聘工作压力大的企业占 32%。运营、技术、推广销售人才是当前电子商务企业急需的，占据了人才需求的 84%，对于供应链管理和综合性高级人才的需求占 16%。而在被问到下一年的人才需求状况时，有稳定招聘需求的企业比例占 78%。① 因此，建设一支高素质、有层次的电子商务人才队伍是电子商务发展的根本所在。

一方面，要明确电子商务人才培养目标。电子商务人才的发展需要复合型高层次人才，更多的是需要掌握扎实业务的懂理论、会操作的基层人才。院校在培养电子商务人才时，首先得有明确的定位，结合电子商务人才需求的现状，与政府、电子商务行业协会、电子商务企业等共同努力，培养适合市场需求的电子商务人才。

另一方面，要完善电子商务人才培育体系。采取人才培养和技能培训相结合的方式，发挥人才对电子商务发展的支撑作用。技能培训在电子商务人才培育中占据非常重要的地位。例如，国家为推进电子商务专业人才知识更新工程，积极

① 中国电子商务研究中心．2015 年度中国电子商务人才状况调查报告[EB/OL]. http://roll.sohu.com/20160330/n442832800.shtml,2016－03－30.

开展的各类电子商务高端人才研修班；为鼓励电子商务企业开展岗前培训、技能提升培训和高技能人才培训，国家规定参加职业培训和职业技能鉴定的人员，以及组织职工培训的电子商务企业，可享受职业培训补贴和职业技能鉴定补贴政策；等等。

三、网络商业未来发展趋势

未来网络商业的发展主要体现为线上、线下的融合化发展，以及“买全球”“卖全球”的国际化发展两个方面。

（一）网络商业融合化发展

线上与线下的融合发展表现为两个方面，一方面，线下实体商业经营成本越来越高，适应时代潮流，需要积极拥抱互联网；另一方面，线上电子商务发展到一定程度后，如果没有线下实体体验店，发展将遇到“天花板”，需要积极向线下发展。

1. 线下实体商业积极拥抱互联网

对于有条件的大型零售企业，国家鼓励他们开设自己的网上商城，促使企业利用移动互联网、地理位置服务、大数据等先进技术提高流通效率和服务质量，降低经营成本；对于中小零售企业来说，可以通过第三方电子商务平台进行资源整合，促进线上交易与线下交易融合互动；国家支持各类专业市场建设网上市场，通过线上、线下相融合，使各专业市场向网络化市场转型，加速出台能源、化工、钢铁、林业等行业电子商务平台规范发展的相关措施；各职能部门加快制定完善互联网食品、药品经营监督管理办法，规范食品、药品、化妆品等网络经营行为，促进各行业在网络化转型过程中健康、有序地发展。

苏宁云商，原名苏宁电器，经过多年连锁化经营，2009 年苏宁打败国美，称霸全国电器零售市场。为了适应互联网发展的浪潮，苏宁开始探索互联网化转型，成立了网上购物平台——苏宁易购，2010 年苏宁易购正式上线；2011 年除 3C 家电外，苏宁易购逐步上线图书、日用百货等新品类，实现不同品类的全面组合；2012 年迅速做到了全国 B2C 市场排名第三；2013 年为适应发展的需要，苏宁将公司更名为“苏宁云商销售有限公司”，定位“全渠道、全品类”。

苏宁线上提供便利的商品信息并吸引消费者到苏宁云店进行实体体验；线下的云店是提供品质服务和体验消费的最佳渠道，在为消费者提供家庭休闲、娱乐购物等服务体验的同时，承担着售后、物流等线上难以满足消费者需求的服务，虚实结合，线上、线下融合发展，走出了一条特色的苏宁竞争路线。

苏宁对原有的实体门店进行了升级改造，每个门店的业绩包含线上和线下两部分，无论是线上还是线下发货，业绩都归门店，解决了线上、线下“左右互搏”的难题；每个门店和苏宁 APP、网页等一样，具备入口流量价值，消费者可以选择线上或线下支付、自行提货或门店配送等；实体店设有专区，把部分苏宁易购的商品进行实体展示，同时配合电子货架、视频及二维码对其他商品进行虚拟展示，打破了实体店的限制，并实现为线上引流；实体店还担任着补充线上，作为售后、供应链、仓储和快递点的重要任务。例如，通过线上智能配送系统，苏宁可实现从距离顾客最近的门店直接进行“最后一公里”配送，进而实现在全国多地保证 2 小时免费“极速达”。

在线上方面，苏宁有自营的苏宁超市，同时苏宁易购平台也对外进行招商，并对平台商户有一定的遴选标准，限制统一类目的商家数量，避免过度同质化竞争；为了优化用户结构，扩大会员规模，给苏宁易购带来更多用户黏性和流量，苏宁收购了母婴零售品牌红孩子；在海外购的热潮中，苏宁拓展了海外供应链渠道，成立了包括美国、日本、中国香港在内的苏宁易购海外采购公司。

经过线上线下的融合发展，目前，苏宁连锁网络覆盖海内外 600 多个城市，拥有近 1600 家门店；其中，线上平台苏宁易购稳居我国 B2C 市场前三甲。

2. 电子商务企业积极布局线下实体店

当传统企业开始触网后，电商不仅没有了优势，反而因缺少线下体验和面临“最后一公里”问题，感到了更多竞争压力。于是，越来越多的电商为赢得长远的竞争力开始布局线下实体店。

2014 年 12 月，全国首家淘宝体验店在广州南站开业。凡是淘宝会员且手机装有淘宝软件，登记姓名和手机后就可以免费体验。淘宝会员可以在此休息、用餐、体验淘宝产品，也可以网购，免费使用 WiFi。淘宝体验店顾名思义，重点在于体验而不是售卖。2016 年 6 月，阿里巴巴和苏宁云商宣布建立战略合作关系，苏宁的1600多家线下门店和5500多家售后服务网店，已与阿里巴巴的线上体系和菜鸟物流实现无缝对接，苏宁帮客服务能力向天猫全面开放；同时，苏宁物流的455万平方米仓储面积，也开始服务淘宝、天猫的消费者和品牌商家。目前，阿里巴巴和苏宁已经在北京、上海、广州、深圳等六个城市实现半日达，并实现门店自提、最近门店送货等多项服务。

京东也不甘落后。目前，京东帮服务店在全国已经有1300多家；2015年3月，京东首家母婴体验店落成营业；2015年5月，首家京东智能奶茶馆亮相北京中关村，紧接着第二家奶茶馆落于深圳；2016年5月，京东大药房正式营业，非处方药可以直接在线购买，由京东大药房负责配送。此外，京东还以43亿元人民币入股永辉超市，加快线下与线下的融合。

此外，国际上著名的网上书店亚马逊于2015年11月在美国西雅图开设了第一家实体书店。虽然二十多年来，亚马逊以低于实体书店的强价格优势，挤垮了数不清的美国传统书店，占据了美国图书市场的近半壁江山，但无法与读者面对面，无法让读者闻着书香、徜徉于书海，享受阅读的满足感。因此，亚马逊从线上走向线下。亚马逊实体书店在图书选取、布置方式和定价等方面都与传统书店不一样。例如，与传统书店把图书立置、书脊向外的摆放不同，亚马逊书店所有图书均封面朝上摊开，增加每本书的吸引力。书店售价与网店折扣价一致，所有图书都是基于网站销售业绩和用户数据的分析挑选上架的。

电子商务企业布局线下实体门店主要基于以下考虑。

一是建立体验中心。消费者在购物时还是希望能够有触摸、感知商品的体验，尤其是高科技和高价商品。同时，消费者也更喜欢在实体店购物带来的便利及客户服务。体验让消费者与商品和品牌产生直接的互动，有效促进消费者购买决策的形成。

二是解决“最后一公里”问题。电子商务企业纷纷布局线下实体店，可以让消费者到距离家最近的门店自取商品。同时，还可以享受到灵活便利的退货服务，即解决了“最后一公里”配送问题。

三是树立品牌形象。依照目前的技术水平，电子商务企业很难通过计算机和手机向消费者提供独特的品牌体验。布局线下实体店，吸引客户到店内，并给他们带来独特、美好的品牌体验，这有利于建立起与客户的信任持久的关系，有助于产生忠诚的客户。

不管是传统企业积极拥抱互联网，还是电商纷纷布局实体店，这些都没有脱离商业的本质，即为消费者提供更多的便利、更优质的体验、更优惠的价格。

（二）网络商业国际化发展

自2010年以来，国内电子商务以年均30%左右的速度快速发展。这在促进国内经济发展、稳定人民就业等方面发挥了重要作用，同时也大大提高了我国电子商务在世界电子商务范围内的地位，加快了国内电子商务企业走向国际化的步伐。网络商业发展的国际化，既是顺应世界经济发展潮流的需要，也是顺应国家战略发展的需要；既是电子商务企业内在发展的需要，也是适应消费者全球个性化消费的需要。

当前，世界各国都在加快发展互联网经济和跨境电子商务，积极抢占未来经济发展的制高点。在这个开放的世界，我国经济深度融入世界经济是必然趋势。经过十几年的发展，网络商业已经成为我国经济发展的重要领域。秉承开放的发展理念，网络商业在发展中应充分利用好国内、国际两个市场、两种资源，这是统筹国内国际两个大局，顺应世界经济发展潮流的必然选择。

“一带一路”倡议将推动我国与沿线国家的贸易互通与货币互通等，为网络商业发展的国际化提供了千载难逢的机会。国家为促进网络商业的国际化，也提供了良好的政策引导。近两年相继出台相关政策和措施，目前已经初步建立了“成体系、全方位”的跨境电商零售进口监管模式。相关政策设计还在不断完善中，为网络商业国际化提供了良好的国内政策环境。网络商业国际化是适应国家发展战略的必然选择。

在大数据、信息化相关技术支撑下，在现代物流、支付体系不断完善的基础上，在国际广阔的市场空间吸引下，国内电子商务企业纷纷寻求“卖全球”的国际化之路。2014年，是我国跨境电子商务发展的分水岭。先是亚马逊（中国）宣布开通海外六大站点直邮中国服务，高调推出“海外购”；紧接着阿里巴巴高调公布进军全球的市场战略，旗下的天猫国际、淘宝海外、速卖通等三个平台首次亮相；再就是京东、苏宁、聚美优品、唯品会、1号店、顺丰优选等国内电商平台纷纷推出各自的海外购物项目；2015年，国内电商巨头阿里巴巴和京东等先后在美国上市，跨境电子商务持续发展。据商务部统计，我国跨境电商企业已经超过 20 万家，平台企业超过 5000 家。[①] 网络商业国际化是电子商务企业追求内在发展的必然选择。

经济全球化背景下，消费者的消费观念和消费方式都在发生巨大的变化，传统的商品和商业模式已不能满足消费者的客观需求。年轻一代的消费者，他们拥有比过去更多的选择自由，他们希望根据自己的个性特点和需求在全球范围内寻找满意的商品，而不受地域限制；他们希望在家里也能享受到在世界级的超市、商城购物的感觉。因此，国内消费者"买全球"热情高涨，在全球市场寻求个性化消费的满足。数据显示，2015 年我国跨境电商零售进口额为 2480 亿元，同比增长 9%。[②] 因此，网络商业的国际化是满足消费者全球个性化消费的必然选择。

跨境电商的发展能够帮助国内千万中小企业拓宽进入国际市场的路径，优化生产和外贸产业链，为更多的产品和品牌创立提供便利的平台和宝贵的机会，同时也催生符合时代发展的国际贸易新规则。毫无疑问，现有的国际贸易规则更多地体现了发达国家和大公司的利益，并且已经滞后于全球互联网经济和电子商务的快速发展。在我国网络商业国际化的进程中，国内的电商企业应担负起时代责任，推动建立公平、公正、自由、开放、互惠共赢的世界国际商务市场。

---

① 阿里研究院．跨境电商成经贸新引擎[EB/OL]. http://www.aliresearch.com/blog/article/detail/id/20853.html,2016-03-15.

② 中国电子商务研究中心.2015 年跨境电商零售进口额 2480 亿元[EB/OL]. http://www.100ec.cn/detail-6355765.html,2016-09-02.

第六章　网络物流：颠覆传统模式的物流信息化革命

随着互联网的发展，物联网、云计算、大数据、移动互联等先进信息技术在物流领域的广泛应用，一场颠覆传统模式的物流信息化革命正在进行。在这个“体验为王”的时代，物流行业不再是传统的收件和投递那么简单，谁能够为客户提供更好的服务体验，谁才能在竞争中占据更有利的位置。因此，积极适应并应对物流信息化革命，顺势而为，是现代物流业发展的王道所在。

一、网络时代物流业发展的新变化

当前我国物流业进入快速发展阶段，不少专业的物流企业先后涌现，总体发展势头良好。截至2015年年底，我国A级物流企业总数已达3500多家。其中，5A级企业214家，具有标杆作用的领先物流企业群体成长壮大。中国物流与采购联合会发布的“中国物流企业50强”，主营业务收入近8000亿元，第50名入选企业门槛为18.8亿元，比2010年提高3.5亿元。① 物流快递业新军崛起。据国家邮政局统计数据显示，2015年业务量规模继续保持世界第一，全年完成快递业务量达到206.7亿件。我国快递业务量从2012年的56.9亿件到2014年首次突破100亿件，并首超美国，再到2015年突破200亿件大关，实现了跨越式

① 祁娟．2015物流业回顾：转型升级关键期 互联网领衔新变革[J]．运输经济世界，2016(1)：58-61.

递增。[①] 我国成为名副其实的世界第一快递大国。

网络改变了人们的生活，改变着各行各业。随着新兴的物联网、大数据、云计算、移动互联等技术越来越广泛地参与整合物流资源，网络物流应运而生。网络物流的最大特征是线下活动的线上化和数据化，以客户需求为价值导向，追求物流的时效性和客户的高满意度。网络使整个物流业发生很多新的变化，这些新变化体现在物流过程的运输、装卸搬运、流通加工、仓储、配送等各个环节，主要表现为以下几个方面。

（一）物流运输的转型升级

物流是为了满足客户需求而实现的商品从供给方到需求方的有效流动，以及为实现这种有效流动而进行的计划、管理和控制的过程。在这个过程中，运输是最基本、也是必不可少的一个活动，而在我国社会物流成本中，运输费用所占比重也是最高的。

为了适应网络物流的需要，用最高效率、最节省时间的方式进行运输，运输要从两个方面着手转型升级：一方面是运输过程的信息化，实现对运输环节信息的有效整合；另一方面是运输工具的升级换代，以应对网络物流对时效的高要求。

1. 运输过程的信息化

在运输过程中，常常存在货车空载率比较高、企业对货物追踪不力等信息不对称问题。车货匹配效率的高低直接影响运输效率，也制约着运输的运行成本；对货物的跟踪和实时管控更是关系着客户满意度的提高。解决这些问题的途径就是实现运输的信息化。

随着信息技术的进步，各类物流信息平台和移动智能软件终端（APP）成为解决车货匹配问题的重要载体。例如“福佑卡车”，这既是一家网络物流平台，也开发了自己的手机 APP。这个平台包含物流经纪人、货运司机、货主企业或有货运需求的第三方物流公司，三个层面的信息在平台上就价格、车辆等交易问

---

① 国家邮政局. 2015 年度快递市场监管报告[EB/OL]. http://www.spb.gov.cn/xxgg/201606/t20160628_786273.html,2016-06-28.

题进行及时、有效的沟通，打破了信息的不对称。在“福佑卡车”官方网站上有一套专业的询价系统，有装货地址、卸货地址、装货时间、用车类型、货物型号等具体信息，有发货需求的货主企业在平台注册后，即可在线询价，平台会给出经纪人报价列表，不仅可以看到报价金额，还可以看到经纪人的业绩及信誉度；下单后，由经纪人安排司机，并可以查看司机信息和位置信息；最后，还可以给经纪人和司机进行评分和评价。该平台有 Android 和 iOS 两个版本的手机 APP，满足不同手机终端用户的需求。目前，国内有很多类似的物流信息平台，克服了传统运输过程中货运信息匹配效率低和信息不透明等问题，能实现车和货物的快速、高效、安全匹配。

GPS 车辆跟踪系统在运输环节中，可以解决对货物追踪不力的问题，实现对整个运输过程的监控和管理。GPS 定位技术的开发，给汽车、火车、轮船等运输工具的导航和跟踪提供了准确、实时的定位能力。物流公司通过 GPS 定位系统将车辆信息和运作流程传给有货运需求的企业或个人，让客户自己能实时、直观地在网上看到车辆分布和运行情况，找到适合的车辆，尽量避免混乱调车，提高车辆的利用率，减少配送时间和物流的工作量。货物发出后，物流公司可以对车辆运输的路线、里程、停车时间、违章状况、油耗等数据进行实时管控；发货方可随时通过互联网软件或手机 APP 查询车辆物流的运行情况和所在的位置，实时掌握货物在途的信息。接货方根据发货方提供的查询权限，也可以实时查看货物信息，掌握货物在途情况和大概的运输时间，进而可以提前安排货物的接收、停放及销售等环节。

2. 运输工具的升级换代

从客货混载到客货分载，再到出现专门运输货物的货轮、货车、高铁、货机；从普通公路到高速公路，从普通铁路到高速铁路，再到航空货运及无人机，为适应网络物流对时效的高要求，传统物流运输工具不断升级。

（1）物流运输的高铁模式。

高铁运输电商快件可以说是我国独特的物流模式创新。货运的高铁模式具有成本低、速度快、准确率高等优势，且不易受雨雪冰冻等天气因素的影响，大幅提高了货运的运输效率。早在 2014 年，我国铁路首推京沪、京广“电商专列”，列车时速 120km，比普通货运列车高 40～60km，快递班列采用每日双向对开模式，缓解了部分地区时效货物运输难、运输慢等难题。随后，广铁集团推出了9条零担运输直达快线。利用现有快速班列和城际快捷班列线路，每天点对点地开行，有固定的车次和时刻表，实现了主要城市间零担运输的次日达和隔日达，更加贴近市场，满足发货批次多、批量小的中小企业的运输需求，提高了企业的效率。

对于物流快递企业来说，高铁模式具有无可比拟的高容量优势。据了解，电商专列一般设15～19节车厢，每节车厢核定载重23吨左右；而公路运输中的货车一般长9.6米，核定载重量7吨左右；波音737全货机载重量大概是12吨。因此，电商专列满载一次，运输量相当于62辆9.6米长的货车，或者36架波音737全货机的运力。以目前电商快件平均每件2千克来算，每趟电商专列可运载大约22万件快件，平摊下来价格优势非常显著。①

（2）物流运输的航空模式。

我国航空物流正在兴起，国内超过1000千米的省际运输，为了追求时效，可以采用航空运输，其特点是速度快但价格偏高。2015年，我国航空货运量达到629.3万吨，比2014年增长5.9%，正班载运率平均为72.2%，比2014年提高0.3个百分点。② 虽然目前航空货运规模仍然比较小，所占市场份额较低，但具有巨大的发展潜力。

为了提供高效率的物流服务，国内部分物流快递企业抢滩航空运输领域。2015年6月，杭州圆通货运航空有限公司正式获批，这是继顺丰速运、中国邮政之后，我国物流快递业第三家企业拥有的自主航空货运公司，未来物流快递企业组建自己的航空公司或成趋势。同年9月，杭州圆通货运航空有限公司与波音公司正式签订B737－8008BCF（客改货机型）全球启动用户协议。一年后，圆通速递入川布局航空业务，投资30亿元建设圆通速递西南管理局总部基地和圆通航空西南转运中心项目；未来依托这个西南转运中心，可以开通20条左右国际货运航线。截至2015年年底，全国用于快递运输的全货机数量已达到71架。③ 随着“互联网＋”高效物流的到来，全货机的数量还会进一步增加，以提高物流

① 王晓映．电商专列相继开行　铁路快递加入物流竞争[N]．通信信息报，2014－08－07（3）．

② 中国民航航空局．2015年民航行业发展统计公报[EB/OL]．http://www.carnoc.com/,2016－05－30.

③ 国家邮政局．2015年度快递市场监管报告[EB/OL]．http://www.spb.gov.cn/xxgg/201606/t20160628_786273.html,2016－06－28.

的效率。

（二）物流仓储的智能化

仓储是物流过程中的核心环节，商品的收货、入库上架、拣货、补货、包装、出库等一系列工作都在这里完成，仓储环节的效率直接影响物流过程的效率，影响企业的根本利益。面对瞬息万变的客户需求、巨大的订单数量，传统手工仓储无法适应商品的频繁移动，仓储作业的各个环节不但需要耗费大量的劳动力，人力成本高，而且业务难度大、耗时、效率低下。

网络物流时代，对仓储的目标是实现“零库存”。为适应网络物流的需要，仓储的信息化、机械化、自动化、智能化是必经之路，通过对仓储信息的有效管理，提高货物的出库、入库和移库效率。

1. 智能仓储的信息技术基础

以电子交换技术（EDI）、条形码技术（BAR CODE）、无线射频技术（RFID）、卫星跟踪系统（GPS）、系统仿真技术等为代表的新技术，能有效衔接各个作业环节上的信息传播，对仓储货物进行感知、定位、识别、跟踪、监控和管理，最终实现商品入库、验收、分拣、出库等有序进行，提高了效率的同时，大大降低了仓储成本。

智能仓储的技术体系可以分为三层。

一是感知技术体系。在智能仓储中，为了实现对仓储货物的感知、定位和识别等目标，主要采用传感器、RFID、条形码、激光、红外、蓝牙、语音及视频监控等感知技术。我国仓储业中应用最多的是条形码技术和RFID技术。RFID是一种非接触式的自动识别技术，它通过射频信号自动识别目标对象并获取相关信息，可识别高速运动的物体并同时识别多个标签而无须人工干预，且适应各种恶劣的工作环境。基于RFID技术的智能手持拣选终端大大提升了拣选效率和速度。RFID与其他感知技术集成应用能产生更大的效益。激光和红外等技术也广泛用于全自动输送分拣系统，对货物进行感知、定位与计数。

二是通信和网络技术体系。仓储智能化离不开通信和互联网技术的支持。3G、4G移动通信技术的发展，为仓储配送中心搭建无线网络系统创造了条件。目前，无线技术在仓储系统已经得到了较多应用。例如，无线电子标签辅助拣选系统可以省却布线环节，为仓储智能化提供了极大的方便；叉车、拣选车等移动设备、移动终端，采用无线通信技术进行实时通信和移动计算，有利于实现仓储智能化作业；等等。

二是智能技术体系。常见的智能技术有自动控制技术、智能机器人码垛技术、智能信息管理技术、移动计算技术、数据挖掘技术等。借助这些技术，可以实现物品的自动搬运、机器人自动码垛、物品自动识别、智能辅助人工拣选等作业。

2. 智能仓储的典型案例

信息技术的发展促进了仓储的自动化和智能化。随着射频识别技术、条形码技术、扫描技术和数据采集等越来越多地应用于仓库堆垛机、自动导引车和传送带等运输设备上，以及移动式机器人的加入，使得仓储的智能化成为现实。

2015年“双11”前，京东上海“亚洲一号”仓库正式启用，硬件方面，“亚洲一号”拥有自动化立体仓库、自动分拣机等先进设备；软件方面，仓库管理、控制、分拣和配送信息系统均由京东公司开发并拥有自主知识产权，目前90%以上的操作已实现自动化，每小时分拣处理能力达16000件，达到国际一流水平。

类似规模的智能仓库并不只京东一家，苏宁上海奉贤基地、苏宁南京雨花基地、当当网的“银河一号”、天猫超市智能仓库等都能实现类似的功能。

智能化仓储的优点体现在以下几个方面。

一是有效利用仓库的垂直空间，提供空间利用率。在这些高科技的仓库中，最核心的设备是高密度自动化立式仓库（AS/RS），俗称堆垛机。京东上海“亚洲一号”仓库的堆垛机高24米，苏宁南京雨花基地的堆垛机高26米。有统计表明，自动化立体仓库相比传统仓库可以节省20%～30%的占地面积。

二是自动化与智能化工作，提高工作效率。天猫超市智能仓库改变传统仓储人工走动分拣的模式，由“人找货”变成“货找人”。消费者下单后，仓库即时获得订单信息，并形成一个条形码，该条形码被贴在快递箱上，箱子就开始进入自动化轨道，等需要的货物分拣好了，智能系统会根据掌握的实时情况把箱子分配到复核包装台工人面前，复核后完成最后的封装工作。

在这些智能化仓库中，以机器代替人工的趋势非常明显，既降低了操作人员的工作难度和强度，又减少了人工成本。与传统的仓库比较，智能化仓库可以节省 60%～70%的人力资源。

三是运用托盘和货箱存储物资，提高仓储效率，节约成本。托盘货物在智能仓库中，可以实现自动出库、入库，自动存货、取货和补货，拣选货物后自动输送，一方面大大提高了仓储效率，另一方面降低了货物损失率，节约物流成本。

智能仓储管理系统能够准确实现对仓储物资的管理。运用大数据和云计算分析盘点仓储物资，可以减少人为出现的错误，提高准确率，加快盘点过程，并对仓储物资进行合理调度，例如把销量好的商品放在最容易拣货的位置，加快货物周转，防止货物因长期储存而变质，提供了仓储管理水平，节约库存成本。

我国电子商务发展迅猛。随着网购订单的增多，加上网购商品的随机性，为适应网络物流的时效性要求，自动化立体仓库与自动分拣设备也越来越广泛地被应用，目前国内已有千余座自动化立体仓库。

（三）“最后一公里”配送难题的解决

受益于电子商务的高速发展，物流快递业务量持续增长，对市场反应的快慢决定了企业竞争的成败，“最后一公里”配送问题也逐渐凸显。“最后一公里”配送是指将货物从最近的配送中心交付给客户的这段距离，也是物流过程中唯一直接与客户接触的阶段。由于客户高度分散且千差万别，配送工作复杂且烦琐，存在的主要问题有两个方面。

一方面，配送服务质量不高。例如，客户为了等快递不能出门、上班时间没法收取快递、出差在外无人代收快递、没有及时接到快递电话而错过取快递等，导致客户满意度不高，且存在个人信息被泄漏的风险等问题。

另一方面，配送信息的追踪力弱。电商物流在最后的配送阶段一般采用人海战术，信息化程度比较低。例如，包裹只是在各区域分拨中心进行了扫描和登记，快递员一般没有扫描终端，货物何时到达客户和客户是否签收等信息的准确性会受到影响，不利于客户、电商或物流快递公司对包裹进行跟踪。

为响应网络物流对时效、服务质量的高要求，物流企业在“最后一公里”的布局争夺战已然打响。

1. 快递自提点

物流自提点主要是通过集中投递、客户自助提货的形式来完成“最后一公里”配送，目前占据较大的市场份额。

目前快递自提点的功能主要通过两种形式实现。

一是加盟零售商、便民店等，如超市、便利店、药店、校园代理点等都可以作为货物代收点，客户可以利用闲暇时间自取快递。

阿里巴巴旗下的菜鸟网络成立于2013年5月，采用加盟的方式积极布局校园驿站和社区驿站，不管是个人、企业都有机会加入菜鸟驿站，以此打通物流体系的每一根“毛细血管”。目前，菜鸟网络在全国各地拥有4万多个菜鸟驿站，发展势头迅猛。

采用加盟的方式优点是投资成本低，扩散速度快；但缺点也比较明显，一方面加盟商要分去物流公司的部分利润，另一方面由于加盟商都有自己的主营业务，不能保证规范地经营包裹业务，且物流企业对加盟商约束力不强，管控困难。

二是企业自营。为了克服加盟不易管理等问题，一些企业选择自己出资在人流密集的地方附近设立专门的提货点，由工作人员专门进行管理，提高配送效率，有利于提高客户满意度。

目前，自建物流的电商如京东、苏宁易购、国美在线、当当采用的就是这种方式。京东早在2014年年底就完成了1000多个自提点的建设，苏宁易购主要依托线下的实体门店、苏宁易购服务站等；专业的物流企业如顺丰速运推出了顺丰家，圆通快递的妈妈店等，也都是物流企业自建提货点的尝试，丰富末端配送网络。

2. 智能物流自提柜

智能物流自提柜相比较物流自提点，体现更多的是配送的信息化和智能化。

智能快件箱通过互联网、智能识别等技术，可以实现不间断工作。用户凭借接收的短信密码或者二维码进行取件。智能快递柜还能提供寄件功能。智能物流自提柜，为用户免费代收快递，虚拟地址收寄保护客户隐私更安全，对用户来说可以自由安排收发快件时间；对快递员来说可以集中投递，避免了长时间的等待和二次配送，也减少了不必要的沟通成本，有效提升了配送效率。

智能快递柜近两年在国内已经兴起。早在2013年12月，由“三通一达”（圆通、申通、中通、韵达）成立的蜂网投资有限公司，就致力于在社区、校园和公共交通场所推广应用智能快递柜。2014年，三泰控股旗下的“速递易”也致力于为客户提供快递代收货及临时寄存服务。但由于相关物流企业一直处在各自为战的状态，缺乏对资源的有效整合，因此智能快递柜的使用率并不高，推广和发展受到限制。

为了打破这种各自为战的僵局，2015年6月，顺丰、申通、中通、韵达、普洛斯共同投资创建深圳市丰巢科技有限公司，推出了“丰巢”智能快递柜，用互联网的思维整合物流生态圈资源，用开放共享的理念构建最优的物流体验平台，欲打造“最后一公里”的全自助模式。“丰巢”智能快递柜向所有快递送递公司和电商物流开放，快递员只要拿着身份证在“丰巢”智能快递柜上进行注册就可以免费使用，进行包裹投递。包裹放入“丰巢”快递柜后，柜子会自动根据扫描的信息给客户发信息，信息里包含取件的6位取件码和二维码等包裹信息。客户可以随时通过微信、支付宝、APP在智能快递柜上进行自助寄件，选择好快递公司后会有相应的运费报价，用户收到运费付款提醒后进行线上支付，很快就会有快递员过来取件，非常便捷，并且安全有保障，关键操作远程可视、内容存储可以追溯。截至2016年，丰巢已完成70多个城市大约2万网店的布局，合作全国知名物业集团超20个，快递处理量从零到亿，服务了20多万快递业从业人员和超过千万的消费者。

智能快递柜是物流公司为抢占“最后一公里”而进行的社区物流新布局，目前主要通过三种模式与社区物业公司进行合作：一是以物业公司为主导，买断社区的智能快递柜所有权；二是通过利润分成，由物业公司和物流企业合作运营智能快递柜；三是物流企业为主导，支付给物业公司相关管理费用，物业公司不参与具体的运营，只提供场地、水电和网络等方面的支持。

无论是物流自提点还是智能快递柜，都改传统的“等快递”为“取快递”，既降低了物流企业的成本，又保护了客户信息，为客户提供了便利，这是大势所趋。

3. 别出心裁的无人机

偏远地区的包裹投递问题一直是物流企业面临的大难题，一件普通的快递，因为地区偏远，交通不便，加上自然条件恶劣，人员居住密度小等因素，往往需要花数倍甚至数十倍的成本去投递。无人机将能解决这个难题。

无人机快递，也称无人飞行器快递，是指快递公司使用无人飞行器把小型包裹送到客户手中。2013 年，亚马逊、UPS、DHL、谷歌、顺丰速运等企业相继公布了自己的无人机研究计划，这些无人机普遍带有多个螺旋桨，下设托盘载货，内置导航系统，由工作人员事先预设目的地和飞行路线，飞行高度一般为 100 米左右，可以在一定风速下起降，可将误差控制在 2m 左右。

目前，无人机送货尚在实验阶段，各国对无人机的商业应用还没有放开，但未来会逐步放宽管制政策。国内的京东、顺丰速运已经布局无人机送货领域。顺丰曾在在广东东莞松山湖进行无人机试点，无人机仅用于内部点到点运输。未来，无人机进行实地配送有望成为现实，将进一步提升我国物流快递业的整体配送效率。

4. 风生水起的 O2O 众包物流

O2O（Online To Offline）是指将线下的商务机会与互联网结合，让互联网成为线下交易的前台，最常见的如餐饮、水果、生鲜、私厨、超市便利店、花店等的外卖。

与传统电商物流不一样的是，O2O 物流是不确定的、即时的同城配送，订单无法集中配送。如果都靠自营配送，在订单高峰时段再多的运力估计都不够；在高峰过后，订单减少，很多快递员就会没有业务可做，运营成本太高。

众包理念起源于美国，最大的优点是借助企业自身外的力量完成相关工作。众包物流，是在开放式配送理念基础上，将原来由专业物流企业负责的物流末端配送，通过物流信息平台转交给企业之外的民众群体来完成。在平台注册的社会人员可以根据自己的出行计划、所在位置及途经路线等信息进行抢单，完成相应任务后获得合理报酬。

消费者在外卖 O2O 平台下单，有配送需求的商户发单，附近的兼职配送员抢单并快速送达，解决了 O2O“最后一公里”难题。物流众包模式一方面可以让物流快递企业集中精力做强自己的核心竞争力业务；另一方面为公众提供兼职获得收入的机会，合理整合社会闲散资源，也降低了社会物流成本。

达达物流是致力于解决本地商家“最后三公里”配送问题的开放性平台，用移动和众包的方式解决 O2O 痛点。2016 年 4 月，京东宣布将旗下的 O2O 业务京东到家和达达进行合并组建新达达。目前，全国超过 200 万人在达达平台上注册成为达达配送员，业务覆盖北京、上海、广州、深圳等300多个城市。

众包模式因为自由的工作方式和工作时间受到青睐，但这种物流模式也存在诸多问题，比如面临着政策风险。《中华人民共和国邮政法》规定，经营快递业务，应当依照本法规定取得快递业务经营许可；未经许可，任何单位和个人不得经营快递业务。目前物流行业实行许可制，未经许可不得开展相关业务，违反了肯定会受到监管。同样的，由于配送员和平台之间不存在雇佣关系，也面临着服务质量、人员对平台的忠诚度等问题。但不管怎样，O2O作为配送末端的一种物流模式创新，未来应该会有更广阔的市场。

二、网络物流发展的机遇和挑战

2015年，国务院在《关于积极推进“互联网+”行动的指导意见》中提出，“互联网+”高效物流，构建物流信息共享互通体系，建设智能仓储系统，完善智能物流配送调配体系。“互联网+”将进一步推动网络物流的发展，并为我国物流业的创新发展提供新的驱动力量，为网络物流发展带来前所未有的机遇和挑战。

（一）网络物流发展面临的机遇

互联网及移动互联网的出现和发展，为我国物流业发展提供了广阔的发展空间，必将进一步促进物流业的信息化，增强物流企业竞争力，创新物流商业模式，降低社会物流成本。

1. 物流信息化进程将进一步加快

物流系统内各个环节之间有着各式各样的信息。可以说，物流业务流程是都由信息驱动的，信息是现代物流的灵魂，是未来物流核心竞争力的关键要素。就现代物流业的发展而言，做好物流信息化是发展现代物流的重中之重。物流信息化就是对这些不同类别的信息进行收集、传递和加工，实现物流信息的标准化、虚拟化、数字化。网络物流的基础是利用各种信息技术不断提升对物流资源的管控水平，响应互联网时代客户对物流速度更快、投递更准确的要求，这必将加快推进物流业的信息化。

近年来，我国物流信息化建设取得了巨大的进步。据中国物流与采购网发布的《2015物流信息化监测报告》显示，物流企业在信息化上的投资力度加大，2015年大部分企业有信息化方面的投资，其中超过1/3的企业信息化投资率超过10%。[①] 企业进行物流信息化投资的方向，一方面是构建内部信息系统，支撑物流系统高效运转；另一方面是越来越重视物联网、大数据、云计算等新技术作为物流信息化手段的投资。

网络时代，物联网、云计算和大数据分析等技术为物流业的信息化提供了新的技术支撑。通过物流信息网络与实体网络的成功对接，可以实现对商品的接单、运输、仓储、配送等环节进行统一管理，并且可以实现自动化、智能化的运营，充分整合、利用物流过程中产生的信息资源，提高物流的运转速度。例如，车联网技术从传统的车辆定位向车队管理、车辆维修、智能调度等方面延伸。

还要看到，我国物流信息化尚处于起步阶段，物流信息化进程中还存在由于标准不统一、利益不一致而导致的各类物流信息平台的互联互通和共享存在困难，区域物流信息整合利用能力还不强等问题。网络物流的发展将有利于这些问题的解决，进一步推进我国物流业信息化发展。

2. 物流企业商业模式将不断创新

商业模式是企业通过整合物流、信息流、资金流、商流等，借助并利用自身资源，把产品和服务提供给客户并获取效益的盈利模式，价值的创造和实现是商业模式的本质。物流企业商业模式创新其实就是企业原有的商业模式不能有效地为企业创造价值，而要对原有的商业模式进行重新设计，改变发展战略和盈利模式等。

互联网时代，数据和技术可以帮助物流企业更好地了解行业发展动态，帮助物流企业有效整合物流资源，提高物流管理的透明度和服务质量，优化物流企业的盈利方式，增强物流企业竞争力，促进企业商业模式不断创新。

为适应“互联网+”的发展，以网络物流平台模式为代表的新商业模式不断涌现。物流平台是基于网络信息技术而搭建的信息和交易平台，整合分散的物流资源、发挥集约集聚效应。目前，国内各类物流平台风起云涌，以卡行天下为代

① 任芳．互联网+时代的物流信息化发展[J]．物流技术与应用，2016（8）：68-71.

表的专线平台模式；以德邦物流、安能物流为代表的零担物流平台；以传化为代表的公路港平台；以速派德、神盾快运为代表的城市配送快递平台；以社区001、宅米为代表的“最后一公里”平台；以成都市物流公共信息平台为代表的区域物流平台等模式发展势头迅猛。

随着移动互联网及智能终端的发展，大量的客户及受众逐渐向移动终端转移是不争的事实。随着各种技术的日趋成熟，运用互联网思维、主营车货匹配和信息服务的APP平台近年来已有千余个，未来各类物流APP发展前景广阔。各个物流企业的APP平台，可以实现在线下单、快件查询、运费查询、在线支付等功能，一方面消费者可以方便、及时地了解投递物品的信息，用最快捷的方式得到自己想要的物流服务和信息，另一方面物流企业可以通过APP向客户推送最新的业内信息，并能及时得到客户对企业反馈的各种信息，把握客户的各种潜在需求，提高物流服务。

物流平台提供的信息基本是免费的，在吸聚大量客户后再通过其他的服务产品收费来获取利润，这也是新兴商业模式的特点。除了免费，物流平台还显现出三大特点，即去中间化、去中心化、去边界化。物流信息的平台化发展方式体现了各自的价值，创新了物流商业模式。

3. 社会物流成本将进一步下降

我国是名副其实的物流大国，距离物流强国还有一段距离。长期以来，我国物流社会总成本高的问题一直广受关注。2015年，我国社会物流总费用为10.8万亿元，占GDP比重为16%，[①] 尽管这一数据仍高于美国、日本等发达国家，但相对于2014年18%的比重，已经下降了2个百分点，总体呈下降趋势。

目前，国内物流市场仍存在规模小、分布散、秩序乱等问题。我国虽然有“三通一达”（圆通、中通、申通、韵达）、顺丰等知名快递公司，但更多的是规模小的物流公司，分布零散且通常各自为战，难以形成有效的合力。想要运输货物的货车司机找不到货物运送，而有货物想要运输的企业找不到货车司机。互联网车队的出现有效解决了这样的问题。通过把货车司机和有货运需求的企业连接

---

① 中国物流与采购联合会．2015年物流运行情况分析与2016年展望[EB/OL]. http://www.chinawuliu.com.cn/lhhkx/201605/31/312536.shtml,2016-05-31.

起来，解决了物流业供需两端信息不对称的问题，降低了货车空载率，提高了物流效率。网络物流就是这样通过先进的互联网技术整合物流信息，把社会上分散的物流力量集聚起来，发挥“1+1>2”的作用，有效降低社会物流成本。

网络物流可以改变物流企业粗放的经营模式，降低物流企业运营成本。在物流企业内部，网络物流可以利用计算机的强大功能分析物流数据，可以使管理人员统筹安排运输车辆、运输路线、库存数量、配送路线等，降低物流管理费用，提高物流服务能力。2015 年，社会物流总费用中管理费用增速比上年回落近 3 个百分点。未来，有物流专家预测，当物流业网络布局与整合完成时，我国数千万家的企业物流成本将平均被降低 20%以上。[①] 当更多的物流企业通过网络物流降低了成本，整个社会的物流成本也会随之下降。

（二）网络物流发展面临的挑战

我国物流业工业化进程滞后于信息化进程，整体上现代化程度不高，网络物流的发展面临诸多挑战。

1. 竞争激烈，行业利润空间压缩

随着“互联网+”时代的到来，物流行业市场竞争进一步加剧。从当前发展势头最快的快递行业看，快递行业的市场集中度呈下降趋势，收入排名前八的快递品牌占全国的比重（CR8）从 2010 年的 81.5%下降为 77.3%，收入排名前四的快递品牌占全国的比重（CR4）从 2010 年的 68.5%下降为 50.4%。行业集中度的下降说明我国快递市场竞争程度不断加剧，特别是各品牌之间竞争加剧。竞争的加剧势必打破垄断利润，整个行业空间的利润下降。

中国物流业景气指数中的物流服务价格指数显示，2015 年物流企业主营业务利润指数比上年回落 1.9 个百分点，为 48.8%，年内各月均位于 50%以下。另据重点调查物流企业数据显示，2015 年 1—11 月，重点物流企业的主营业务收入同比下降 24.4%，物流业务利润同比下降 21%。[②]

从表 6-1 所示的快递平均单价近几年的统计数据可以看出，物流价格趋于

---

① 郭宇靖．“互联网+”开启物流新变革[J]．金融世界，2015（5）：96-97.

② 中国物流与采购联合会．2015 年物流运行情况分析与 2016 年展望[EB/OL]. http://www.chinawuliu.com.cn/lhhkx/201605/31/312536.shtml,2016-05-31.

公开化、透明化，且呈现逐年下降的趋势，随着竞争的加剧，行业利润空间进一步压缩。

表 6-1　物流快递平均单价变动情况

年份	2010	2011	2012	2013	2014	2015
快递平均单价/元	24.6	20.6	18.6	15.7	14.7	13.4

（数据来源：国家邮政总局《2015 年快递市场监管报告》）

2. 基础配套设施亟待完善

近年来，我国物流基础设施建设取得很大的进展。截至 2015 年年底，我国高速公路和高速铁路分别突破 12 万千米和 1.9 万千米，比 2010 年分别增长 62%和 127%，[①] 均居世界第一。全国高速公路 ETC 联网，使统一收费成为现实。水路、航空等运输服务能力稳步提升，高效、便捷、综合的运输体系初步建成。各种物流园区投入运营的比例大幅上升，多式联运也受到更多的重视。但与发达国家相比，我国物流业发展水平总体还不高，发展方式仍显粗放，特别是物流基础设施建设比较滞后。网络物流的发展需要配套的基础设施支撑，对现代化的仓储、多式联运转运、城乡配送等设施不但要求数量上有保障，更要求布局合理、衔接配套。例如，要加强多式联运转运设施的建设，在重要节点规划布局和建设一批具有多式联运服务功能的物流枢纽，使不同的运输方式之间能实现无缝衔接，提高货物中转的效率。

网络物流涉及物联网、大数据、云计算等诸多新技术，传统的硬件设施和软件算法已经无法支持海量的数据运算，因此网络物流的发展还需要有新的基础设施来支撑。除了支撑这些新技术应用的物流设备外，还要加强物流标准的衔接和修订工作，实现运输工具、物流设备和信息平台之间的互联互通，打破“信息孤岛”的存在。

3. 网络物流服务体系需要进一步完善

随着经济社会的发展，跨境贸易和农产品电子商务发展势头大好，但相应的跨境物流和农村物流发展却跟不上发展的脚步。网络物流对速度要求更快、对投

① 祁娟．2015 物流业回顾：转型升级关键期 互联网领衔新变革[J]．运输经理世界，2016（1）：58-61.

递要求更准确，使得跨境物流和农村物流需要进一步的大发展。

跨境物流远远跟不上跨境贸易的发展节奏。由于跨境物流比较复杂，涉及通关、检验检疫、国际运输等多个环节，目前的实现模式主要是邮政包裹模式。得益于万国邮政联盟和卡哈拉邮政组织，邮政网络比其他物流渠道要广，虽然可以到达世界上大部分国家，但存在周期长的问题。例如，从中国通过E邮包发往美国的包裹，一般需要15天左右才能到达。跨境物流更多的是依赖国外的物流企业，如四个国际快递巨头DHL、TNT、UPS和联邦快递，寄到美国的包裹最快可以48小时内到达，但费用昂贵的问题也非常明显。当前与我国有进出口贸易的国家有200多个，随着“一带一路”倡议的实施，我国跨境贸易必将掀起新一轮发展高潮，对我国跨境物流的服务效率也提出了更高的要求。

农村物流需要突破。随着农业电商平台的建设和发展日趋提速，农业网站数量激增，农业企业意识到互联网经济的重要性，纷纷入驻各大电商平台或自建电商（如淘宝、京东等）。虽然农业电商发展还处于摸索起步阶段，但市场广阔，发展前景好。当前农村物流配送网络不完善，制约着农村电商的进一步发展。农村地区的特点是人口居住范围广、多处于山地，交通不发达，这些不利现实成了农村电商的物流配送的障碍。目前，多数第三方物流公司的物流配送网络只能覆盖到县镇一级，路途偏远的乡村无法送达，而这些偏僻的农村对现代化物流的渴望度也最高。为了使农民把生产出的相关农产品，快捷地送达市场销售，使农民利益最大化，发展农村及偏远地区“最后一公里”的物流配送势在必行，农村物流网络需要进一步建立和完善。

4. 物流专业人才急需培养

作为服务业的重要组成部分，要跟上网络物流的节奏，物流业需要提供更加优质的服务，而优质服务的提供离不开物流专业人才的培养。

当前我国物流从业人员规模庞大，但是从业人员素质普遍较低。以上海和北京为例，作为我国物流行业发展较快并且相对领先的两个大城市，大专以上学历的物流从业人员占第三方物流企业从业人员的比例分别是21%和19%，其中具有物流专业教育背景的从业人员更是微乎其微。网络物流时代需要的不再是专业技能差的“临时工”，而是需要懂“商品质量”“仓储环境”“运输环境”“信息技术”等专业知识的综合型、技能型人才。互联网时代的物流人才不仅需要相应的知识，更需要相关的技能；不仅需要扎实的理论基础，更需要丰富的实战经验。“互联网+”对物流人才培养提出了更高的要求。

当前物流专业人才的培养未受到足够重视，一方面，虽然高校有物流管理、供应链管理等专业，但很多学生在专业选择上由于缺乏认识，片面认为物流就是快递，很少选择物流管理等专业；另一方面，即使选择了物流管理等专业的高校学生，在毕业时由于缺乏从业经验，物流企业不会让刚毕业的学生进入管理岗位，大部分都要从最艰苦的底层干起，这使得很多物流专业的学生看不到希望，并没有进入物流行业工作，导致物流行业中缺乏具备高素质、专业技能强且对物流行业发展认同的高层次人才。

目前，为应对物流人才的稀缺，部分快递企业采取与院校合作的人才培养模式，例如，2015年申通快递分别在成都市技师学院及成都工业职业技术学院成立“申通班”，实现人才的订单培养。

三、网络物流的未来发展趋势

网络物流，将在物流领域掀起一场颠覆传统模式的物流信息化革命。这不是简单的物流信息化升级，而是用互联网思维对现有物流运行方式和物流理念的全面“革命”。总体上看，智慧物流将是网络物流业未来发展的大趋势。

（一）智慧物流的内涵及特点

“智慧物流”概念是中国物流技术协会信息中心、华夏物联网、《物流技术与应用》编辑部于2009年率先在行业提出的。

智慧物流是利用集成化、智能化、移动化技术，使物流系统具有思维、感知、学习、推理判断和自行解决物流中的某些问题的能力，它包含智能运输、自动仓储、动态配送及智能信息的获取、加工和处理等多项基本活动，[①] 为物流企业提供最大化的利润，为客户提供最佳的服务，同时也实现消耗最少的自然资源和社会资源，从而形成完备的智慧物流综合管控体系。大数据和各种算法是实现智慧物流的基础。

---

① 张国伍．大数据与智慧物流[J]．交通运输系统工程与信息，2015（2）：2－10.

1. 智慧物流的基本功能

一是智慧物流的感知功能。通过先进的信息捕捉技术获取运输、仓储、配送等物流过程中的大量信息，实现数据的实时收集，使各方能准确掌握货物、车辆、仓库和配送人员等方面的动态信息，初步实现感知智慧。互联网时代，任何一个网络用户或者消费者在网上做了什么事情，或者说了什么，都会被严格记录下来，每天统计，这是数据的可收集性，也是整个智慧物流的起点。

二是智慧物流的规整功能。在实现感知功能后，采集的信息通过网络传输到数据中心，对海量的数据进行归档，建立起强大的数据库。分门别类后加入新数据，使各类数据按照要求规整，实现数据的关联性，开放性及动态性。并通过对数据和流程的标准化，推进跨网络的系统整合，实现规整智慧。

三是智慧物流的智能分析功能。运用智能的模拟器模型等手段分析物流问题，根据问题提出假设，并在实践过程中不断验证问题，发现新问题，做到理论与实践相结合。智慧物流分析技术还可以实现在运行中自行调用原有经验数据，随时发现物流作业活动中的漏洞或者薄弱环节，从而实现发现智慧。事实上，不管是每一个包裹还是每一辆车，每一段时间的动态信息都会与物流成本和时效相关，可以挖掘出很多规律性、有价值的信息。在物流网点通过数据的监测，如果发现某一地方签收压力过大，就可以进行相应资源方面的倾斜。

四是智慧物流的优化决策功能。结合特定需要，根据不同的情况评估成本、时间、质量、服务等，评估基于概率的风险，进行预测分析，协同制定决策，提出最合理、有效的解决方案，使决策更加准确、科学，从而实现创新智慧。

此外，智慧物流还具有系统支持功能、自动修正功能、即时反馈功能等。

2. 智慧物流的体系结构

按照服务对象和服务范围的不同，智慧物流体系可以分为企业智慧物流、行业智慧物流、区域或国家的智慧物流。

企业智慧物流表现为物流的仓储、运输、装卸搬运、流通加工、配送等环节的智慧化；行业智慧物流主要包括智慧区域物流中心、区域智慧物流行业及预警机制等；国家智慧物流层面，旨在打造一体化的交通同制、规划同网、铁路同轨、乘车同卡的现代物流支持平台，以制度协调、资源互补和需求放大效应为目标，以物流一体化推动整个经济的快速增长。

对物流企业来说，在智慧物流模式下，客户在网上直接下单后，智慧系统对订单进行标准化处理，并通过 EDI 传给物流企业，企业利用传感器、RFID 及各种智能设备来自动处理货物信息，使企业准确掌握货物、天气、车辆和仓库等信息的变化；同时利用智能的模拟器模型等手段，评估成本、时间、碳排放和其他信息，最终将商品安全、及时、准确无误地送达客户。智慧物流可以增加企业利润源，帮助企业提高对风险的预测能力及掌控能力，降低各环节的不必要成本，还可以帮助企业提高客户服务能力。

对整个行业和国家来说，智慧物流可以降低物流社会成本在 GDP 中的比重，提高国民经济的运行效率，符合科学发展观与可持续发展战略。

（二）智慧物流的雏形——以菜鸟网络为例

2013 年 5 月，阿里巴巴牵手银泰、富春、顺丰、“三通一达”等国内知名企业及相关金融机构，共同组建菜鸟网络科技有限公司，致力于打造“中国智能物流骨干网”。所谓智能骨干网，就是以大数据和算法为核心，高效率协同的智慧物流网络。菜鸟网络并不是物流公司，而是一个定位于社会化物流协同、以数据为驱动的信息平台，未来目标是打造一个全国性的、健全的物流体系。

菜鸟网络由三部分组成：天网、地网和人网。

天网就是线上数据平台，通过数据对接商家、物流企业、消费者等相关利益方，把数据全部进行整合，可以对物流资源进行预测协调，以实现物流供应链的优化。天网可以实现订单预测和物流路径优化。

在电商销售旺季，菜鸟可以通过历史销售数据预测订单产生的地点、规模，甚至预测到是什么商品，指导物流企业提前进行资源的配置和整合，缓解物流压力。菜鸟天网雷达预警的准确率在 95%以上。

地网就是线下承载实体，即仓储和物流园。选择十几个城市作为物流结点，在结点上建立仓储，仓储是开放的，不属于阿里，商家和快递公司都可以把货物放在这里。

在传统信息不通畅的情况下，往往存在着过度运输。例如，商家在义乌，消费者在东北，工厂在河南，消费者下单后，商品会从河南运到义乌再到东北，这里存在过度运输。菜鸟平台把信息链打通后，商品可以从河南直接运送到商家在东北的菜鸟仓储中，东北仓储再配送到消费者手中，避免物流资源的浪费。

人网就是神经末端，指的是菜鸟驿站，解决“最后一公里”配送压力的问题。通过全国4万多个大大小小的菜鸟驿站，可以提高消费者网购及对物流快递服务的体验满意度。

作为智慧物流的一个典型代表，菜鸟网络还在进一步打造中。毋庸置疑，智慧物流体现了物流资源的融合、共享与协同，是未来物流业发展的大趋势。

（三）应对智慧物流的对策和建议

现代物流向智慧物流的转型升级是一个多环节的系统性工程，从观念转变到资金和人力投入都需要一个长期的、循序渐进的过程。

1. 微观上，物流企业实现智慧物流需要良好的物流运作和管理水平

物流企业业务的全面信息化是智慧物流的起点。网络物流时代，客户越来越习惯于通过网络寻找物流信息，因此，一方面，物流企业要做的是把网点和线路搬上互联网，既为客户提供方便，也为自身拓宽业务渠道。另一方面，物流企业要通过网络实现对各地网店的自动化管控，优化管理流程，提高管理水平。例如，有的物流企业业务点多面广，管理难度大，造成内部沟通不及时，服务标准不统一，数据不能共享，无法做到同步协调。这就需要提高物流管理水平，通过智慧管理系统把物流企业的各项业务及工作环节纳入一个统一的系统中，进而实现对企业的网点、订单、运输、仓库和配送等的智慧化管理。通过实现良好的物流运作和管理水平，为企业进一步实现智慧物流打下良好的基础。

此外，物流企业在向智慧物流转型升级的过程中，要结合自身实际，有的放矢，抓住重点环节，同时也要大胆、灵活地借助外部资源，探索和其他物流企业的合作共赢方案，进而达到事半功倍的效果。

技术装备条件明显改善。信息技术广泛应用，大多数物流企业建立了管理信息系统，物流信息平台建设快速推进。物联网、云计算等现代信息技术开始应用，装卸搬运、分拣包装、加工配送等专用物流装备和智能标签、跟踪追溯、路径优化等技术迅速推广。

2. 宏观上，国家实现智慧物流需要科学规划和政策支持

在宏观上，国家要发展智慧物流，首先，要加强智慧物流基础设施建设。科

学规划和布局物流基地、分拨中心、公共配送中心、末端配送网点，加大流通基础设施投入和流通基础设施信息化改造力度，充分利用物联网等新技术，推动智慧物流配送体系建设。科学发展多层次物流公共信息服务平台，整合各类物流资源，提高物流效率，降低物流成本。其次，在政策上支持物流核心技术和装备的研发工作，推动关键技术装备产业化，鼓励物流企业采用先进适用技术和装备。此外，还要加强物流标准化建设，没有统一的物流标准，国家智慧物流将无从谈起。要建设完善的国家物流标准体系，重点是制定通用基础类、公共类、服务类及专业类物流标准，在完成国内标准统一的同时，注重物流标准与其他产业标准及国际物流标准的衔接，加大物流标准的实施力度，努力提升物流服务、物流枢纽、物流设施设备的标准化运作水平。

网络物流改变着传统物流，使传统物流的面貌焕然一新，也给传统物流的发展带来了新的机遇和挑战。前途是光明的，智慧物流已经在向我们招手，但脚下的路还需要一步步脚踏实地地走出来。对于每一个物流企业来说，顺应时代的变革，建设一个个智能物流系统就是在为国家智慧物流体系添砖加瓦，也是提升企业竞争力，赢得客户的王者之道。

第七章　网络文创：网络时代精神文化新天地

文化创意产业是21世纪新兴的朝阳产业。文化创意产业具有高知识性、高增值性和低能耗、低污染等特征[①]。推进文化创意产业的发展，促进与实体经济深度整合，是培育国民经济新的增长点、提升国家文化软实力和产业竞争力的重大举措，可以催生新业态、带动社会就业、推动产业转型升级。互联网是人类最伟大的基础性科技发明之一。文化创意产业遇到互联网，所产生的激烈碰撞、对接、融合和发展，成为文化创意产业实现跨越式发展的千载良机。网络文创是网络文化创意产业的简称，在国家推进实施“互联网+”战略的大背景下，网络文创必将成为网络时代人民群众享受精神文化生活的新天地。

一、网络文化创意产业概述

文化产业的出现，即文化的产业化，是人类社会经历第三次工业革命进入信息化时代之后才出现的产物。在我国，文化产业从无到有，到发展为国民经济支柱性产业，再从文化产业到文化创意产业，进而走进互联网时代出现网络创意文化产业，所经历的历史还不足20年。

（一）文化产业成为国民经济的支柱产业

文化与产业一词连用，是与现代社会大众文化的流行密切相关的。20世纪

① 董天美．“互联网+文化”将成“十三五”新的经济增长点[EB/OL]．http：//www．scio.gov.cn/ztk/dtzt/2015/33681/33686/33693/Document/1455035/1455035．htm，2015-11-12.

中叶，报纸、广播、电视、电影等大众媒体成为人们日常生活中不可或缺的组成部分，成为社会大众文化的制造者和引领者，改变了精英文化主导的社会面貌。报业巨头、广播影视公司把原本作为贵族休闲产品的文化艺术改造成大众消费、大众欣赏的文化产品，创造出一个非常重要的产业领域——文化产业。

20世纪40年代，法兰克福学派的阿多诺和霍克海姆最早在《启蒙的辩证法》一书提出"文化产业"（Culture Industry）的概念时，他们是在批判的意义上加以使用的，认为文化产品在工厂中凭借现代科学技术手段，以标准化、规格化的方式被大量生产出来，并通过电影、电视、广播、报纸、杂志等大众传播媒介传递给消费者，最终使文化不再扮演激发批判、否定的角色，反而成为统治者营造满足现状的社会的控制工具。[①] 但是，随着经济学领域对"文化产业"概念使用的日渐频繁，这种批评的意思反倒早已被人们所忘却。

不同的国家和学者对于文化产业的界定有所不同。20世纪80年代，日本学者日下公人从经济学理论出发，提出"文化产业的目的就是创造一种文化符号，然后销售这种文化和文化符号"[②]。1997年，芬兰在《文化产业最终报告》中将文化产业定义为"基于意义内容的生产活动"[③]，包括建筑、艺术、图书、报纸、期刊、广播、电视、摄影、音像制作分销、游戏及康乐服务等。联合国教科文组织则将其定义为："按照工业标准生产、再生产、存储以及分配文化产品和服务的一系列文化活动。"[④]

我国于1998年在文化部设立了文化产业司。2000年10月，在党的十五届五中全会通过的第十个五年规划中，首次出现"文化产业"概念。党的十六大报告明确强调："发展文化产业是市场经济条件下繁荣社会主义文化、满足人民群众精神文化需求的重要途径。"党的十七届六中全会和十八大将文化产业的发展提升到前所未有的高度，推动文化产业建设成为国民经济的支柱型产业。

2004年3月，国家统计局在与有关部门共同研究后，制定了《文化及相关产业分类》。这一标准在2012年进行了调整和修改，规定文化及相关产业的定义是："文化及相关产业是指为社会公众提供文化产品和文化相关产品的生产活动

① ［德］霍克海姆，阿多诺．启蒙的辩证法[M]．洪佩郁，译．重庆：重庆大学出版社，1990．
②③④ 常凌翀．文化产业的概念与分类[J]．新闻爱好者，2013（12）：30-34．

的集合。”①

文件中将文化产业分为10个大类、50个中类、120个小类，主要包括：①以文化为核心内容，为直接满足人们的精神需要而进行的创作、制造、传播、展示等文化产品（包括货物和服务）的生产活动；②为实现文化产品生产所必需的辅助生产活动；③作为文化产品实物载体或制作（使用、传播、展示）工具的文化用品的生产活动（包括制造和销售）；④为实现文化产品生产所需专用设备的生产活动（包括制造和销售）。②

从1998年到现在，我国的文化产业从无到有，成为国民经济行业中飞速发展、非常抢眼的一个领域。近年来，文化产业增加值高速增长，并且高于同期名义GDP的增长速度。2009年，文化产业增加值达8400亿元，快于同期GDP现价增长速度3.2个百分点。2011年，我国文化产业增加值更是达到11600亿元，文化产业增加值占GDP的比重约为2.75%。2014年，中国文化产业增加值比2013年增长12.13%，比同期名义GDP的增速高出4.73%。③

在政府的政策支持和金融危机背景下，近年来我国的文化产业呈现出全面爆发的态势，这种态势主要体现在文化产业在国内各大城市的GDP中所占的比例和绝对利润值快速增长。2014年，北京文化产业实现增加值2794.30亿元，占全市GDP的比重提高到13.1%，已成为北京市的支柱性产业之一。2014年，上海市文化产业继续保持快速健康发展，实现增加值2820亿元，同比增长8%，占上海市GDP的比重为12%左右。在独特的“文化+科技”“文化+旅游”“文化+金融”模式下，2013年深圳市文化产业升级态势明显，文化产业增加值达1357亿元，增长18%，占全市GDP比重超过9%。2014年，深圳市全市文化产业增加值实现1560亿元，增长15%，占全市GDP比重9.8%，成为经济发展新常态的重要引擎和助推器。④

（二）从文化产业到文化创意产业

20世纪90年代，在美国前总统克林顿提出文化产业（Culture Industry）的

①② 国家统计局设管司．文化及相关产业分类（2012）[EB/OL]. http://www.stats.gov.cn/tjsj/tjbz/201207/t20120731_8672.html,2012-07-31.

③④ 中国产业调研网．2016年中国文化创意行业研究分析及市场前景预测报告[EB/OL]. http://www.cir.cn/R_QiTaHangYe/02/WenHuaChuangYiFaZhanXianZhuangFen XiQianJingYuCe.html，2016-07-20.

概念后不久，英国前首相布莱尔又提出创意产业（Creative Industry）的新概念，创意指富有创造性的想法、构思、意念、主意。由于布莱尔的创意产业概念，并不涵盖科学技术上的创造发明，而专指文化领域中的创新，因此，更明确地称为文化创意产业（Culture Creative Industry）。约翰·霍金斯在《创意经济》一书中明确指出，全世界创意经济每天创造220亿美元，并以5%的速度递增。在一些国家，增长的速度更快，美国达14%，英国为12%，超过总体经济增长速度的3～5倍。按此计算到2020年，全球创意经济将高达610亿美元。①

从这一概念的来源，我们不难看出文化创意产业与文化产业的概念几乎诞生于同一历史阶段，但对信息革命以来所产生的经济形态进行了不同的描述和概括。有不少论文、研究报告和新闻报道通常是不加区分地交替使用这两个概念，也有学者从不同的角度强调区分两者的差别。

有不少人认为，文化创意产业是文化产业分类中的一个下属门类，“文化创意产业是文化产业的核心竞争力”②。这种观点在国家统计局的分类标准中可以找到依据。在国家统计局公布的《文化及相关产业分类（2012）》中，“文化创意和设计服务”作为一个新的分类出现，具体包括：①广告服务中的广告业；②文化软件服务中的软件开发（多媒体、动漫游戏软件开发）、数字内容服务（数字动漫、游戏设计制作）；③建筑设计服务中的工程勘察设计（房屋建筑工程设计服务、室内装饰设计服务、风景园林工程专项设计服务）；④专业设计服务中的专业化设计服务。③

不过，在更多的情况下，人们所使用的文化创意产业概念要远远超过上述四类。有研究指出，将文化产业和文化创意产业进行联系与比较，两者既有共同点，皆为文化领域中创造财富的产业；又有不同点，文化产业更为广泛，文化创意产业则专指通过知识产权开发和运用的那部分。如果文化产业是块奶油蛋糕，那么文化创意产业就是蛋糕顶端的那块奶油。电影院、书店、画店、印刷厂、大剧院、电视台、互联网等都属于文化产业，他们经营文化产品，提供文化服务，但不能算文化创意产业；唯有构成知识产权的，如电影制片、出版、文化演出、

① ［英］约翰·霍金斯. 创意经济：如何点石成金[M]. 洪庆福，等译. 上海：上海三联书店，2006.

② 王瑜．互联网＋文化创意产业的融合之困［EB/OL］. http://news.163.com/15/1116/05/B8H6OV5400014AEE.html,2015-11-16.

③ 国家统计局设管司．文化及相关产业分类（2012）［EB/OL］http://www.stats.gov.cn/tjsj/tjbz/201207/t20120731_8672.html,2012-07-31.

电视节目制作、动漫制作、互动游戏软件制作等，能形成知识产权的那部分，才能称为文化创意产业。

文化创意是指在文化这个领域里创出新意，或指文化创新的成果。所以，与其说文化创意产业是文化产业的一个下属门类，不如说是对文化产业中知识产权开发和运用部分的专门指称，而并不是一个统计学意义上的类别划分。文化创意产业定义也与文化产业有所不同，它是指为依靠团体或个人的创造力、技巧及天赋，通过知识产权的开发和运用，能创造财富与增加就业的产业。

文化创意产业概念的提出和使用，指出了文化产业发展的源头和动力。全世界有数不清的电影院，每年票房近千亿美元，都属于文化产业的收入；但全球85％的片源来自美国好莱坞，他们才算是文化创意产业，是他们制作各种影片，并拥有版权。所以我国电影院放映这些美国大片，虽可创票房收入但大部分收入，皆被拥有知识产权的美国制片商等拿走了。美国人通过版权，不仅获得了大部分利润，还通过这些影片宣传美国的价值观念和生活方式，动摇别国的传统文化与国家的文化主权。因此，发展文化创意产业，不仅是为了本国的文化产业拥有自主知识产权，也同样是为了弘扬民族传统文化，为了捍卫自己的文化主权。

文化创意产业概念的提出和使用，强调了对文化产业中创造性内容生产的高度重视。创意产业的核心是原创力。创新、设计、创意研发是整个创意产业赖以安身立命的灵魂。在一些传统的行业或领域，创造性只是一种附属品而不具有产品的核心地位，这种创造性还是指相当普泛化的一般概念，如过去我们熟悉的特指艺术创作中的艺术家的独创性。而按照后标准化时代的创意理念，创意成了特指的市场趋向的产业方式的核心。创造性成为创意产业的生命线。

有学者指出，从理论形态上看，文化产业升级为创意产业有其逻辑的必然性。澳大利亚学者斯图亚特·坎宁安在《从文化产业到创意产业：理论、产业和政策的含义》一文中提出，区分文化产业和创意产业具有理论意义。因为这种区分有助于进一步充实有关知识经济及其与文化和创造力的关系本质问题的基本框架。同时，也必须有效地捕捉通常由这两个概念所描述的产业性质的变化，因为不同的政策体系是作为文化产业和创意产业的不同规则而发挥作用并支持文化产业和创意产业的。创意产业是一个相当新的学术、政策和产业范畴。它可以捕捉到大量新经济企业的动态，这是诸如“艺术”“媒体”和“文化产业”等概念所无法做到的。就像英国、新加坡和马来西亚等国家政府资助信息技术创意所证明的那样，促进以知识为基础的文化产业与经济发展之间有许多交叉点。①

实践中，有些地方统计标准早已将文化产业升级替换为文化创意产业。例如，2006年，北京市发布了《文化创意及相关产业分类》地方标准，是继我国香港特别行政区政府和台湾地区有关部门发布文化创意产业分类标准后，第三个发布文化创意产业分类标准的城市。②

文化创意产业的历史性出场，既源于知识经济时代人们对于文化产业本质认识的进一步深入，也源于信息技术在文化产业发展进程中的深度改造。根据统计资料预测，到2016年年底互联网文化产业占比将达到70%。中国的文化产业结构正发生巨大变化，传统文化产业的转型升级已迫在眉睫，互联网企业正在主导文化产业并购和资源整合。③

（三）互联网对文化创意产业的升级改造——以电影业为例

电影行业抓住了机遇，在与互联网产业融合发展上取得了长足的发展。“互联网+”电影成为文化创意产业在互联网时代影响最深刻、改变最大的一个行业。中国电影业趁着互联网的东风引爆了国内的文化消费市场，影视的制作过程、传播方式乃至整个产业形态，都在互联网的推动下得到升级改造。

一是内容方面。传统电影的制作过程主要包括电影的制作、发行、营销和放映。其中，剧本的获取是电影制作阶段的重要任务之一。传统电影的剧本来源较为单一，优质剧本供不应求的现象一直存在，而互联网文学则为电影制作提供了许多优质的剧本来源，由此也催生了IP为王的热潮，很多网络文学或网络游戏被改编成网络剧，也有把网络剧改成网络游戏的情况。电影制作企业也纷纷与百度、腾讯、阿里巴巴等互联网巨头合作，意在通过互联网企业的平台抢占优质的IP资源，获取最大收益，腾讯文学、百度文学、阿里文学等的成立都是为了抢占优质的IP资源。除此之外，互联网的大数据也能够助力电影作品以消费者为导向进行创作。互联网大数据能够通过分析消费者的观影行为和偏好，有针对性

① ［奥］斯图亚特·坎宁安．从文化产业到创意产业：理论、产业和政策的含义[C]//澳大利亚昆士兰科技大学、中国人民大学、中国社会科学院．首届创意产业国际论坛会议论文集，2005.

② 网易新闻．国家文化产业分类新增“文创”[EB/OL]. http://money.163.com/12/0801/01/87PMMSD800253B0H.html,2012-08-01.

③ 董天美．“互联网+文化”将成“十三五”新的经济增长点[EB/OL]. http://www.scio.gov.cn/ztk/dtzt/2015/33681/33686/33693/Document/1455035/1455035.htm,2015-11-12.

地进行剧本题材的开发与创作、主创以及演员团队的选择、受众规模的预估等，从而锁定目标客户，开发符合市场需求的优质产品。《小时代》《后会无期》《分手大师》《老男孩之猛龙过江》《心花路放》等作品，都是利用了互联网大数据开发出来的符合受众需求的电影作品。

二是发行方面。传统电影的发行模式主要以线下售票为主，而互联网的发展使得在线票务成为当今电影发行的主要方式。随着“80后”“90后”消费群体的崛起，互联网，特别是移动互联网成为消费者最崇尚的购物消费模式，他们习惯于利用互联网进行电影票的购买。为此，互联网企业纷纷与线上票务网站合作，阿里巴巴入股的猫眼电影、百度影业的成立、格瓦拉电影、腾讯的微信电影票、QQ电影票及APP微票儿等，无不预示着电影的发行已经极度依赖线上票务平台。在线电影票务网站绕过院线和影院，直接连接观众和座位，并且依靠观众向片方索要营销费用，向院线争取排片，改变了传统的发行、放映体系。根据易观智库数据显示，在线票务的市场份额远远超过线下票务，线上票务已成为电影发行的主要方式。①

三是营销方面。电影的营销贯穿了电影项目的全过程，“行销大于制作”的理念越发流行，除了传统的营销媒体，新兴的互联网媒体亦成为电影产业营销的重要战场。调查显示，九成以上的观众是从互联网上获得影片的信息，其中从微博、微信、QQ等社交网站获得电影上映信息的人群占据43.8%，从视频网站贴片广告、预告片获得信息的人群占据13.4%②。微博重传播、视频网站重内容，两者结合成为电影片方进行营销宣传的主要平台。不同于传统营销媒体，互联网新媒体、特别是社交媒体具有反馈机制，是一种互动形态，这可以使影片发行商在互动的过程中不断地修正制作内容和营销策略，从而提高影片营销效率。

四是放映方面。互联网在电影产业放映中的作用主要体现在视频网站等播放渠道上。在线观看视频，特别是用移动设备观看视频已成为当今最普遍的观影方式。对于新电影，在视频网站进行付费播放可以加快回收电影投资。在爱奇艺、优酷土豆、搜狐视频、腾讯视频等平台都可以通过付费方式观看最新的电影等影视节目。

---

① 何丽花，吴祝红．“互联网+”与文化创意产业融合发展模式研究[J]．市场经济与价格，2016（7）：4-7.

② 陈少峰．“互联网+文化产业”的价值链思考[J]．北京联合大学学报（人文社会科学版），2015（10）：7-11.

值得注意的是，互联网对传统电影业全方位、全流程的升级改造不是锦上添花，而是雪中送炭。曾几何时，视频网站还以免费、海量、个性化的影视资源冲击着传统电影行业，而随着电影行业的自我调整和积极融入，互联网不仅没有成为电影业的替代方案，反而促成电影行业实现连续快速增长的产业繁荣。

二、网络文化创意产业的新业态与新特征

传统电影业积极拥抱互联网，实现了产业的升级换代。而升级换代后的电影业也必定不再是原来面貌。其中，移动互联网的迅速发展改变了以影院为中心的传统电影产业模式，产生了网络视频、网络大电影等新业态。据统计，2014 年，中国移动互联网用户规模约为 7.29 亿人，社交、娱乐、实用工具、阅读类应用用户渗透率大于 70%。在网络视频方面，中国网络视频市场规模达到 71.8 亿元，环比增长 5.3%，相比 2014 年同期增长 36.2%，其中移动端视频广告市场规模持续增长，收入规模达到 36.0 亿元，占整体网络视频广告市场规模的 50.1%。[①] 在“互联网+”战略大力推进的政策背景下，文化创意产业在网络时代诞生出许多新业态和新特征。

（一）网络文化创意产业的新业态

随着数字技术的更新与应用，数字技术与文化融合的程度日益加深，以数字技术推动的文化新业态竞相涌现。我国在“互联网+”背景下，出现了一批文化创意新形态和新业态。它们是以现代数字技术和移动互联网为核心支撑的文化形式，与传统的文化业态不同，文化新业态所具有的技术密集、知识密集、附加值高等特性，体现出数字技术对传统文化行业与形式的升级与创造。

1. IP 与泛娱乐运行

IP（Intellectual Property，知识产权）与泛娱乐是具有中国特色的知识产权转化路径的文化创意新业态。IP 与泛娱乐生态战略最早由腾讯在 2011 年提出，腾讯通过收购整合方式，将文学、出版、动漫、影视、游戏、网剧、网络大电影

---

① 何丽花，吴祝红．“互联网+”与文化创意产业融合发展模式研究[J]. 市场经济与价格，2016 (7)：4-7.

等文化产业链上下游环节打通，构建“同一明星 IP、多种文化创意产品体验”的互动娱乐生态。之后，阿里巴巴、百度、360、小米等互联网巨头企业纷纷将“泛娱乐”作为公司的重要战略大力推进，通过整合产业链，形成了巨大的聚合效应。

优质 IP 资源越来越被文化创意企业所重视，文化企业逐渐意识到，只有拥有高质量的文化产品，才能在市场上立于不败之地，而 IP 资源是研发各种各样的文化产品的起点与核心。以网络文学为例，网络文学作为 IP 源头之一在资本市场中越来越受到关注，比较成功的《琅琊榜》《盗墓笔记》等影视作品均改编自文学作品。优质 IP 在文化市场上被热捧，甚至供不应求。IP 资源的火热现象反映了文化产品的内容越来越受到人们的重视，爱奇艺、优酷等视频网站已经不再是单一的播放平台，视频网站也开始制作自己的视频资源，如优酷的《万万没想到》、爱奇艺的《废柴兄弟》，《万万没想到》还推出了自己的电影产品。可以说，无论提供传媒平台的企业还是直接生产内容产品的企业，都开始开发或购买优质的 IP 资源，并以 IP 资源为核心开发一系列的衍生产品，延长文化产品的产业链，培育自己的核心竞争力。

2. 虚拟现实（VR）与增强现实（AR）

虚拟现实技术（Virtual Reality，VR），是一种基于可计算信息的沉浸性、交互性系统。这些被定义的特性浓缩为虚拟现实的“3I 特征”：沉浸感（Immersion）、交互性（Interaction）、想象力（Imagination）。增强现实技术（Augmented Reality，AR），是在虚拟现实基础上发展起来的新技术，也是通过计算机系统提供的信息增加用户对现实世界感知的技术，并将计算机生成的虚拟物体、场景或系统提示信息叠加到真实场景中，从而实现对现实的“增强”。增强现实技术将计算机生成的虚拟物体或关于真实物体的非几何信息叠加到真实世界的场景之上，实现了对真实世界的增强。同时，由于与真实世界的联系并未被切断，交互方式显得更加自然。在视觉化的增强现实中，用户利用头盔显示器，把真实世界与电脑图形多重合成在一起，便可以看到真实的世界围绕着它。随着增强现实技术的广泛应用，其正受到越来越多的关注。增强现实技术已成为一种强大的市场工具。2016 年被称为 VR 产业元年，国内掀起 VR/AR 行业热潮。VR/AR 已经站在中国最强风口上，作为主推视觉文化的创意产业，居于龙头位置。VR 与

AR在旅游、影视、娱乐、游戏、主题公园、教育、军事、房地产等领域进行创新实验，已经显示出强大的应用能力。高盛公司近期发布了《VR与AR：解读下一个通用计算平台》的行业报告，报告显示：预计到2025年，VR和AR的市场规模将达到800亿美元，并有可能像PC一样成为游戏规则的颠覆者。[①]

3. 网络直播

最近，网络直播成为移动互联网领域竞争的热点。境内各大网站纷纷开设网络直播平台，游戏（斗鱼、熊猫）、弹幕［哔哩哔哩（bilibili）］、视频（乐视、优酷、爱奇艺）、秀场（9158、六间房）、移动（映客、花椒）、社交（微博、微信）等各类网络直播迅速涌现。每一部手机都是制造网络新闻和产出网络舆论的平台，每一个网民都可能成为信息的来源和传播的媒介，由此带来的新变化和新挑战，值得我们重视和研究。网络直播在移动端兴起的主要表现，一是网络主播，即网民通过网络直播平台担当主持工作，并且实时与线上网民交流互动；二是一些门户网站对热点事件、体育娱乐等的视频、图文直播，如商业网站新浪视频直播联合国公开面试下任秘书长候选人等。随着互联网及移动设备的广泛覆盖，一部手机就可以让一个人成为视频的发布者和舆论议题的发起者，完成出镜、采访、剪辑、发布等复杂的新闻采集乃至发布任务。作为一种眼球与注意力经济，直播随时创造网络舆论的新议题，网络直播改变了传统新闻的运作模式，已经成为移动网络舆论的重要载体。作为一种“体验经济”，网络直播可以打造网民与娱乐现场即视感与零距离的用户体验，并通过移动端获得了随时分享的能力；作为一种“粉丝经济”，网络直播具有强大的双向互动能力，在移动端具有巨大的网络传播能量。网络直播在分享和传播过程中，还具有信息互动功能。网民可以通过转发、分享、回复视频、滚屏“弹幕”等方式发表自己的看法，与直播发布者进行互动，将个体收看变成群体式行为。这不但改变了传统媒体单向的信息传播模式，同时会在与其他网民的互动中产生新的议题。

4. 网红经济

网红经济是互联网形态下的粉丝经济，是“互联网＋”时代一种新兴的商业

---

① 金元浦．我国当前文化创意产业发展的新形态、新趋势与新问题[J]．中国人民大学学报，2016（4）：2-10.

模式。“网红”一般是在某些细分领域具有一定专业行动力的“素人”，他们通过互联网的方式传播自己的产品知识和生活方式，在特定领域成为具有一定影响力的关键意见领袖。关注“网红”的粉丝往往是对特定领域有了解或需求或兴趣的受众，当“网红”推介产品时，这些受众天然地成为产品的潜在客户。因为“网红”与粉丝在长期大量的互动过程中建立的信任关系，使得粉丝对“网红”推介的产品更敏感也更容易接受。因此，“网红”经济往往能够更精准地将产品导向粉丝需求，实现“精准”营销，极大地提高消费转化率。报告显示，预计2016年“网红”产业产值接近580亿元，超过2015年电影票房。[①]

需要指出，以上文化创意新业态和创新实验只是大量案例中的几个热门领域。在中国，这种创造每时每刻都在进行，它可能是“你方唱罢我登场”“各领风骚没几天”，但长江后浪推前浪，创意、创新、创造的灵感总会引来令人惊异的“神来之笔”。

（二）网络文化创意产业的几大特征

网络文化创意产业及网络消费都尚属新生事物，其特征可初步概括为以下几个方面。

1. 无时空限制

网络文化创意产业及网络消费的生产、消费基本上不受时空条件限制，这是网络文化创意产业最突出的特点。在信息技术和互联网技术的基础上，无论是生产人员对产品的编程开发，还是消费者对产品的选择消费，均可随时随地进行[②]。“全天候生产”或“无边界消费”，是对网络文化创意产业的产品消费不受时空限制这一突出特点的形象概括。这一特点表明，网络文化创意产业天生具有全球化产业的性质。

2. 个性化突出

与工业时代标准化的生产方式和消费方式不同，网络时代的个性化生产和消

① 刘阳．“网红经济”，昙花一现还是未来趋势[N]．人民日报，2016-04-21（6）．
② 李新家，王强东．网络经济研究[M]．北京：中国经济出版社，2004．

费成为主流。网络文化创意产业中的“订制型生产”和“订制型产品”渐成时尚，人们的个性得到了充分的尊重、珍视和发挥。与众不同、富有创造性的产品是最有价值的。在网络文化创意产业中，生产者想方设法生产“个性化”的产品，以满足广大消费者多样化和个性化的消费需求；消费者也特别注意和崇尚“个性化”的消费，以表达和彰显自己独特的文化素养和品位，如网上无数博客无不展示用户个人的风采。

3. 共享性前所未有

网络文化创意产业及网络消费的实践告诉我们，网络系统一旦开通，网络文化产品一经生成，则一人消费、一万人消费甚至上千万人消费都没有区别。也就是说，网络文化产品消费具有非常特别的共享性，而没有传统产品消费那样的排他性①。这是网络文化创意产业十分重要的特点。

4. 边际收益递增

在传统行业的生产（服务）中，通常会出现边际收益递减的现象。即假定一些生产要素投入不变，连续地增加另外某种生产要素投入，当到达某一点时，总产量的增量是递减的。但网络文化创意产业却不是这样，即使网站硬件如服务器不变，如果内容要素的投入不断增加，甚至不断复制已有的产品，也不会引起边际成本的提高，甚至可以把边际成本视为零。因为投入的可变生产要素是信息，而信息在网络上是共享的，理论上可以无限复制，而复制一个信息产品的成本几乎为零。

5. 交易和消费的市场化程度高

网络的本质特征是开放性、公开性和平等性。与此相联系，网络文化产品的交易和消费的开放性、公开性和平等性程度也非常高，或者说市场化程度非常高。实际上，网络文化产品不通过网络文化市场就无法消费，人们一上网就进入了市场。现在人们虽然可以免费玩网络游戏，但并不是免费上网。网络消费的自主性、选择性非常强。所有相同、相近或相似的产品都一览无余地展示在网络这

---

① 广东省互联网协会．广东互联网发展报告[M]．广州：暨南大学出版社，2006.

个名副其实的“超级市场”上，都在网络这个“超级市场”上展开公平和公开的市场竞争，任凭市场的上帝即消费者来决定产品的命运。网络文化产品消费市场没有欺行霸市，也不可能强买强卖。只有真正价廉物美的网络文化产品，才能受到网络超级市场的追捧和网络产品消费者的青睐，才有良好的市场前景①。

三、网络文化创意产业的发展与管理

作为网络时代诞生的交叉融合产业类型，网络文化创意产业具有多重属性，如意识形态属性、商品属性、科技属性等。这就要求我们在发展和管理网络文化创意产业的过程中兼顾不同属性特征，促进其健康发展。

（一）网络文化创意产业发展必备的三种思维

面对“互联网＋”所带来的机遇和挑战，不同的文化创意产业门类显然需要不同的应对办法。有的网络文化创意产业门类就是伴随着信息技术的发展而出现的，如“互联网内容信息服务”“软件设计”等，它们伴随网络时代而生，但也需要面对从 PC 端向移动互联网的快速转移。更多的文化创意产业，则像电影产业一样，面临着如何融合、发展、升级的问题。电影产业作为文化创意产业中的一种，在与互联网的融合上较为典型，从电影产业与互联网的融合过程与模式中我们发现，为了促进文化创意产业与互联网的良性融合与发展，必须具备用户思维、大数据思维及平台化思维。

1. 以用户思维引领文化创意产业发展方向

对于文化创意产业而言，不管是文化服务还是文化产品，其最终的落脚点都是产品和服务本身，因此产品和服务的受众群体都是产业发展的核心。影视行业正是深谙个中奥妙才得以借互联网之势蓬勃发展。电影行业从制作、发行到营销、放映，整个流程中无不渗透着用户思维。一方面，以用户思维为导向的电影产业利用整个流程各个阶段的不同方式，将传统的观影者改造成参与者，使其有

① 中共中央办公厅，国务院办公厅．2006—2020 年国家信息化发展战略[EB/OL]. http://news.xinhuanet.com/newscenter/2006-05/08/content 4522878.htm,2006-05-08.

机会成为整个产业的制作方、营销方甚至投资方，增强用户的参与感与互动感，具体做法包括各类网络剧的剧本创作，利用娱乐宝、百发有戏等平台的众筹融资，以及社交网络平台上的交流互动等；另一方面，用户在整个过程中的参与，使得电影行业的生产者可以获得高价值资源，实现对产品与服务全程把控。例如，生产者在产品的研发与融资阶段可以根据用户反应确定合适的投资方向，可以通过电影票预售情况制订影片的发行计划，在营销阶段更是可以利用社交网站传播影讯、预告片、花絮及个人口碑评价，使影片营销更具即时性与爆发性优势。

2. 以大数据思维重塑文化创意产业链

大数据指的是需要新处理模式才能具有更强的决策力、调察发现能力和流程优化能力来适应海量、高增长率和多样化的信息资产。尽管各类文化创意产品生产的关键在于创作者的艺术思维，而在商业时代，服务大众的文化创意产品最终要面向市场，因此必然要求文化创意产品能够被市场所广泛接受，如此才能科学地推动大众化文化创意产业的发展。就目前来看，包括电影行业在内的大部分文化创意产业的项目决策均缺乏科学的决策指引，未来如能将大数据更加成熟地运用于文化创意产业链的各个环节，则可有效降低项目风险，提高项目成功率。影视行业在利用大数据推进文化创意与商业投资的融合中，为整个文化创意产业做出了示范。美国 Netflix 公司通过分析多年积累的数据，得出观众最喜欢的剧情类型和演员阵容，拍摄《纸牌屋》大获成功。利用大数据投拍电影，进行项目决策，选择主创团队，指导宣发，已经成为影视行业探索的新模式。

利用大数据思维重塑文化创意产业链需要解决的关键问题有以下两点：一是数据的获得与大数据平台的构建。从现阶段影视行业的发展来看，搜索数据、媒体热议数据、社交网站提及数据、视频网站用户数据、在线购票数据、影院观众消费数据等，均能被合理、有效使用。同样地，其他创意产业在利用公共搜索平台、互动媒体与支付平台的数据之外，还应发展自己独有数据的收集模式，建立更加契合自身数据利用模式的大数据平台。二是将大数据转化为有效的生产要素。从数据质量上来看，当前的大数据仍然十分杂乱，需要使用者加以辨别，而从技术手段上来看，数据运算和分析技术尚不成熟，仍然只处在数据探索阶段。因此，要使大数据为文化创意产业的创作、产品营销、版权购买、渠道开拓都提供依据，就要不断发展大数据运算和分析技术。

3. 以平台化思维打造文化创意产业新格局

所谓平台，就是资源供需方的对接场所。对于文化创意产业而言，其平台包括线上和线下两部分。线上是指通过现代化的信息技术，充分利用网络资源而创建的信息交流和传播平台。线下指的是各地文化创意产业集聚区，例如，产业园区作为企业集聚平台，有利于整合企业资源，通过产业链和价值链的形成，可以实现规模经济和范围经济。

从当前情况来看，在政府与社会的扶持下，文化创意产业线下平台的发展已经得到有序促进，而线上平台的形成则相对滞后。作为较早互联网化的影视行业，其线上平台的发展相对充分，已经成功利用众筹平台实现了投资方与制作方的对接，如百发有戏（基于企业金融战略大产品分化出来的电影众筹）；利用粉丝平台实现粉丝与冥想的对接，如星影联盟（明星垂直类领域专项平台，实现个体、群体全方位信息覆盖）；利用剧本平台实现编剧与制作方的对接，如中国编剧网（影视公司、影视投资机构征集剧本的一大来源）。值得一提的是，这些平台并非独立发展，而是相互作用、相互整合、相互渗透，同一公司旗下平台更有发展成大规模综合平台的趋势。

正是影视行业的线上平台化发展如此迅速，才为该行业的发展集聚了大量人气，进一步促进了该行业的发展。其他文化创意产业也应结合自身的资源对接方式，促进各类专业化平台发展，促进资源流动，推进产业发展。

（二）高度关注网络文化霸权与文化安全

作为建设文化强国的重要方面，网络文化创意产业还具有鲜明的文化属性或意识形态属性，这就要求在产业发展与管理中要始终坚持中国特色社会主义文化建设道路，坚持“二为”方向、“双百”方针，注重其社会效益，尤其要高度关注网络空间的文化霸权与文化安全。

网络文化安全是指网络文化产业发展过程中所爆发出的各种信息内容安全或程序安全问题，并免于遭受来自内部或外部不良网络文化因素的侵蚀、破坏或颠覆，保护网络文化主权、保持主流文化价值体系、保护网络文化产品和网络文化市场安全的一种状态。[①]

网络文化安全的难点在于其开放性和全球性。网络文化是一种技术文化，是新媒介技术与文化主体交融的结晶。网络文化产业塑造了一个开放、动态的产业生态系统。在这一共振系统里，网络文化产业的开放性实际上是全球开放性，动态性实际上是全球联动性。这就意味着网络文化产业发展过程中产生的问题具有全球色彩，也暗含了网络文化产业优胜劣汰的全球性。

在开放性和全球性特征之下，一方面，网络文化安全面临着来自技术上的威胁和挑战，特别是美国"棱镜门"事件凸显出网络安全的全球性与维护我国网络文化安全的迫切性，网络文化安全问题已上升到国家安全层面；另一方面，网络文化安全面临的来自发达国家的网络文化霸权冲击更加明显。

网络文化安全与网络文化的生存状态、技术性紧密相连。科学技术通常也是带有价值取向的，技术主导方强烈的政治色彩和意识形态色彩，加速了西方发达国家利用互联网技术优势向发展中国家扩张的步伐。我们知道，在网络空间，英语是主导性语言，西方发达国家掌握着网络文化主导权，并通过对落后国家的技术垄断、殖民，实现其文化霸权。这一事实不仅破坏了网络文化的多样性，还导致了弱势文化话语权的丧失。

在网络治理走向全球化的大背景下，网络文化由发达国家的强势文化流向弱势文化地区。"网络文化流"在促进国际文化产业间"互通有无"、开拓发展模式的同时，也凸显出"公平光环下的不公平 "，加剧了异质文化之间的冲突，彰显了强势网络文化对弱势网络文化的冲击和挤压。例如，美国依靠其互联网产业的垄断地位与先进的信息技术优势，将其"民主"思想、价值观念结合的"文化流"通过互联网有意识地传播与渗透；[②] 在我国表现出对西方思维方式无意识的认同，影响人们的人生观、价值观、道德观，造成社会秩序的不稳定；其催生的文化霸权主义构成对人类文化多样性和文化生态多元化的破坏与侵蚀，严重威胁着我国网络文化安全。

可以说，我国网络文化创意产业发展所面临的西方强势文化的冲击是引起网络文化安全问题的重要因素。面对西方强势文化的入侵，国内理论界和实践界都

① 解学芳．网络文化产业公共治理全球化语境下的我国网络文化安全研究[J]．毛泽东邓小平理论研究，2013（7）：50－55.

② 郭明飞．软实力竞争与网络时代的文化安全[J]．马克思主义与现实，2011（3）：178－181.

应该积极行动，有所作为：在理论层面，国内学者应对这一文化现象进行反思，为网络文化安全理论进行建构；在实践层面，文化冲突的同时也引入了文化竞争机制，提醒国内网络文化创意企业提高文化安全意识，在竞争中探求网络文化创意产业的繁荣与本土个性的彰显，整合我国优秀的文化资源，创造出特色的网络文化产品，积极培育强势网络文化创意产业集团与国际网络传媒集团相抗衡。

此外，随着网络创意文化产业发展过程中的异化所带来的安全问题开始在全球无边界扩展，特别是其信息共享性，表达自由性、虚拟性、无中心性特征的张扬，导致网络文化安全问题加速蔓延，并呈现出多样化特征：在政治上，涉及国外反动势力通过网络渠道攻击、诬陷，以及西方和平演变的图谋；在内容上，涉及网络色情、网上暴力等不健康内容的扩散；在保密层面，涉及国家和企业机密被黑客窃取，以及个人隐私被盗用和滥用；在产权方面，涉及知识产权被剽窃和盗用；在技术安全层面，涉及全球网络病毒、垃圾邮件等恶意信息的扩散。① 当前，面对全球视野下网络文化安全问题的扩大化，我们在技术上缺乏有效的网络监控运行系统，在预警机制上则缺乏相应的配套管理体系，这势必会增加网络文化创意产业治理的难度，也将导致网络文化安全问题的严重化；同时，安全的威胁为世界各地的网络用户造成了巨大的费用负担，并妨碍了网络社会的可持续发展，② 因而，如何实现网络文化安全，已成为网络文化创意产业发展过程中需要思考的战略性难题。

党的十八大以来，以习近平同志为核心的新一代中央领导集体高度关注网络空间治理，成立了中央网信工作办公室，在乌镇筹备召开了三届世界互联网大会，提出全球互联网治理体系变革的中国方案，产生了巨大的国际影响。尤其是习近平总书记在第二届世界互联网大会开幕式讲话中提出的“四项原则”和“五点主张”③，得到国际社会积极响应。其中第二条主张强调的就是“打造网上文

---

① 姚伟钧，彭桂芳．构建网络文化安全的理论思考[J]．华中师范大学学报（人文社会科学版），2010（5）：71－76.

② 解学芳．网络文化产业的公共治理：一个网络生态视角[J]．毛泽东邓小平理论研究，2012（3）：45－50.

③ “四项原则”分别是尊重网络主权、维护和平安全、促进开放合作、构建良好秩序；“五点主张”分别是加快全球网络基础设施建设，促进互联互通；打造网上文化交流共享平台，促进交流互鉴；推动网络经济创新发展，促进共同繁荣；保障网络安全，促进有序发展；构建互联网治理体系，促进公平正义。参见：新华网．习近平在第二届世界互联网大会开幕式上的讲话[EB/OL]．http://news.xinhuanet.com/politics/2015－12/16/c_1117481089.htm,2015－12－16.

化交流共享平台，促进交流互鉴”，提出“中国愿通过互联网架设国际交流桥梁，推动世界优秀文化交流互鉴，推动各国人民情感交流、心灵沟通”[①]。相信在我国的大力倡议推动和世界各国的参与合作之下，网络文化安全问题必将得到解决。

① 新华网．习近平在第二届世界互联网大会开幕式上的讲话[EB/OL]. http://news.xinhuanet.com/politics/2015-12/16/c_1117481089.htm,2015-12-16.

第八章 网络医疗：健康管理的未来之境

移动互联网、大数据、物联网、智能运算等信息技术在医疗领域的应用，直接催生了一个新兴的网络医疗行业。从网络云医院、在线问诊、医药咨询，到各式各样的可穿戴医疗设备、健康管理设备，再到品种多样的网络医疗保险，医疗行业中的医院、医药、医保环节都在互联网的影响下开始发生改变。可以说，网络时代的到来和“互联网＋”行动的实施，为建设健康中国提供了强大支撑，开辟出中国人健康管理的未来之境。

一、网络医疗的兴起及形态

随着医疗活动的日渐发展，在现代社会中逐渐形成了包括医院、医药、医保三大领域的特殊行业。不管是中医还是西医，乃至其他文明的各类医学，绝大多数医疗活动都是在医生与患者面对面的基础上进行的；而“互联网＋”的出现，在医疗行业的三大领域产生了巨大影响。与零售业、金融业等领域因“互联网＋”所发生的变化相比，网络医疗所带来的医疗行业的变化远远算不上颠覆性的。不过，它对于缓解中国医疗难题所产生的影响，是不容忽视的。

（一）网络医疗的内涵

网络医疗，也称互联网医疗或“互联网＋”医疗，是指现代互联网技术在医疗行业的拓展和应用。有人对网络医疗的界定局限在移动互联网领域，主要强调可穿戴智能设备的作用，提出网络医疗就是："把传统医疗的生命信息采集、监测、诊断治疗和咨询，通过可穿戴智能医疗设备、大数据分析与移动互联网相连：所有与疾病相关的信息不再被限定在医院里和纸面上，而是可以自由流动、上传、分享，使跨国家跨城市之间的医生会诊轻松实现。"① 也有人指出，网络医疗是"以互联网为平台和技术手段的健康教育、医疗信息查询、电子健康档案、疾病风险评估、在线疾病咨询、电子处方、远程会诊及远程治疗和康复等多种形式的健康医疗服务"。②

这些概念的界定都局限于狭义的医院诊疗层面，实际上，互联网在医药、医保等领域的延伸与拓展也值得重视。本书中的网络医疗就是最广义层面的使用，意指互联网、物联网、云计算等新信息技术在医疗行业的创新应用及其提供的形式多样的医疗创新服务③。

人们对于网络医疗给予了很高的期望，认为它代表医疗行业新的发展方向，有利于解决中国医疗资源不平衡和人们日益增加的健康医疗需求之间的矛盾，也是国家卫生部积极引导和支持的医疗发展模式。

（二）网络医疗的兴起

很多人将2014年视为互联网医疗元年。也有研究机构称，网络医疗将是"移动互联的最后一座金矿"④。这一信号引发了资本市场的极大热情。据《2015中国互联网医疗发展报告》显示，2014年中国网络医疗领域风险投资达到6.9亿美元，比2013年增长了226%，投资总额是过去3年的2.5倍，投资额达历史新高。⑤ 据第三方机构艾媒咨询预计，2018年，中国移动医疗健康市场规模将达到184.3亿元。⑥

对网络医疗的这股投资热情，直接来源于可穿戴智能设备的市场爆发。2012

① 中信证券研究部．移动互联的最后一座金矿——互联网医疗[EB/OL]. http://www.bioon.com/industry/reviews/600325.shtml,2016-08-22.

② 百度百科．互联网医疗[EB/OL]. http://baike.baidu.com/link? url,2016-08-26.

③ 陈惠芳，徐卫国．价值共创视角下互联网医疗服务模式研究[J]. 现代管理科学，2016（3）：30-32.

④ 中信证券研究部．移动互联的最后一座金矿——互联网医疗[EB/OL]. http://www.bioon.com/industry/reviews/600325.shtml,2016-08-22.

⑤ 中文互联网数据资讯中心．reMED：2015中国互联网医疗发展报告[EB/OL]. http://www.199it.com/archives/326260.html,2015-02-01.

⑥ 张依寒．2017年移动医疗中国市场将达125.3亿元[N]. 健康报，2014-02-28（4）.

年，谷歌正式发布名为“Project Glass”的未来眼镜概念设计。这款集智能手机、GPS、相机于一身的智能眼镜所代表的可穿戴式智能设备，成为继智能手机、平板电脑之后吸引市场注意力的新热点。可穿戴智能设备将解放人们的双手，成为接入移动互联网的新型入口，这本身就极具潮流感和吸引力。而大力投资的除了苹果、三星等传统电子设备的领军者，还有 Nike、Adidas 等运动巨头及 Jawbone 和 Fitibit 等创业公司，显示出可穿戴设备在运动健身、健康医疗领域无与伦比的魅力。在国内，不管是基于智能手机终端的运动健身软件咕咚运动、乐动力，还是小米推出的运动手环、智能手表，短短几年时间都成为消费热宠。

手机曾经被誉为带着体温的媒体，如今，可穿戴设备最大的市场是在医疗健康领域，它的比例可能超过 50%。根据美国 ABI Research 的数据，2011 年应用到医疗领域的无线可穿戴健康传感器只有 2077 万台；2012 年，这个数量冲破了 3000 万台；在未来 5 年内，这类设备将会增长到 1.7 亿台。[①] 在网络医疗领域，可穿戴设备有着无与伦比的优势。医疗机构、医生、保险公司、医学研究机构可以用它 24 小时采集患者的体征数据，极大地提高了诊断的准确性。患者可以依靠它得到更好的居家康复治疗和慢性病管理，降低治疗成本。药物治疗效果的评估也可以更好地检测治疗过程，提高治疗效率。它还能满足医疗结构和保险公司的研究和评估需求。

以 BAT 为代表的国内互联网公司，也在 2014 年纷纷部署自己的网络医疗拓展计划。2013 年，百度推出了自主设计的智能人体便携设备品牌 dulife，致力于打造尖端智能设备；2014 年 7 月，与智能设备厂商和服务商联手推出大型高科技民生项目“北京健康云”；2015 年 1 月，与 301 医院合作，共同探索移动医疗 O2O 模式。2014 年 1 月，阿里巴巴收购了中信 21 世纪 54.3%的股份，拿下了第一块第三方网上药品销售资格证的试点牌照，并改名“阿里健康”，推出了支付宝“未来医院”计划；2012 年 12 月，旗下的处方电子化平台“阿里健康”在北京、河北和杭州试运行。2014 年 6 月，腾讯公司花费 2100 万美元投资提供可穿戴设备和医疗健康服务的缤刻普锐；2014 年 9 月，斥资 7000 万美元投资丁香园，刷新了国内网络医疗融资金额的纪录；2014 年 10 月，腾讯又以 1 亿美元收购卫

① 中信证券研究部. 移动互联的最后一座金矿——互联网医疗[EB/OL]. http://www.bioon.com/industry/reviews/600325.shtml，2016-08-22.

生部批准的全国健康咨询及就医指导平台官方网站——挂号网。[①]

相对于互联网企业在互联网医疗行业的大力创新，传统医院进行医疗服务信息化升级显得更为务实、谨慎。目前，大部分传统医院在互联网医疗的大潮面前还是选择了升级自身已有的医疗信息服务体系，利用日新月异的信息技术发展更为快速、便捷、易接入、多样化的医疗信息服务系统。2015 年，在第二届世界互联网大会召开前夕，中国第一家互联网医院“乌镇互联网医院”开出了第一张电子处方，吸引了许多人的目光，网络医疗正在走进人们的生活。

（三）网络医疗的形态

在信息技术的快速发展下，传统的医疗行业在医院诊疗、医药销售、医保服务等各个领域都出现了新的行业形态。

1. 在线挂号

现实生活中，“黄牛党”“号贩子”屡禁不绝，熬夜排队挂号的医院大厅让人望而生畏。有调查发现，77.1%的人希望可以通过手机 APP 实现预约挂号服务。虽然早在 2009 年，国家卫生和计划生育委员会就要求全国的三级甲等医院开展提前预约诊疗服务，但受到技术平台和管理成本的限制，不管是热线电话，还是在线预约，人们挂号的难度并没有明显降低。

有需求就有市场，有市场就有商机。一批专门致力于提供预约挂号服务的网站和 APP 成为网络医疗行业的领头雁。如今已经更名为微医集团的挂号网，就是国家卫生和计划生育委员会批准的全国就医指导及健康咨询平台和国际领先的移动医疗服务平台，创建于 2010 年。截至 2014 年 7 月，挂号网已经与全国 23 个省份、900 多家重点医院的信息系统实现连接，拥有超过 3000 万的实名注册用户、10 多万名重点医院的专家。2011 年度、2012 年度、2013 年度，挂号网累计服务患者人次分别为 650 万、2800 万、7200 万，2014 年这一数字超过了 1 亿，已经快速成长为国内最大的互联网就医服务平台。[②] 类似的预约挂号平台，还有主打手机 APP 的“就医 160”“好大夫在线”等，它们还在预约挂号的功能基础

① 动脉网．互联网巨擘的移动医疗触手[EB/OL]. http://www.vcbeat.net/6208.html,2014-10-20.
② 陈惠芳，徐卫国．价值共创视角下互联网医疗服务模式研究[J]. 现代管理科学，2016（3）：30-32.

上，增加了指导就医、医疗咨询和点评服务等功能，致力于打造网络医疗领域的“大众点评”。

利用移动互联网在线预约挂号，可以大幅节省患者的排队时间，软件平台提供的就医指导也方便患者尽快找到恰当的科室和专业的医师，对于盘活医疗资源、实施分级诊疗有一定作用。不过，在总体资源缺口巨大的背景下，在线预约、分级诊疗不可能根本改善看病难的状况，就像12306网站开通以后，“春运”期间火车票一票难求的情况依旧难有好转。而且，利用网络预约挂号，变相买卖挂号单的新型“黄牛”“网络号贩子”也成为群众反映强烈的问题。2015年4月，北京市就此开展专项整治，叫停了商业公司挂号，医生按要求卸载手机上的商业公司APP。不仅是在线挂号服务，整个网络医疗行业秩序鱼龙混杂，政府管理时紧时松，这些都是制约行业发展的瓶颈。

2. 远程医疗

远程医疗是指“一方医疗机构邀请其他医疗机构，运用通信、计算机及网络技术，为本医疗机构诊疗患者提供技术支持的医疗活动”。医疗机构运用信息化技术，向医疗机构外的患者直接提供的诊疗服务，也属于远程医疗服务。远程医疗服务项目包括远程病理诊断、远程医学影像（含影像、超声、核医学、心电图、肌电图、脑电图等）诊断、远程监护、远程会诊、远程门诊、远程病例讨论及省级以上卫生计生行政部门规定的其他项目。①

远程医疗技术是目前国际上发展十分迅速的跨学科高新科技，它的意义在于打破地域界限，既可以使偏远地区的患者享受高水平的医疗服务，又可以提高大城市的医疗服务水平，还可以提高医院自身的水平，更合理地配置医疗资源。

我国高度重视发展远程医疗，要求各地要把远程医疗作为“优化医疗资源配置、实现优质医疗资源下沉、建立分级诊疗制度和解决群众看病就医问题的重要手段”，积极推进。李克强总理在全国卫生和健康大会上的讲话中强调，要“大力推进面向基层、偏远和欠发达地区的远程医疗服务体系建设”。

自2010年以来，中央财政累计投入8428万元，支持22个中西部省份和新

① 国家卫生计生委医政医管局．国家卫生计生委关于推进医疗机构远程医疗服务的意见[EB/OL]. http://www.nhfpc.gov.cn/yzygj/s3593g/201408/f7cbfe331e78410fb43d9b4c61c4e4bd.shtml,2014-08-29.

疆生产建设兵团建立了基层远程医疗系统，并安排12所原卫生部部属（管）医院与12个西部省份建立高端远程会诊系统，共纳入12所原部属（管）医院、98所三级医院、3所二级医院和726所县级医院，有力推动了远程医疗的发展。根据国家卫生和计划生育委员会2013年的统计，全国开展远程医疗服务的医疗机构已经达到2057所。[①]

3. 网络医院

网络医院，又称互联网医院或云医院，可以看作远程医疗的升级版。与医院与医院之间的远程医疗不同，网络医院让患者与医生直接交流，而不是医生和医生交流。网络医院主要针对常见病和慢性病，通过后台初步分诊，患者选择对应的科室和医生，在家门口即可享受到三甲医院的专家服务。

目前，国内以互联网医院命名的机构主要有以下两种类型：第一种由传统医疗机构为主体创办。这类网络医院依托自身医疗资源，通过第三方网络平台，在医疗中心、农村卫生室、大型连锁药店等地建立网络就诊点，患者可以在网络就诊点直接与在线的医生通过视频通话完成就医过程，医生根据患者的病情开具处方，患者在社区医疗中心或药店拿药。2014年10月，广东省网络医院在广东省第二人民医院正式上线启用，这是全国首家获得卫生部门许可的网络医院。2015年3月，浙江省宁波市卫生和计划生育委员会与东软熙康健康科技有限公司共同宣布，全国首家云医院"宁波云医院"正式启动运营。2015年4月底，经贵阳市政府和贵阳市卫生和计划生育委员会批准，贵阳市第六人民医院与朗玛信息技术股份有限公司签署了贵阳互联网医院的合作协议。另据报道，云南、黑龙江等省份也将成立网络医院，方便群众就医。

第二种由网络医疗公司为主体创办。这类网络医院依托自身的技术和平台优势，发挥多年积累的医疗资源，在政府的政策支持下发展势头也很快。阿里巴巴开始加速布局推进的"未来医院"计划，就是以强大的技术和资本力量来整合传统医疗机构的医疗资源，意图打造基于网络的预约、挂号、诊疗、购药的完整医疗闭环。"乌镇互联网医院"，其创办主体就是原名挂号网的微医集团。另外，银

---

① 国家卫生计生委医政医管局．国家卫生计生委关于推进医疗机构远程医疗服务的意见[EB/OL]. http://www.nhfpc.gov.cn/yzygj/s3593g/201408/f7cbfe331e78410fb43d9b4c61c4 e4bd.shtml,2014－08－29.

川市政府与互动峰科技（北京）有限公司“好大夫在线”项目共同合作建立的银川智慧互联网医院，将建立一个面积超过1000平方米，集医疗、问诊、预约挂号、疑难重症分析、专家网上坐诊的智慧互联网医院。这家“互联网医院”的注册医生高达12.6万人，线上诊室日门诊量超过20万人次，每日医院分诊中心向全国专家分诊新病例4万例。[①] 通过智慧互联网医院，银川的患者可通过网络向全国各地的专家预约挂号问诊。

4. 移动医疗

移动医疗就是运用移动通信技术向用户提供医疗服务，包括预约就诊平台、远程诊疗等内容。与PC终端的传统互联网相比，移动互联网极大地解放了医生和患者的行动自由，所有与疾病相关的信息不再被限定在医院和纸面上，而是可以自由流动、上传、分享，使医生会诊轻松实现。依靠可穿戴智能医疗设备和医疗大数据分析，移动医疗还可以把传统医疗的生命信息采集、监测、诊断治疗和咨询延伸至24小时，疾病监控将更加实时、准确，诊断的科学性和准确率将极大提高。

移动医疗正在成为风险资本竞相追逐的目标。无论是中国还是美国，众多全球知名的风险投资公司早就敏锐地发现了移动医疗巨大的市场增值潜力，纷纷出手押注移动医疗的暴涨。2013年4月，女性经期护理应用“大姨吗”获得真格基金和贝塔斯曼亚洲投资基金500万美元的A轮融资；2013年9月，获得由红杉资本领投，真格基金和贝塔斯曼跟投的1000万美元的B轮融资；2014年5月底获得由策源创投领投，贝塔斯曼和红杉资本跟投的3000万美元的C轮融资，该公司累计融资金额已经达到4500万美元。[②]

根据VC Experts一份公司文件显示，美国在线医生服务预约平台ZocDoc在2014年5月已经筹集了1.52亿美元的资金，该公司估值达到16亿美元。根据Chilmark Research发布的数据，移动医疗领域的投资在未来几年仍将高速增长，到2017年将会超过11亿美元。[③]

---

① 黄超．智慧互联网医院让百姓看病省心省力[N]．银川日报，2016－09－23（5）．

② 周小燕．在线医疗十大投资并购案例[EB/OL]．http://pe.pedaily.cn/201503/20150326380367_all.shtml，2015－03－26．

③ 腾讯科技．美国在线医生预约平台ZocDoc估值已达16亿美元[EB/OL]．http://company.stcn.com/2014/0625/11515123.shtml，2014－06－25．

5. 医药电商

在我国，除了“看病难”，“看病贵”的问题也非常突出。“看病贵”的直接原因是医药价格高、检查费用高，更深层次的原因则在于传统医疗机构以药养医的制度弊端。

由于国家财政投入不足、医生诊疗劳动价格低廉等因素，药品费用长期占据医院收入的主导地位，据统计，目前药品收入占医院收入总额的45%左右。传统药品供应链长、流通环节占比大。有资料显示，药品流通部分的成本占到总成本的65%，而在美国，这个比例仅为5%，这便造成国内医院药品采购中存在诸多问题，从出厂到医院差价可达几十倍，高药价成为医院的顽疾。①

“理顺医药关系”一直是医药卫生体制改革的重要内容。2015年，国务院发布《关于城市公立医院综合改革试点的指导意见》推进医药分开，力争到2017年试点城市公立医院药占比（不含中药饮片）总体降到30%左右。有行业分析人士指出，这意味着未来更多的药品将在药店或者电商平台流通，医药电商可以整合药品上下游资源，重构药品供应链，减少药品流通环节，从而降低药价。

首先，医药电商的模式创新或将迎来医药行业的井喷。

药品安全问题关系到每个人的生命健康，所以世界上每个国家对药品的生产、流通、销售环节管理得非常严格。我国的药品供应链条主要依靠药材厂商—特许经营商—医院搭建，优点在于便于控制风险，缺点则在于医药市场比较封闭，流通成本高。

目前，我国药品整体销售额中的80%仍被医院渠道掌控，通过市场零售的药品流通量仅有20%，而医药电商行业规模不足药品零售市场的5%，且网售药品以OTC（非处方药）和保健品等为主。对比来看，2013年美国的网上医药销售额已经达到743亿美元，占据美国药品零售额的30%。对比美国，我国医药电商未来的发展空间巨大。②

网络医疗在创新购药方式、助推药价透明化方面也将发挥重要作用。医药电商的发展不仅使得居民购药更加方便、快捷、廉价，更有可能成为激发药品市场

① 余冬苹，张玉良，赵彦涛．“互联网＋医疗”发展趋势探讨[J]．移动通信，2016（13）：12－15，21.
② 薛艳．互联网＋医疗：重构医疗生态[J]．时事报告，2015（6）：54－55.

活力的重要力量。2014 年公布的《互联网食品药品经营监督管理办法》（征求意见稿）提出了解禁网售处方药的内容，这是一个重大利好消息。对医药电商来说，能否开放处方药销售将会是天壤之别。相关数据显示，2014 年非处方药物的市场规模为 1783 亿元，而全年药品流通行业销售总额逾 1.3 万亿元，处方药销售占据药品市场的绝大部分份额。一旦放开处方药销售，医药电商必将迎来井喷发展。[①]

2014 年 11 月月底，基于拍照模式的阿里健康客户端在石家庄上线，用户可通过客户端软件对纸质处方进行拍照，将照片上传，即可向社会药店发布购药信息。患者根据报价、网评和距离做出选择后，就可以要求药店送药上门。据统计，通过阿里健康客户端购药的每笔订单，可为消费者节约 20%以上的药费。[②]阿里巴巴旗下的天猫医药馆于 2012 年上线，此后阿里巴巴又收购了 95095 医药平台，获得了互联网药品零售试点资格。

2016 年 8 月，由于试点过程中暴露出第三方平台与实体药店主体责任不清晰、对销售处方药和药品质量安全难以有效监管等问题，不利于保护消费者利益和用药安全，互联网第三方平台药品网上零售试点工作被叫停，通过互联网向用户销售药品的平台停止直接交易业务。医药电商的未来之路尚不明晰。

6. 网络医保

医疗保险是社会保险的一种，是指劳动者在患病时，由国家和社会给予一定的医疗费用补偿。医保制度是按照保险原则为解决居民防病治病问题而筹集、分配和使用医疗保险基金的制度，能够化零为整，有效地提升个人和家庭抵御病害风险的能力，是现代社会进步的表现。党的十八大报告中指出，要“健全全民医保体系，建立重特大疾病保障和救助机制”，尤其高度关注因病致贫、因病返贫的现象，是医药卫生体制改革的重要方面。

网络医保就是传统的商业医疗保险业在互联网冲击下出现的新型医保品种，简单来讲，就是“互联网医疗＋保险”。它与传统的商业医疗保险不同，不再只是负责事后的单一赔付，而是依靠移动互联网强大的健康管理潜力，提供多项服务，主动干预个体的行为和生活习惯，降低未来的患病风险，从源头上减少不必

①② 薛艳．互联网＋医疗：重构医疗生态［J］．时事报告，2015（6）：54－55.

要的医疗支出，最终达到医保控费的目的，实现保险公司和投保人双赢的局面。

保险功能前置是网络医保的显著特征。传统意义上讲，保险公司处于医疗链条中的末端，患者治疗结束之后才会向保险公司理赔。网络医保则改变了保险公司的这种被动局面，依靠网络医疗对投保人健康管理的提前介入，从末端扩展到前端，推出了一系列的疾病干预措施。尤其是在可穿戴智能医疗设备产品日渐丰富、网络医疗行业势头迅猛的情况下，各大商业保险公司纷纷试水网络医保。

2013 年 12 月 10 日，泰康在线与咕咚达成合作，共同开启了互动式保险服务——“活力计划”：通过分享自己的运动数据和体验，即可享受个性化的保险服务，甚至一定的价格优惠。“活力计划”旨在鼓励用户将每一次运动的数据都记录下来并上传，即在传统保险提供的经济补偿的基础上，泰康将为其用户提供额外的利益：经常运动的客户，可以获得更低廉的保费。咕咚网的用户同样可以加入泰康在线的优惠范围。泰康在线通过咕咚网的数据接口获取参与用户的运动数据，结合个人特点，为用户打造保险资费优惠、礼品馈赠等个性化服务内容。

2014 年上半年，大都会人寿与 APP 平台“乐动力”合作，实现了大都会人寿的“出行保”“运动意外险”与“乐动力”运动 APP 的对接，新添“乐福利”保险模块。“乐动力”是一款能够自动记录日常运动数据的手机应用，除了基础的计步功能外，还可以记录出行轨迹、卡路里燃烧以及 PM2. 5 吸入量。除此之外，“乐动力”还引入了社交元素，用户可以查看附近使用“乐动力”人的计步排名情况，还可以关注对方并发送点对点信息。在“乐福利”功能板块，用户可以凭运动获得的乐动力积分来换取相应的保险产品。

中英人寿与春雨医生合作，于 2014 年 10 月 25 日推出了微信健康咨询服务，借助春雨医生的专业力量，为用户提供了与医生随时随地对话的服务。不管是否为中英人寿客户，只需关注或绑定中英官方微信，即可通过“健康自查”功能查询到医生对相关疾病或症状的专业分析和建议；还可通过“健康咨询”功能随时随地与医生线上交流，获得医生的专业指引和解答。

2014 年 10 月 28 日，中国平安推出了健康医疗 APP“平安健康管家”，其中包括问疾病、看名医、逛社区、收资讯及测健康五个模块，并且主打名医问诊及家庭医生概念，以私人健康顾问及名医即时在线咨询为特色，实行一对一的私人医生服务，可为用户提供从就医问诊到日常健康咨询的服务；并可根据用户健康状况，为用户制定个性化健康管理方案，提醒用户保持良好的健康生活习惯。据报道，平安集团在健康医疗领域已布局6年，包括投资收购及自主筹建药房、体检、医院门诊等多类医疗服务，整体投入已近百亿元，目前计划再投10亿元到运行一年有余的新型互联网健康管理整合平台上。虽然还只是牛刀小试，但不少投资者已然看到网络医保的光明未来。

二、网络医疗发展的机遇

2014年以来，网络医疗的快速发展既源于市场本身的需求增长，也源于政府一系列利好政策的出台，大量的社会资本开始投向网络医疗行业。

（一）来自国家政策的机遇

在国家颁布的一系列利好政策中，作用最为明显的就是政府强力推进的“互联网+”行动和“健康中国”建设。

1.“互联网+”行动激发网络医疗活力

2015年7月4日，国务院印发《关于积极推进“互联网+”行动的指导意见》（以下简称《指导意见》），这是推动互联网由消费领域向生产领域拓展，加速提升产业发展水平，增强各行业创新能力，构筑经济社会发展新优势和新动能的重要举措。在《指导意见》中，多处提到发展网络医疗。例如，“发展目标”中第二条“社会服务进一步便捷普惠”，强调包括健康医疗、教育、交通等在内的民生领域互联网应用更加丰富，公共服务更加多元，线上、线下结合更加紧密。又如，“重点行动”第六条“‘互联网+’益民服务”，强调大力发展以互联网为载体、线上线下互动的新兴消费，加快发展基于互联网的医疗、健康、养老、教育、旅游、社会保障等新兴服务，创新政府服务模式，提升政府科学决策能力和管理水平。

在“推广在线医疗卫生新模式”中，详细列举了六个方面的具体发展方向：“①发展基于互联网的医疗卫生服务，支持第三方机构构建医学影像、健康档案、检验报告、电子病历等医疗信息共享服务平台，逐步建立跨医院的医疗数据共享交换标准体系。②积极利用移动互联网提供在线预约诊疗、候诊提醒、划价缴费、诊疗报告查询、药品配送等便捷服务。③引导医疗机构面向中小城市和农村地区开展基层检查、上级诊断等远程医疗服务。④鼓励互联网企业与医疗机构合作建立医疗网络信息平台，加强区域医疗卫生服务资源整合，充分利用互联网、大数据等手段，提高重大疾病和突发公共卫生事件防控能力。⑤积极探索互联网延伸医嘱、电子处方等网络医疗健康服务应用。⑥鼓励有资质的医学检验机构、医疗服务机构联合互联网企业，发展基因检测、疾病预防等健康服务模式。”①

在“促进智慧健康养老产业发展”中，列举了利用网络技术促进健康、养老产业的五个重点方向：“①支持智能健康产品创新和应用，推广全面量化健康生活新方式。②鼓励健康服务机构利用云计算、大数据等技术搭建公共信息平台，提供长期跟踪、预测预警的个性化健康管理服务。③发展第三方在线健康市场调查、咨询评价、预防管理等应用服务，提升规范化和专业化运营水平。④依托现有互联网资源和社会力量，以社区为基础，搭建养老信息服务网络平台，提供护理看护、健康管理、康复照料等居家养老服务。⑤鼓励养老服务机构应用基于移动互联网的便携式体检、紧急呼叫监控等设备，提高养老服务水平。”②

2.“健康中国”建设助推网络医疗发展

党的十八大以来，以习近平总书记为核心的党中央高度重视医药卫生体制改革问题，不断重申医疗改革的目标、途径和前景。2015 年，政府工作报告首次提出“健康中国”概念，党和国家领导人在多个重要场合阐发“健康中国”理念，并对“健康中国”建设做出全面部署，成为引领医疗行业改革的重大战略。

2016 年 8 月 19 日至 20 日，全国卫生与健康大会在北京召开。习近平总书记在大会上强调：“健康是促进人的全面发展的必然要求，是经济社会发展的基础条件，是民族昌盛和国家富强的重要标志，也是广大人民群众的共同追求。”③ 2016 年 8 月 26 日，中共中央政治局召开会议，审议通过“健康中国 2030”规划纲要。习近平总书记在会上再次强调，“要把人民健康放在优先发展的战略地位”，顺应民众关切，“要以普及健康生活、优化健康服务、完善健康保障、建设健康环境、发展健康产业为重点，加快推进健康中国建设，努力全方位、全周期

①② 中国政府网．国务院关于积极推进“互联网＋”行动的指导意见[EB/OL]. http://www.gov.cn/zhengce/content/2015-07/04/content_10002.htm,2016-08-20.

③ 习近平．把人民健康放在优先发展战略地位[EB/OL]. http://news.xinhuanet.com/politics/2016-08/20/c_1119425802.htm,2016-08-20.

保障人民健康”①。

建设“健康中国”将推动医改取得制度性突破。习近平总书记在全国卫生与健康大会上的讲话中强调，要加快把党的十八届三中全会确定的医药卫生体制改革任务落到实处，着力推进基本医疗卫生制度建设，努力在分级诊疗制度、现代医院管理制度、全民医保制度、药品供应保障制度、综合监管制度五项基本医疗卫生制度建设上取得突破。②

建设“健康中国”倡导要树立“大健康”理念。在新的社会条件下，传统的医疗卫生事业正在向健康事业的方向转变，这正是党和政府适时提出“健康中国”的原因所在。正如有的学者在解读“健康中国”时所讲的，建设健康中国不仅是解决看病的问题，必须把以治病为中心转变为以人民健康为中心，树立“大健康”理念，将健康融入所有政策。③

建设“健康中国”将促进健康产业极大发展。在全国卫生与健康大会上，李克强总理特别强调：“要引导和支持健康产业加快发展，尤其要促进与养老、旅游、互联网、健身休闲、食品的五大融合，大力推进面向基层、偏远和欠发达地区的远程医疗服务体系建设，推动公共体育设施向社会开放。要加大对医疗健康前沿研究领域的支持，消除体制机制障碍，催生更多健康新产业、新业态、新模式。”④

当前，由于工业化、城镇化、人口老龄化，由于疾病谱、生态环境、生活方式不断变化，我国仍然面临多重疾病威胁并存、多种健康影响因素交织的复杂局面。我们既要面对发达国家面临的卫生与健康问题，也要面对发展中国家面临的卫生与健康问题。如果这些问题不能得到有效解决，必然会严重影响人民健康，制约经济发展，影响社会和谐稳定。而“健康中国”建设的上述这些目标和要求，都亟须网络医疗发展作支撑。建设“健康中国”是一项重大而艰巨的战略工程，从根本上讲，还需要较长时间的经济社会发展，才能积累与我国人口数量相匹配的医疗资源。就当下而言，如何解决稀缺优质医疗资源的低效配置问题，网

---

① 杨丽．以人为本　习近平提出四大原则助力健康中国建设[EB/OL]. http://www.chinanews.com/gn/2016/08-28/7986429.shtml,2016-08-28.

② 习近平．把人民健康放在优先发展战略地位[EB/OL]. http://news.xinhuanet.com/politics/2016-08/20/c_1119425802.htm,2016-08-20.

③④ 张雪花．对于“健康中国”你需要明晰的三个认知[EB/OL]. http://news.xinhuanet.com/politics/2016-08/22/c_129245652.htm,2016-08-22.

络医疗所能作出的贡献令人期待。

互联网所具有的“共享”“交互”“智能”“便捷”等内在特征，使得网络医疗具有以下优势：一是通过高效的互联网连接，解决医患信息不对称问题，合理配置医疗资源，有效降低医疗资源的浪费；二是结合人工智能等算法，基于持续监测的病患大数据和诊疗病例，为医生的诊断、治疗决策提供新的可靠支撑，带来更准确、更高效的诊疗决策，控制医疗成本；三是互联网医疗利用时间和空间的错位（如在线问诊、远程医疗、移动支付等），减少了患者的排队时间，提升了就医体验，对于医生和医院来说，则有效提高了医疗服务质量和效率，减少了医患矛盾。[①]

《2015年中国互联网医疗发展报告》认为，网络医疗能够解决五个问题：一是帮助人类进行真正科学、有效的疾病预防，实现中国人几千年来“治未病”的理想；二是突破传统医疗禁锢，通过在线问诊和远程医疗实现优质医疗资源的跨时空配置，帮助病人免去不必要的到院就医；三是帮助患者优化院内就医流程，节省时间、提高效率；四是互联网医药电商的兴起有望带给患者更方便快捷、更便宜的购药体验；五是优化医患对接机制，促进医患沟通，使医生价值最大化，服务最优化。[②] 业界公认的网络医疗有四个最具潜力的发展方向，也与上述内容不谋而合：一是在线问诊，二是预约挂号，三是医药电商，四是智能设备。

所以，我们有理由相信，“健康中国”的步伐必将带动网络医疗的发展壮大。

（二）来自市场需求的机遇

市场需求是行业发展的永续动力。在当下中国的医疗制度和环境下，医疗资源、医药市场、医保行业都为网络医疗的发展提供了强大的市场机遇。

1. 医疗资源缺口巨大

我国医疗资源总体缺乏和分配不平均，已经成为制约医疗行业发展的最根本原因。根据相关统计资料显示，目前我国以占世界卫生总支出1%的比例，为占世界22%的人口提供基本卫生医疗服务，这样的基础卫生医疗支出显然远远不

---

① 陈惠芳，徐卫国．价值共创视角下互联网医疗服务模式研究[J]．现代管理科学，2016（3）：30－32.

② 孙明海，赵春玲．云医疗在行动——关于“互联网＋医疗”的话题[J]．通信管理与技术，2015（2）：11－16.

能满足民众的实际需求。[①] 另据国家卫生和计划生育委员会公布的《2014 年中国医疗卫生统计年鉴》数据显示，2014 年，我国每千人口所拥有的医疗床位数为 4.55 张，而早在 20 世纪 90 年代，这一数字在发达国家分别为：日本 16.4 张，法国 8.5 张，韩国 5.5 张，英国 4.1 张。[②] 除此之外，我国的医疗机构、医疗设施和医疗设备人均占有量也处于世界整体的中下游水平。人均医疗资源的短缺，使得民众的医疗卫生需求难以得到满足。

在人均医疗资源占有量偏低的情况下，我国在不同区域之间、城乡之间的医疗卫生资源也存在较大差异，使得医疗资源分配结构性紧缺成为制约民众享受高水平医疗服务的另一重大原因。整体来看，我国东部地区占有了全国大部分医疗卫生资源，西部地区则严重缺乏。根据 2014 年年底发布的《中国社会建设报告（2014 年）》蓝皮书，北京在 2013 年时每千人口病床数已经达到 5.8 张，每千人口医师数量则为 4.06 人；而同期发布的《贵州省健康服务业发展规划（2014—2020 年）》则显示，贵州省在 2013 年年底时每千人口病床数为 3.8 张，每千人口医师数量仅为 1.3 人。同时，城乡人均医疗资源差距同样巨大。中国社会科学院 2013 年发布的《中国药品市场报告》显示，截至 2012 年年底，我国城市人口平均拥有的医疗资源是农村人口的 2.5 倍以上。并且这一差异在近年来有加大的趋势：根据国家卫生和计划生育委员会网站发布的 2014 年 11 月底全国医疗卫生机构数显示，与 2013 年同期相比，社区卫生服务中心（站）和诊所有所增加，而乡镇卫生院、村卫生室的数量则有所减少。[③]

卫生部前部长陈竺曾就我国目前的看病难问题发表讲话，他认为，医疗资源总体上的缺乏和医疗资源地区之间、城乡之间分配的结构性差异，是造成我国目前看病“绝对难”的根本原因。同时，陈竺认为我国目前还存在看病“相对难”的情况，是由于优质医疗资源相对于居民需求的不足，造成患者去大医院看专家“难”。另一个突出问题是许多人看小伤小病也涌到大医院，从而使得大医院人满为患，导致那些真正需要救治的患者很难获得相应的医疗资源。

---

① 环球网．中国医师服务于世界 22%的人口[EB/OL]. http://health.huanqiu.com/health_news/2015-06/6783095.html,2015-06-26.

② 中华人民共和国国家卫生和计划生育委员会．2014 年我国卫生和计划生育事业发展统计公报［EB/OL]. http://www.nhfpc.gov.cn/guihuaxxs/s10742/201511/191ab1d8c5f240e8b2f5c 81524e80f19.shtml,2015-11-05.

③ 李晓，王明宇．“互联网+”医疗前景分析[J]. 合作经济与科技，2015（24）：186-187.

2. 医药销售链条转换

长期以来，药品费用占据医院收入的主导地位。据统计，目前药品收入占医院收入总额的45%左右。作为医院收入的重要来源，医院垄断了全国80%的医药销售额度，药店零售市场仅占20%左右。这种销售渠道的垄断，主要在于国家对于处方类药物的流通环节控制得非常严格。不管是普通药店，还是医药电商，通常只能以销售OTC（非处方药）和保健品等为主，而依赖医生处方权的处方类药物，则无法在市场上零售。这就极大地限制了药品市场的流通。药品流通环节的成本增加，一方面使得药价虚高、看病贵，另一方面也使传统医院在长期的以药养医模式下积重难返。

网络医药销售的出现，不仅能够给患者提供更多的购药便利和渠道选择，还有理由成为引发医药销售链条转换的革命性力量，打破以药养医的困局。

3. 医保市场或迎井喷

改革开放以来，我国逐步建立起了具有特色的基本医疗保险制度，包括城镇职工基本医疗保险制度、新型农村合作医疗制度和城镇居民基本医疗保险制度在内的三大医保制度，初步构成了覆盖全体国民的医保体系。

城镇职工基本医疗保险制度是1998年为国有企业改革解困而出台的一项配套措施，在当时的历史条件下，这是自然的考虑，但也在客观上造成该制度覆盖面较为狭窄，仅限于城镇正规就业职工；2003年出台的新型农村合作医疗制度的覆盖对象是广大农村居民；2007年出台的城镇居民基本医疗保险制度的覆盖对象为不属于职工医保制度覆盖范围的学生、少年儿童和其他非从业城镇居民。从制度设计的初衷来看，三大医保制度各自的覆盖范围应当十分清晰，然而随着我国城乡二元经济结构的调整、工业化和城市化进程加快，三大险种的覆盖对象之间开始出现不同程度的交叉，尤其对农民工、失地农民和城镇灵活就业人员等特殊人群应当纳入哪种制度范围缺乏明确的规定，各地做法不一。

近年来，我国医保结构性问题日渐严重。一是医保分类不合理，政府医保远远高于商保总额，政府医保负担重，商业医保种类少；二是缺乏控费机构，过度医疗较严重，医保基金管理模式不健全，医保收支失衡，支出压力大；三是医保支付不便利，支付标准不合理；四是缺乏个性化和多样化的投保方案。

国内医保收支结构也遇到了系统性风险。据统计，超过80%的医疗费用是由医保支付，从城镇基本医疗保险来看，支出增长率大于收入增长率，医保资金未来可能出现亏空，这对于中国医疗来说是个极大的挑战。据人力资源和社会保障部公布的2015年社保数据显示，城镇职工医保基金运行平稳，基金收入增长速度低于支出增长速度的趋势得到扭转，不过，仍有6个地区的统筹基金可支付月数不足6个月。① 不可否认的是，随着医疗服务需求的进一步释放和医疗费用支出的一路增长，医保基金将面临越来越大的可持续性压力。

长期来看，医疗费用持续增加是大概率事件，但医保基金收入却很难提高。究其原因，一方面，年轻人口比例下降趋势和老龄化程度加深，导致医保基金缴纳者变少、制度抚养比降低，目前为“三个在职养一个退休”。另一方面，目前医保覆盖面已达95%以上，进一步扩大的空间已非常有限，并且我国劳动者个人和企业的负担已然较重，“五险一金”已经超过工资总额的30%，提高缴费标准的可能性极低。中国社会科学院发布的《“十三五”中国社会保障发展思路与政策建议》显示，从长远看，职工医保基金潜伏着严重的支付危机，全国多数地区的职工医保基金将在2020年前后出现缺口。

近年来，个人支付部分减少，以社会医疗保险为主的现行医疗保险制度出现了巨大压力。医保支付方的改革势在必行，商保的发展和补充是未来的趋势。有业内人士预计，未来我国的基本医疗保障占比将不超过30%，而70%的市场将属于商业保险。预计到2020年，健康险市场规模可能将达到1万亿元。②

（三）来自技术支撑的机遇

在线预约、远程医疗、网络医院等网络医疗形态，是在传统医疗行业的外围打转转，发挥信息技术的渠道作用和资源配置作用，并没有渗透到具体的治病诊疗环节；而可穿戴智能设备这种新技术所带来的健康管理革命，是从治病转变为防病的健康医学模式转换，是在重新开辟一个巨大的健康产业空间。

中国传统医疗观念认为，在疾病症状出现前就将其扼杀，才是最高明的医

① 中新网．人社部：2015年五项社会保险基金收入46012亿元［EB/OL］. http://www.chinanews.com/gn/2016/05-30/7888381.shtml,2015-05-30.

② 每日经济新闻．“互联网保险+医疗”解决医保控费难题［EB/OL］. http://tech.sina.com.cn/i/2016-09-22/doc-ifxwevmc5112874.shtml,2016-09-22.

生。《黄帝内经》讲道："上医治未病，中医治欲病，下医治已病"，这已成为中国人长久以来的医疗梦想。可穿戴医疗设备的出现，云计算、物联网、大数据等先进技术，能够实现对健康数据的采集、计算和分析，从而提供定制化健康管理服务，真正实现防病于未然的健康管理目标。互联网与医疗健康大数据的结合，将实现精准的个性化医疗。未来，将建成各种数据无缝流转，以患者为中心的覆盖全生命周期的医疗健康服务，多个机构、多个角色，可能基于一个人的完整健康数据来实施共同管理，实现对患者的个性化治疗。这在当前技术发展的现实下，已经不是技术创新问题，而是模式创新问题。

智能可穿戴设备（Wearable Device）是把传感器模块、无线通信模块、多媒体技术嵌入人们日常穿戴的手表、手环、眼镜、服装等用品中的智能设备，能够通过合适的佩戴方式检测人体的各项生理指标。[①] 可穿戴设备最具潜力的应用市场就是医疗健康领域。智能可穿戴设备是医生、医院、诊所、医学研究部门、医疗保险公司为患者进行健康数据采集的医疗设备。它的优势表现在以下几个方面：能帮助医生获得患者连续的、可追踪的健康数据，从而提高诊断的实时性和准确性；能够帮助医生检测病人的治疗过程，对药物的治疗效果进行评估，从而提高疾病的治愈率；能够对患者的慢性病管理进行远程监控并提供康复指导，使患者的治疗过程更加便利，并降低患者的治疗成本；能够为保险公司和医疗机构的评估和研究活动提供数据支持。

市场研究机构 BIInteligence 预测：到 2018 年，可穿戴设备的全球出货量有望达到 3 亿台，按照每台设备 42 美元的平均售价核算，智能可穿戴设备 2018 年的全球市场规模将超过 120 亿美元。瑞士信贷集团的研究机构则做出了更加乐观的预测，他们认为在未来的两到三年，可穿戴设备的市场规模将会增长 10 倍，整体市场规模将达到 300 亿～500 亿元。[②] 智能健康终端设备近几年发展迅速，市场上面向家庭和个人的智能健康终端设备可谓琳琅满目，在消费需求和技术进步的共同驱动下，手表、手环、血压计、体重计、运动鞋、服装等领域均产生了智能可穿戴设备并迅速普及。

目前，国内的可穿戴设备厂商更多的是以制造移动硬件为主，行业的进入门

① 文丹枫，韦绍峰．互联网＋医疗[M]．北京：中国经济出版社，2015.
② 中国行业研究网．可穿戴设备发展现状及市场前景预测分析[EB/OL]．http://www.chinairn.com/news/20131226/152036402.html，2013－12－26.

槛不高，产品非常容易被复制和超越，大数据挖掘分析和中后台的APP是大多数国内厂商的薄弱环节。虽然可穿戴医疗设备具有很多电子产品的时尚属性，但终归是医疗器械，因而对产品的可靠性和稳定性要求很高。

三、网络医疗发展的瓶颈

2014年以来网络医疗行业爆发式增长，2015年下半年开始渐露颓势，到2016年上半年开始上演“心惊肉跳”的一幕。成立于2009年8月的“就医160”，最初以研发及销售医疗软件为主，2010—2012年，互联网医疗平台逐渐成型，开始面向个人提供预约挂号服务，可挂号省份达到31个，服务医院1788家。其中，三甲医院达到581家。2015年12月，“就医160”（宁远科技）荣登新三板。然而，在上市半年多之后，刚刚完成新一轮7400万元融资，“就医160”就陷入裁员风波。[①] 2016年，知名送药企业“药给力”也因为融资失败而停止公司业务，“春雨医生”也因线下诊所建设而受挫。网络医疗虽然发展空间巨大，但由于还没有完全打通从线下到线上的全产业链布局，大多数仍徘徊在诊断和治疗等医疗核心环节的外围区域，只是利用技术手段从线下改为线上，介入医疗服务过程的挂号、缴费等流程以提高效率，并不具备完整的医院功能，属于周边服务。此外，互联网医疗的政策导向目前尚不明确，还面临很多不确定性。真正的网络医疗必须要把医院、医生和患者三方打通，让资源和信息有效流动起来，还要能够和线下的医生资源有效地对接起来，网络医疗的未来发展至少还存在着三大瓶颈。

（一）医疗资源短缺的瓶颈

不管是传统的医疗行业，还是互联网医疗，医生、医药、医疗器械等医疗资源都是其中最关键的因素。在医疗资源严重不足，尤其是医生数量急缺的情形下，网络医疗如何与传统医疗机构“抢”人才、“抢”资源，是一个很大的挑战。只有真正掌握了优良的医疗资源，互联网才能发挥其资源配置作用，才能真正改

① 搜狐网．就医160裁员300人，官方称已完成新一轮7400万元融资[EB/OL]. http://mt.sohu.com/20160802/n462159199.shtml,2016-08-02.

变医疗行业的面貌。

当前，网络医疗行业在医疗资源的占有方面主要有两种方式。一种是以“春雨医生”为代表的在线诊疗平台，主要通过向在职医生开放入口自主认证，利用业余时间为患者提供免费的健康咨询。在职医生可以通过平台了解更多病例，扩大个人知名度和影响力；患者可以随时随地、零成本地咨询个人疾患。但这样的健康咨询对医生来说并不能增加临床经验，对患者来说也常常难以得到充分的检查，不可能替代真正的医院诊疗。另一种是以阿里巴巴“未来医院”计划为代表的网络医院模式，主要通过提供技术支撑与掌握优势医疗资源的知名医院强强联合，并建立线下诊所，来解决医疗资源不足的问题。但对于日常工作繁重的医务人员来说，网络医院的建立不过是抽出了部分时间用于在线诊疗，增加了门诊工作负担。对患者来说，隔着摄像头的在线诊疗究竟是否可靠、是否值得信任，也让人存疑。有的网络医疗服务在部分城市实现了医生的上门就诊，但这种行医方式的风险责任问题存在隐患，而且在现行法律规定中也是不被允许的。

总之，医疗最为核心的部分——诊断与治疗，目前仍然是与互联网隔绝的。到目前为止，网络医疗不仅难以在医疗资源的掌控上取得重大进展，市面上所有正规存在的互联网医疗应用，全都着力于渠道的发展和提升患者的就诊体会，仍然严厉禁止直接参与患者的诊疗阶段。

（二）制度规定多变的瓶颈

2015 年出台的《关于积极推进“互联网＋”行动的指导意见》提出推广在线医疗卫生新模式。2016 年召开的全国卫生与健康大会也提出，要引导和支持健康产业加快发展，尤其要促进与养老、旅游、互联网、健身休闲、食品五大方面的融合。虽然国家宏观政策明确支持，然而处于起步阶段的网络医疗仍然面临着制度规定多变的发展瓶颈。

（1）在线预约诊疗政策的影响。

通过整合传统医疗行业资源，开设提供在线预约挂号服务的平台，这是网络医疗行业起步较早、较为成熟的商业模式，如挂号网。由于行业标准缺失、准入门槛不高，一些在线预约挂号平台也出现了“网络医托”“号贩子”现象，引发社会高度关注。2016 年 4 月，国家卫生和计划生育委员会等部门印发《集中整治“号贩子”和“网络医托”专项行动方案》，明确从 2016 年 4 月到 2016 年年底集中打击号贩子，查处“代挂号”网站，取消医生个人手工加号条。在此之前，北京市已经叫停商业公司挂号，并要求医生卸载手机上的商业公司 APP。政策的改变让不少从事在线挂号服务的网络医疗公司备受打击。

（2）医生多点执业政策影响。

2009 年原卫生部印发《关于医师多点执业有关问题的通知》，并在部分地区先行试点。2011 年 3 月，北京开始实施《北京市医师多点执业管理办法》（试行），符合条件的具有中级及以上职称的执业医师经注册，可在北京市行政区域内 2～3 个医疗机构依法开展诊疗活动。医生多点执业政策为人才流动提供了便利，也有利于盘活现有医生资源，提高医生收入。但是对力图打造真正的移动医疗、网络医院的投资者来说，仅仅允许多点执业的政策是远远不够的。一方面，医生在原工作单位的压力之大，已经难以分出时间和精力到其他医疗机构；另一方面，多点执业仍然要求医生的诊疗环境必须在具备执业资格的医疗机构之中，上门医生不过是在走健康咨询的“擦边球”，仍然面临着法律风险。所以，由于不占有医生资源，不具备执业条件，一些网络医疗公司无法开展“望闻问切”的诊疗核心服务，只能开展挂号等外围服务。事实上，医疗 APP 上面列出的医生大部分只开展在线咨询，预约诊疗的医生只有小部分，并且其中很多医生的挂号医院并不是其就职的知名医院，而是另一个私立机构的执业地点，这也让患者对于网络医疗平台的信任度大打折扣。

（3）处方药政策的影响。

目前，我国市面上的医疗电商仍然较少，仅仅处于起步阶段。之所以如此，主要还是受到药品流通环节的政策限制。尤其是处方药的销售，因为医生处方的不公开，决定了传统医疗机构仍然是药品流通的主要渠道。阿里健康曾经在河北等地试行过上传处方单照片实现网上购药的医药电商模式。阿里旗下的天猫医药馆也成功拿下了互联网药品零售试点业务的资格证。但由于政策的不完善和不稳定，都未能大显身手。2016 年，由于试点过程中暴露出第三方平台与实体药店主体责任不清晰、对销售处方药和药品质量安全难以有效监管等问题，不利于保护消费者利益和用药安全，互联网第三方平台药品网上零售试点工作被叫停，通过互联网向用户销售药品的平台停止直接交易业务。医药电商的销售重回保健品时代。

（三）法律规定模糊的瓶颈

医疗行业攸关人的生命，从严监管非常必要，政策的谨慎推进有利于网络医疗行业的健康发展。对网络医疗行业来说，法律规范的出台一方面将圈定行业发展的空间，改善行政命令多变的从业环境；另一方面也将明确企业主体的责任范围，有效控制风险。具体来看，主要有以下三个方面的相关法规需要进一步清晰、完善。

一是关于医师诊疗途径的法律规定。当前网络医疗公司在诊疗领域开展的业务，通常是参照"远程医疗"的有关规定执行的。2015年4月，国家卫生和计划生育委员会新闻发言人宋树立表示："互联网上涉及医学诊断治疗是不允许开展的，只能做健康方面的咨询。"① 消息一出，引发了网络医疗行业的极大震动。宋树立介绍说，按照医疗实施主体，远程医疗包括两类：第一类是医疗机构之间的远程医疗；第二类是医疗机构利用信息化技术向患者直接提供医疗服务。也就是说，提供医疗远程服务的主体应该是医疗机构而非医生个人，更不应是非医疗机构的互联网公司，互联网医疗公司只能提供健康咨询而不能诊断和开处方。②为此，不少资本雄厚的网络医疗公司纷纷开始布局线下的诊所，深度介入医疗行业，这也使得网络医疗便捷、低成本的优势逐渐被消磨掉。

二是关于医药销售管理的法律规定。严格对处方药的管理本身无可厚非，但是通过电子处方等途径进一步拓展药物流通渠道，对降低药品价格、减轻群众负担来说，的确将会产生积极影响。当然，在医生处方的公开流通过程中，也存在医生知识产权和劳动价值的保护问题。

三是关于个人信息保护的法律规定。个人信息保护成为当前最大挑战，与其他互联网行业相似，数据和信息的保护在网络医疗领域也成为最为重要的议题之一。但与其他行业不同的是，作为关系到身体健康的第一手数据，个人健康医疗信息所需要的保护要比其他行业更为严密。目前，网络医疗领域的个人信息保护正面临着开放与保护的双重压力。开放的信息流动才能更好地实现精准、个性化的医疗服务，而如何保护个人信息不被泄露，则需要法律规定的科学设置。

可以说，如果没有相关法规的固化和完善，从而确定网络医疗信息甄别监管

---

①② 黄祺．互联网医疗，炒起来容易做起来难［J］．新民周刊，2015（50）：30－33.

机制、网络医疗责任认定机制、网络医疗适用范围和诊疗规范，那么网络医疗行业的发展很难迎来春天。

总之，在“互联网＋”上升为国家战略、高扬旗帜建设“健康中国”的今天，我们应该尽可能利用好互联网这把利器，抓好政策、市场和技术的良好机遇，发展网络医疗，帮助解决医疗改革中的困难和瓶颈，不仅要达成“病有所医”的民生目标，还要不断地提高民众在享受医疗服务过程中的便利感、获得感和幸福感，为实现民族复兴的伟大梦想提供源源不断的健康动力。

第九章 网络教育：开拓知识分享的新时空

当前，互联网时代已然来临，以互联网为平台的信息技术发展，不仅改变了一个又一个传统行业，也给人们带来了机遇、希望与挑战。在教育领域，互联网又意味着什么呢？简单来讲，就是教育内容的持续更新、教育样式的不断变化、教育评价的日益多元……总之，教育正进入一场基于信息技术的更伟大的变革中，传统的传道、授业、解惑在新的时空中被打开。

一、网络教育概述

当前，在“互联网+”的涌动中，教育已成为其中的一个加数，于是出现了“网络教育”。有学者认为，相对于教育的特质和互联网的特征，“网络教育”更能准确地反映教育与互联网的关系，更有利于在线教育实践和相关产业的发展，更有利于深刻、理性、健全地促进教育与互联网结合，更有利于教育当事人或社会成员利用教育和互联网服务更好地成长和发展。

（一）网络教育的内涵

深入“网络教育”之前，首先解释两个概念：教育互联网和互联网教育。其中，“教育互联网”主要强调将已有的教育模式、内容、工具、方法和体系用互联网的手段复制一遍，即简单地“把线下搬到线上”；而“互联网教育”主要强调在认识教育本质的基础上，用互联网的思维重塑教育模式、内容、工具、方法和体系。很显然，网络教育其本质上应该是互联网教育，而不是教育互联网。从网络教育的发展历程来看，以往的网络教育模式主要是为进行远程教育而命名的专有名词。

在具体了解网络教育内涵之前，先看网络时代给教育带来了什么。它的最突出的贡献之处就是使人类能够超越空间从而实现资源实时或非实时的共享。网络的影响可以看作三个方面的革命。一是教育资源的数字化存储与获取的革命。新的光电扫描技术、语音识别和生成技术、存储媒介（光盘、硬盘）的容量不断增大，音频、视频的压缩技术的不断改进，使得电子化的成本下降，速度加快。也就是说，把一个大学的所有资源放至互联网上去实行共享，不再是技术问题，也不是昂贵得不能做的事，而是人们是否下决心去做的问题。二是无界革命。互联网没有传统意义上的界限，地域之间的界限，如国界、校院围墙等；行为上的界限，如课内、课外；心理上的界限，如有些话当面不好意思说，网上匿名聊天可以无话不说。三是资源上的优化与利用上的革命。前面两条——资源的数字化存储与获取和无界革命——为实现教育资源的优化和利用铺平了道路。人们可以利用互联网把最好的教育资源通过网络提供给那些因时间、空间的障碍而本来无法得到的人。认真审视互联网给教育所带来的上述三项革命，就会认识到互联网技术对教育的重大意义。孔子所提出的“有教无类”的思想，几千年来一直是可望而不可即的理想境界，互联网为实现这个千年理想铺平了道路。互联网通过把最好的教育资源数字化从而实现无界共享，为消除非人为因素所造成的教育不平等创造了条件。同时，互联网使我们能够克服空间上的局限，使活到老、学到老的理想成为现实。

因此，从网络时代对教育的影响来看，网络教育主要是指学生与教师、学生与教育组织之间依托互联网及互联网技术，采取多种媒体方式进行系统教学和通信联系的教育形式，是将课程传送给校园外的一处或多处学生的教育。这种网络教育既包括以高校为主体的远程教育，也包含以电子商务（O2O）模式运行的在线培训等。现代网络教育则是指通过音频、视频（直播或录像），以及包括实时和非实时在内的计算机技术把课程传送到校园外的教育。

（二）网络教育的特点

虽然无法完全描述清楚互联网教育未来的细节，但不管形式如何，它是围绕教育的本质，用互联网的思维实现教育的目标，并呈现出区别于传统教育的特点。

一是网络身份认证。互联网教育的目标之一是取代传统教育，有必要用一种新的体系来认证个人学历，可以从唯一学号切入，伴随个人终身。其中有一种重要的组织来统一运作，如互联网教育学会（Institute of Internet Education），类似于 IEEE（电器电子工程师学会），负责制定互联网教育标准学历协议，同时也担负着制定教学大纲的任务。个人可以在各家教育平台上自由导入、导出自己的学历，学历上记录个人基本信息和知识水平等必要信息。这是互联网教育的基础服务，各家都应该遵循统一的标准，也是实现个人终身学习的一个保障。

二是个性化推荐。“因材施教”是无数教育家总结的经验，是教育的内涵和规律，互联网教育更应该天然地支持个性化。这里就需要一个用户建模的过程，一方面是用户数据初始化，如年龄、性别、生理、家庭背景、兴趣爱好；另一方面是过程学习动态建模，根据用户主动学习的内容判断用户，最终模型如下：2001 年 3 月 31 日出生于广东梅州教师家庭的女孩，智力水平高达 118，性格保守、文静，喜欢写作但热爱编程，动手能力很强。最终，在大数据的辅助下实现人尽其才，在保证基础教育的条件下充分挖掘了个人专业潜力。

三是商业运作。根据公理“人人受教育”，互联网教育天然地支持基础知识免费，语文、数学、外语、物理、化学、生物、历史、政治、地理、音乐、绘画、经济、机械等相关知识，都可以通过网络进行传输和获取。在商业运营中，传播的过程即意味着增值的过程，一般来讲，当前网络教育的增值以服务费用的方式支出，如提供个性化辅导、定制测试、第三方专业机构制作的内容，甚至专业技能学习的收费等，都是教育通过互联网商业化的根本动因。

四是实时反馈。“学而不思则罔，思而不学则殆”。互联网的信息互动即时性和信息传输的快捷性，在教育领域，天然地具有学习互动中的在线反馈和实时测试优势和功能。所以，可以在教育网站上每个知识点后都设置测验题，以保证学习者扎扎实实地学习每一个知识点，巩固获取的知识。

五是扁平化学习。在网络教育模式中，传统的年级概念将不复存在，只要愿意参与网络学习，可以不受时空的限制，随时随地进入学习场景，用户完全是按需学习。所以，可即时在网站上画出拼图，直观地告诉用户他已经完成了哪些模块。注意，每个模块都是网站上能提供给用户学习的知识点或者章节，用户单击模块后可直接跳转进行学习。

六是公共编辑。一个完整的知识模块，根据教学大纲，提供标准的编辑模板，结构化地呈现在用户面前，如分章、节、知识点。同时，应该定义最小学习单元，控制在15～20分钟。内容表现形式尽可能丰富，包括文本、图片、声音、视频等，目的在于让用户直观、快速地完成知识学习。例如，在历史知识学习过程中，提供翔实的历史图片或者纪录片做参考资料。互联网教育天然地支持人人协作，共同编辑教学内容，但考虑到水平参差不齐，可以分权限等级，同时为鼓励优质内容，可以提供优秀编辑者的展示窗口，作为家教输出等。

七是P2P互动。用户之间的切磋交流甚至竞争都是对学习的促进，互动可以表现为实时的在线讨论、测试成绩的竞争、学习方法的交流等形式。

八是沉浸式学习。“不忘初心，方得始终。”用户高效的实现具备参与社会生活和生产的基本素质才是网络教育的出发点和落脚点。同时，沉浸式的体验也可以促进用户专心学习。

九是移动学习。让用户在各种终端和网络的环境下随时随地接入学习并延续进度，也是网络教育的一个基本要求。

（三）网络教育的构成

网络教育与现实的学校教育一样，是一个由网络课程、网络教学、网络学习和网络评价构成的综合性系统，依托互联网实施网络上的课程建设及教、学、评等活动。相对传统教育活动，各个方面有其自身的特点。

一是网络课程。网络课程不只是在线学习课程，更重要的是它让整个学校课程，从组织结构到基本内容都发生了巨大变化。正是因为互联网具有海量资源，才使得中小学各学科课程内容全面拓展与更新，适合中小学生的诸多前沿知识能够及时进入课堂，成为学生的精神套餐，课程内容艺术化、生活化也成为现实。例如，叶圣陶先生《景泰蓝的制作》一文，要讲清景泰蓝的制作程序难如登天，描摹景泰蓝的模样，说明每道制作工序，学起来不像语文课，倒像工艺制作课，学生始终如坠五里雾中。如今，互联网上有得是图文并茂的景泰蓝制作流程，更有大量景泰蓝实物彩照，还有CCTV10精心制作的《手艺Ⅱ——景泰之蓝》，教师甚至可以不发一言，学生就能对景泰蓝的方方面面了如指掌。[①] 通过互联网，学生获得的知识之丰富和先进，完全可能超越作者。除了对必修课程内容的创新，在互联网的支持下，校本选修课程的开发与应用也变得天宽地广，越来越多的学校能够开设出上百门特色校本选修课程，诸多从前想都不敢想的课程如今都成了现实。

二是网络教学。网络教学是利用已经普及的计算机和宽带网络等硬件环境，依托专业的网络现场教学平台，实现异地、同时、实时、互动教学和学习的新的教学模式，是“实地现场教学”模式强有力的补充，是教育信息化和网络化的总体趋势和目标。在网络教学模式下，教师讲课工作像以往一样准备讲课稿（Word，PPT，PDF 等文件格式），像以往一样按照约定的时间上课。所不同的是，上课的地点不再是集中、固定的现实地点，如培训中心的固定班级，而是单位在这个网络系统平台上开设的固定班级，一个网络班级。上课的内容仍然是教师准备的内容，只需要将讲课稿文件“打开”到讲课板上，整个网络班级的学员都能异地看到内容，当然前提是学生在规定的时间登录该班级。在网络教学模式下，学生完全可以在家里报读学校开设的课程，既免去了劳途奔波，又节省了时间和精力，极大地增加了学习的方便性，同时不乏现场教学中的互动和交流。在网络教学模式下，学校可以集中精力发展教育品牌，招生和授课不再受地点限制，可以拓展到整个地区甚至全国的生源市场。网络教学的主要实现手段包括视频广播、Web 教材、视频会议、多媒体课件、BBS 论坛、聊天室、电子邮件等。网络教学打破了传统的时空限制，随着教育信息化进程的推进和网络教学技术的不断发展，网络教学满足教学的需要而将成为 21 世纪主流的教学方式。在网络教学中，网络以其灵活便捷连通的特点和高度的互动性成为实现互动双向交流的代表性媒体，符合国家新课程标准所倡导的探究学习方式对学习环境提出的要求。从教学实践的视角来看，定义网络教学要从学习方式分析入手。网络教学的狭义定义是指将网络技术作为构成新型学习生态环境的有机因素，以探究学习作为主要学习方式的教学活动。它的教学活动组织要在传统的课堂、网络等方面同时展开。正是基于网络教学活动的发展，以先学后教为特征的“翻转课堂”等新型教学模式真正成为现实。

---

① 肖燕，等．网络教育资源的传播与合理使用[M]．北京：国家图书馆出版社，2006.

三是网络学习。所谓网络学习，是指通过计算机网络进行的一种学习活动，它主要采用自主学习和协商学习的方式进行。相对传统学习活动而言，网络学习有以下三个特征：一是共享丰富的网络化学习资源。二是以个体的自主学习和协作学习为主要形式。三是突破了传统学习的时空限制。它不仅作为简单的可以随时随地学习的一种方式而存在，它代表的是学生学习观念与行为方式的转变。在网络上，学生对于研究对象可以轻松地进行全面的、多角度的观察，可以对相识与陌生的人群做大规模的调研，甚至可以进行虚拟的科学实验。当互联网技术成为学生手中的利器，学生才能真正确立主体地位，摆脱学习的被动感，自主学习才能从口号变为实际行动。大多数中小学生都有能力在互联网世界中探索知识，发现问题，寻找解决的途径。[①] 此外，网络学习可以更便捷地交互信息。基于网络学习环境中的交互活动被概略分为学生与学习资源、学生与教师、学生与学生、学生与其他专家、学生与朋友等之间的交互。根据贝茨的分类方法，交互可分为个别化交互和社会性交互。个别化交互是指学习过程中学习者与学习资源之间的交互，包括自主学习中使用的详细学习指南、统一的课程大纲、精心制作的学习资源、自测练习题、其他计算机网络资源等。社会性交互包括学习过程中学生与教师、学生与学生、学生与其他专家、学生与朋友等之间的交互。通过网络学习中的社会性交互，可以培养学习者发现问题和解决问题的能力，以及收集、分析和利用信息的能力，培养学习者学会分享与合作。利用网络学习支持平台的交互功能，构建虚拟的协作学习环境，探讨在这个环境中进行充分社会性交互的策略和方法，不仅能够建构一般协作学习的意义，对促进教师教学方式的转化、学生创新精神和实践能力的培养也具有重要的作用。

四是网络评价。这就是另一个热词“网评”，在教育领域，网评已经成为现代教育教学管理工作的重要手段。学生通过网络平台，给教师的教育教学打分，教师通过网络途径给教育行政部门及领导打分，行政机构也通过网络大数据对不同的学校和教师的教育教学活动及时进行相应的评价与监控，确保每个学校和教师都能获得良性发展。换句话说，在“互联网+”时代，教育领域里的每个人既是评价的主体也是评价的对象，社会各阶层也更容易通过网络介入对教育的评

① 葛晨．远程开放教育环境下成人自主学习问题研究[D]．天津：天津大学，2012.

价。[①] 此外，网络评价改变的不仅仅是上述评价的方式，更大的变化还有评价的内容或标准。例如，在传统教育教学体制下，教师的教育教学水平基本由学生的成绩来体现，而在“互联网＋”时代，教师的信息组织与整合、教师教育教学研究成果的转化、教师积累的经验通过互联网获得共享的程度等，都将成为教师考评的重要指标。网络评价还有另外一层含义，即对已开始的网络课程进行评价。网络课程的评价一般需要考虑网络本身的特性，盲目遵循传统的课堂教学评价标准是不合理的，应在如何挖掘网络的优势、弥补劣势上进行深入研究。国外的一些评价标准具有十分重要的借鉴价值，提出的许多新鲜思想开阔了我们的思路，但它们是面向不同层次和类别的网上学习，同时存在不足之处，直接奉行“拿来主义”是不合理的。教学管理贯穿于学习者开始参与网络课程到最后考试测评的完整过程中，涉及学籍管理、成绩与学分管理、财务管理、课程计划管理、答疑管理等，它是保证各方面协调工作的调控者。在《虚拟学习环境的教育评价框架》中的控制论模型就是从管理的角度，比较新奇地将学习者看作工人，他们的工作就是自己的认知结构发生变化，教师是这一过程的监控者，虚拟环境提供的各种功能使教师对学生及学生对自己的管理顺利完成。由于网络学习对教师和学生都有电脑技能的要求，他们不可避免地会产生操作上的困难，及时的在线帮助十分必要。当然，学习与教学的支持系统不只是在线帮助这么简单，它会从学习、事务、技术等方面都提供必要的支持。所以，上述的评价标准，都特别列出学生和教师所需要的各种支持。在《在线学习质量》中列出的七个方面的标准中，包含三部分支持系统的评价，分别是系统结构（技术支持）、学生支持系统和教师支持系统。国内在这方面的研究还很缺乏，往往将其与管理功能混为一谈。真正意义的支持系统应该是独立于管理的，并可由单独的机构承担教学与学习支持的任务。

二、传统教育与网络教育的互动

教育作为国计民生的重大问题，任何变化都会引起社会的波澜。几千年形成的传统教育模式已经在人们心中形成固定的认知，并且在现实教育实践中占据主

---

① 杨剑飞．“互联网＋教育”：新学习革命[M]．北京：知识产权出版社，2016.

导地位。在互联网迅猛发展的背景下，网络教育模式的出现，使二者在各个层面、各种人群中发生着微妙的关系，既有主流的泾渭划分，亦有旁支的融合趋向，最终目的都是为有不同需求的人们提供一种更适合的教育解决方案。

（一）网络教育对传统教育的变革

传统的教育，一个老师只能走进一个教室，学生只能在固定的时间到固定的教室去上课，教学的工具就是课本和笔，以及黑板和粉笔。网络教育改变了教育的开放性，改变了教育的透明性，改变了教育的共享性，并且改变了教育的全球性。但是，如何推进教育与互联网的深度融合，既符合教育规律，又具有网络效率，将是网络教育创新融合发展要解决的关键问题，也是支撑网络教育深度创新发展的重要基础。

一是促进传统教育创新。政府工作报告提出“互联网＋”行动计划，推动移动互联网、云计算、大数据、物联网等与现代制造业相结合，促进电子商务、工业互联网和互联网金融健康发展，引导互联网企业拓展国际市场。其中，“互联网＋”不能让教育缺位。目前，教育投入占我国公共财政支出的最大份额，教育成为名副其实的最大民生。在借助互联网技术改造我们的教育、提高教育效能、使教育发生革命性改变的同时，也可以牢牢把握互联网技术和互联网企业创造的服务市场。所以，应该从战略的高度来启动网络教育，而不是只把互联网作为工具，继续做传统教育。

二是实现教育资源共享。网络教育，让每个人都能通过互联网享受到优质的教育。对于国家而言，社会教育素质的提高更是喜闻乐见，尤其是通过这些享受到网络教育的人带来的辐射作用。传统教育固然已经做了最大的努力，试图解决问题，但受制于思路和技术的局限性，它自身根本不可能完成华丽转身，只有代表最先进生产力的互联网教育才能接下教育的盘，实现人人受教育，重新塑造教育。

三是提升学习效率。这不仅要求让学生花更少的时间达到更好的学习效果，还有资讯问题。互联网最重要的是消灭中介媒体和中介媒质，学生可以完全点对点地得到非常透明的信息。还要解决有效互动问题，如果是没有目的性、没有成长性的互动，大家会被互动信息所淹没，最后发现自己没有进步，我们的学生也没有进步。[①]

四是促进创业就业。网络教育的影响不只是创业者们，还有一些平台能够实现就业的机会，在线教育平台能提供的职业培训就能让一批人实现智能培训，而自身创业就能够解决就业。李克强总理提出的“大众创业，万众创新”对于教育有深远的影响。“互联网＋”的热潮席卷了整个互联网，而网络教育使教育变得非同凡响。现在该担心的是那些坚定不变的企业或个人，现在该高兴的是在路上的创业者，而现在兴奋的是准备进入的人，无论是谁都阻挡不了互联网改变教育，在线教育终将成为主流之一。

五是加快教师转型。如何让老师更快地接收到最前沿的知识，并且能够非常方便地调动出来，在教室里给学生传播。解决老师对学生的监督，这个监督包括孩子们走到哪里的监督，孩子们学什么的监督，学习效果的监督。学生与学生的互动，学生与家长的互动，家长与老师的互动，到底应该怎么做？这种交互性的互动，是把网络教育体系进一步推动最重要的基础。[②]

（二）传统教育向网络教育的转向

联合国教科文组织将教育信息化的发展过程划分为起步、应用、融合、创新四个阶段。近些年，互联网硬件建设已基本完成，进入信息技术和教育教学的深度融合和创新阶段，这个阶段重点要推动教育理念创新、人才培养模式创新和教学方法及评价方式创新。

使用哪种组合，语义的差别是一层，但不能仅限于语义的讨论，还要看在实际生活中怎样才有利于人们的发展和教育的完善。作为一个普通的人，当你面对教育和互联网的时候，怎样选择利用这两者的组合？合理而有效的方式当然是先选定需要什么样的教育，再确定如何利用互联网获得这样的教育，沿着“网络教育”的方式使用，更有利于人的成长。

在“网络教育”思维下，出现了大量良莠不齐的互联网教育实体。2015 年，中国从事在线教育的企业数量为 2400～2500 家，专门从事在线教育的人员达到 8 万～10万人，拥有数十万门在线教育课程，用户达到近亿人次。这些在线教育

---

① 石纯生．“互联网＋”时代的数学教育变革[J]．数学学习与研究，2015（6）：65.

② 朱小曼．教育的问题与挑战[M]．南京：南京师范大学出版社，2001.

企业如同雨后春笋般速生，也如同烟云那样很快消散，其原因有多种，其中共性的原因是他们并不真正了解教育，而是采取外科手术式的“网络教育”方式，互联网并没有真正加到教育深层，多数仅是浅层的包装，而非以内生变换的“网络教育”方式发展。调查发现，那些不了解教育的以“网络教育”方式发展起来的企业的存续时间，要明显短于那些以“网络教育”的方式发展起来的在线教育实体。只要你的教育做得好，能切实解决用户的问题，加上互联网就能够如虎添翼，不加互联网也能保证生存；如果你的教育做不好，加上互联网也未必会好到哪里，很可能加速灭亡。① 也就是说，“网络教育”本身在一定程度上误导了资本和在线教育，走进“网络教育”才能良性复归。

沿着“网络教育”的思路，很多企业将关注点放在搭建教育平台上，而忽视了内容的创新性与完整性，导致其产品课件和试题重合率极高；忽视了教育需求者的真实需求，一部分教育产品只是在用“炫酷”的技术做表面的“先锋实验”，并没有针对提高教学效率与质量提出相应的对策，严重脱离了教学实际；或者对线下教育进行简单复制，以为把它们放上互联网就必然优于没有互联网的教育；或者过于简单地认为互联网必然倒逼教育变革，必然带来更公平、均衡的教育，有移动终端就可在任何地点在网上选择各自喜欢的课程学习。

从“传统教育”转向“网络教育”，要从转变教育理念和教育态度开始，让教育积极主动地去加上互联网。从历史发展看，教育总体上是每个时代相对保守、封闭的社会构成，而互联网却是当下社会技术和理念传播的前沿，是开放的。一些人担心，“网络教育”是否会在实践中拖整个社会前行的后腿，甚至认为，“网络教育”是在传统教育基础上嫁接互联网，教育行业传统思维占据主导，无论技术、人才，还是运营管理等都与互联网特质相去甚远，产业升级速度缓慢。“网络教育”才能使互联网思维占主导，颠覆以往的教学主体、教育模式和运营思路，并对传统教育体制产生倒逼作用。② 实际上，这种希望通过互联网对教育做“颠覆”的认知，本身就存在问题，唯有将这部分力量激活，转化为积极主动的力量，变革才是理性和良性的。

以“网络教育”的方式推进实践，强调的是教育内部变化的重要性，而不仅

① 蔡伟．“互联网＋”时代的教育变革[N]．中国教育报，2015－04－09（3）．

② 李光欣．远程教育与终身学习[J]．中国校外教育（理论），2008（11）：36－37.

仅是有了互联网技术就意味着先进。需要切实以学生发展为本，依据互联网技术所能提供的新的可能性，遵从教育自身的发展规律，灵活运用互联网思维，积极主动地在教育哲学、教育教学理论、教学模式、课程内容、学习方式、评价技术、教育管理、教师教育、教育环境、家庭教育、社会教育及学校组织等多方面谋求变革，而非被动地成为互联网的拖曳或补丁，从而实现对整个教育生态的重构。在具体的教学中，“网络教育”不是要沿袭教育的保守和封闭，而是要教育当事人积极主动迎接变化，要尊重每位学生的个性特点，参与到开放、互联、互动的多元建构中，利用信息技术支持学生真正意义上的差异化学习，实现每位学生的个性化健全发展；注重互联网产品的实际教育应用效果是否有利于教育品质的提升。

三、网络教育的发展模式及现状

网络教育脱胎于传统教育，诞生于网络时代，打开了教育的维度和空间，改变了传统教育的样态。其发展从早期的远程教育授课到今天的网络互动学习，开创出了一条与时代发展同步、与社会需求共进的教育新路，其尊重教育规律、坚持教育本质、拥抱互联时代、专注服务学生的发展理念超越了传统教育观念，也同时受到传统教育模式的束缚，在创新与困境中踯躅前行。

（一）网络教育的发展模式

20世纪90年代以来，网络技术发展推动了人类社会向信息社会的迅速转变。网络媒体从一登上舞台，就显示出强大的生命力和巨大的信息优势，以及快速的渗透方式，迅速进入管理、金融、商业、通信、新闻、医疗、教育、技术产业、娱乐等一切与信息紧密相连的领域。网络媒体具有无法替代的实时交互功能，使网络教育成为一种极富自身特色的崭新教育形式。在中国市场，网络教育涵盖了所有以网络及其他电子通信手段，提供学习内容、运营服务解决方案及实施咨询的市场领域。从细分市场看，可分为幼儿网络教育、网络教育、高等网络教育、企业E-learning网络教育、职业与认证培训网络教育五个方面。

在美国，通过宾夕法尼亚州立大学的虚拟课堂，学生们可以修习流行的校园课程，如“性史”“健康保险专业写作指南”和“网上护士指南”等。宾夕法尼亚州立大学在远程教育方面一直占有领先地位。从1995年起，宾夕法尼亚州立大学就采用电子邮件作为独立研究课的手段。印第安纳大学还安排其新闻专业的学生从网络中进入亚特兰大的有线新闻网中心进行电子实习，他们还能在网上查到全世界的新闻期刊。随着互联网全速渗透人类通信领域，全球电子大学目前已切实可行。从纽约城市大学派生出来的“联通教育”已经连续几年开设网上传播学硕士专业，其课程都是由来自世界各地的教授讲授。此外，还有一个很出色的计划正在加州州立大学圣地亚哥分校酝酿着。该计划取名为“世界大学”，设计目标是全部电子化。

早在1993年，英国开放大学这一网络高等教育的先锋，就已在考虑创建电子校园。英国开放大学所设计的电子课程，不仅能使学生进入该校的设施，而且还能进入全国乃至全世界的图书馆、数据库和其他信息资源。目前，英国开放大学的网上校园开设了两门计算机课程，选课人数达350名。英国开放大学网络校园的运作方式是：学生随课程材料收到“号角”互联网软件、尤多拉电子邮件系统和万维网中的“网景”浏览器。学生通过电子邮件将作业交至学校的一个电子信箱。一旦作业进入电子信箱等待评判，教师（本质上是一对一的教学方式）就会自动接到通知。英国公开大学还准备再开设两门课程。

此外，在拉丁美洲和世界其他地区的发展中国家进入21世纪的进程中，远程教育在这些地区也奠定了一定的基础。例如，哥斯达黎加和委内瑞拉都有远程教育机构：哥斯达黎加国立远程教育大学和委内瑞拉国立远程教育大学。此外，墨西哥蒙特雷技术学院通过卫星向墨西哥的26个点和北美、南美的其他区域发送结合互联网资源的电视课程。这些课程都是用英语和西班牙语讲授的。

国内方面，1999年，国务院批准颁布的教育部《面向二十一世纪教育振兴行动计划》中，提出了实施“现代远程教育工程，形成开放式教育网络，构建终身学习体系”，正式拉开了我国远程教育和网络教育的帷幕。从此，在全国高等教育领域先后成立了67所远程教育网络院校，基础教育领域也先后涌现出一批名校与企业合作运营的商业网校，如北京101远程教育网、北京四中网校、齐鲁网校、景山教育网等近200所网校。2004年，《2003—2007年教育振兴行动计划》提出实施“教育信息化建设工程”，指出要加快教育信息化基础设施、教育信息资源建设和人才培养，构建教育信息化公共服务体系，建设硬件、软件共享的网络教育公共服务平台。大力加强信息技术应用型人才培养，着力改革信息化人才培养模式，扩大培养规模，提高培养质量。

总体来看，国内网络教育发展模式如下：我国的网络教育分为“基础教育”“高等教育”“职业认证技能培训”“企业培训”四种类型。大部分集中于基础教育，高等教育也逐渐发展起来。在基础教育方面，已有4000多所学校集成校园网，有的地区还建设了教育城域网，并且有200多个具有一定规模的网校。“基础教育”及“高等教育”是以主办院校为标志品牌，由院校自主管理维护或与企业合作，由企业提供技术资金的支持。国外则更多集中于高等教育和成人继续教育。香港已经建立了一个贯通正规教育、继续教育、职业教育资历、学历互通和衔接的终身教育体系。[①] 学习者在中学毕业后，可以选择正规教育或者继续教育的途径，接受学历或者非学历教育，接受继续教育的学习者，不仅可以和正规教育课程衔接，也与国外高校的正规教育课程衔接。

（二）网络教育的变革冲击

乔布斯生前曾无比遗憾：为什么计算机改变了几乎所有的领域，却唯独对学校教育的影响小得令人吃惊？答案在于我们要超越技术的工具观。从工具、思维、文化三个层面不断变革。

一是知识获取方式的变革。这是一个信息爆炸的时代，知识以指数曲线来膨胀，但是个人的认知能力却十分有限，面对浩如烟海的信息，把所有东西都存储在学生的大脑里显然是不可能的。在社会越来越复杂，信息量越来越多，而我们的学习时间又非常有限的情况下，人类只有变革学习和认知的方式，接纳新的认知方式，即人机结合的思维体系，也是现在认知的基本方式。想学习知识，可以上互联网，不仅可以查阅电子图书馆，还有全球海量的教学资源，如在线观看哈佛教授视频讲座、学习清华和北大老师的公开课，甚至可以和外教进行一对一的英语学习。

二是教学模式的变革。千百年来，教学通过面面相授、口口相传，借助黑板、粉笔进行班级授课的方式进行，这种单一、简单的教学手段只能将教育限制在课堂内进行，教学行为的核心在于教师，而非学生。这种延续了几千年的传统教学模式，在当今互联网时代得到了颠覆式的诠释。信息技术在教育领域得到广

---

① 唐雪飞．重塑区域教育信息化新生态（一）[J]．中国信息化周报，2015（9）：32.

泛而深入的应用，构成课堂教学的四要素——教师、学生、教材、媒体及相互之间的关系都较之传统发生了深刻的变化。在互联网时代，教学模式的研究呈现出多元化和现代化的特点。信息技术与网络使得知识呈现方式更符合学生认知需求，教师的知识权威地位逐渐被打破，个性化学习成为可能。以英语学习为例，传统的课堂上，教师把英语当作一门科学来教，而非当作一门语言来学习，培养了大批的英语“哑巴”。一个英语学习平台聚集了世界各地英语国家的优质外教，学生打开电脑自选外教、自选时间、自选课程，完成约课后就可以和外教进行面对面的学习；教学完全以学生为核心，学生可以根据自己的喜好和状态预约适合自己的外教。这种以学生为核心的教学模式，利用技术建构以学习者为中心的教学行为，才是真正的因材施教。[①]

三是商业模式的变革。互联网对教育的变革不仅体现在知识获取方式和教学模式上，最重要的是围绕各个环节形成了一个健康、可持续的在线教育生态链。为学员提供超出预期的学习体验，这就要谈到“互联网思维”“互联网模式”的话题。互联网创造出一个个传奇神话，各种颠覆，改变的不仅仅是传统产业链，更是颠覆了人们的世界观和行为方式。用互联网技术、思维颠覆传统课外辅导行业的盈利模式。新东方创始人俞敏洪提到，未来的教育体系——O2O 体系，线上、线下结合的模式，是在线教育的发展方向，也是未来教育的必然取向。借助现在互联网的技术，使教育变得更加智能化，让学习变得更加高效，让沟通变得更加无边界，这是趋势，不可阻挡。建立在线教育 O2O 生态系统，同样一节外教 1 对 1 课程比传统模式便宜 10 倍，并且能为学员提供超出预期的学习体验，同时，课后还能及时点评外教，提升学习效率才是关键。过去，人们总是将教育事业视同公益，也针对教育培训平台是教育机构还是商业机构展开过讨论。这又何妨？正如说客英语的创始人王华宁所说，让说客英语成为学员英语梦的起点，成为加盟商创业梦的起点，成为自己事业的起点，让教育和商业和谐发展，这样的事业怎能没有未来！

（三）网络教育的发展瓶颈

全球化、知识爆炸、即时通信、电子化正在联手颠覆我们的工作和学习方

---

① 杨博超，刘光明，徐成俊，邓哲鹏．基于云平台的远程教育模式研究[J]．数字技术与应用，2015（8）：57－58.

式，旧模式在迅速隐退、新模式在迅速形成。对此，网络教育大多视而不见，教学内容、教学方法、评价方式大致沿袭传统校园做法。以教材为例，大部分高校网络教育的文本教材直接使用校园教材，有的甚至搬用自学考试的教材。就此而言，网络教育显然还没有找到自己统一的逻辑结构，还是利用媒体在克隆、复制校园教育。这种忽视教育对象群体文化特征和社会文化转型期变化的克隆和复制，正好将网络教育的弱点在传统教育面前暴露无遗，也使得网络教育在教育的新旧价值、新旧传统之间游移不定，成为“边缘化”的角色。

一是网络教育短时间内难以取代传统教育。传统的课堂教学模式有其明显的优势：有利于教师主导作用的发挥，有利于教学的组织、管理和教学过程的调控，对教学环境建设要求比较低，教学效率比较高，更重要的是师生与学生之间的人际交流对学生成长所起的作用，远远超出了课堂教学本身。网络教学也并非十全十美：网络教学对情感目标（如思想品质、心理素质等）和动作技能目标（如体育、实验、手术技能等）的教学效果不是太理想。学习者的自控力受年龄以及学习风格的影响。对于年龄较小、学习依赖性比较大的学习者来说，对教师主导作用的要求比较高，不太适合利用网络进行自主学习。另外，网络教育对教学设备的要求较高。

二是网络资源的局限。我国的网络教育起步比较晚，网络教育资源建设现今还缺乏有力的理论指导，管理体制不顺造成了很多低水平、重复性建设。网上课程资源的数量和类型十分有限，大多是直接指向学科课程，指向升学考试。培养能力，提升学习者综合素质的网络教育资源较为匮乏。网络教育资源建设的投入涵盖面非常广泛：资金、技术、设备与专业人才等都是必不可少的投入，我们要不断地丰富和充实这些投入，促使网络教育资源系统发挥最大效能。

三是网络资源更新速度缓慢。教育网站教育资源的更新速度是大多数网站建设、推广中的一个难题。网站中的新闻可以实时更新，但课程资源的更新却异常缓慢，更新速度以天、周甚至月、年来计算。不同学科、不同年级的网络课程资源更新速度存在明显差别，相对而言资源更新速度较慢。总的来说，网络教育资源的更新速度远远不及网络资源的平均更新速度，尚不能满足教育发展的需求。

四是网络课程资源缺乏共享互动机制。目前，网络资源的利用率并不尽如人意，不少教育网站课程资源栏的浏览率几乎为零。网络课程资源不是根据教学的实际需要设计，网站建立时缺乏接受建议模块的设计（留言板或 BBS 等），还有不少教育网站对访问权限的规定过于严格，如果读者未进行注册或者未缴纳一定费用，即使是普通的浏览也不能进行。所有这些都限制了网络课程资源的共享互动。

五是网络资源内容形式呆板。因为国情使然，目前中小学的学习结果评价手段主要是通过笔试的形式，最终用试卷分数体现。这种书面考试的主流地位决定了应试思想的存在和流传，目前大多数的网上教育资源只不过将学校的书本知识直接转移到计算机网络上，网络只是被当作学校教育信息传播的载体，而不是提高使用者综合素质的渠道。这就造成了不少网站提供的所谓特色教育服务就是各种各样的题库，其中堆积着大量的模拟题、测试题、历年中考题。

六是用互联网装教育的“旧酒”。首先，从互联网与教育的关系看，无疑教育应该是核心，互联网只是技术和辅助工具；教育或者说人的成长发展是目的，用于教育的互联网是手段；教育是需求的源头，互联网是更为迅速便捷保障供给的技术条件。若把互联网作为核心，教育只是附庸产品来做，不只是曲解了教育，也难以有效满足教育当事人对教育的需求。其次，从与人的关系看，没有互联网之前，人类就有数千年的教育活动，教育与人已经形成了关系牢固的伴生关系；互联网一产生，便与人产生了密切关系，这种关系相对于教育与人的关系而言是后生的，用“网络教育”就意味着要在后生的、尚来稳固定型的关系上加上先前已经稳固定型的关系，这必然产生关联的虚点和盲点，出现诸多的不顺；“网络教育”则是在一种稳固关系基础上建立新的未稳固关系，紊乱的概率就会大大降低。

不得不承认，互联网本身确实会更新人与教育的关系，互联网成为人与教育之间的新媒介，使原来必须要师生在特定时空进行的教学转变为可以较少受到时空限制，有了互联网的教育更加关注互动，互动性的教学体验使教学过程智能化、舒适化。互动的主体依然是人，网络只是媒介，从逻辑上说是人为了教育的目的而利用互联网，其相加的顺序也应该表述为“网络教育”。从方式上看，“网络教育”应当从根上施肥的方式改变教育，而“网络教育”类似于从叶上施肥的方式改变教育。后者能改变的是教育的表面，前者则能深层、系统、渐进地改变教育，从两种效果来选择，结果不言而喻。

在实践中，大多数人一直以“网络教育”而非“网络教育”的方式对待互联网与教育的关系，由此导致的是一些对教育知之甚少的人把教育与互联网的关系当作单纯的商机，以功利的心态强行侵入教育，或制造“解题神器”等工具，或干脆把传统的答案直接搬到网上，客观上对教育造成了不小的伤害。另一些从事教育的人士则以作壁上观的态度对待互联网与教育的融合，或者以违背互联网精神的方式使用互联网技术，将过去的“满堂灌”直接变成“满网管”，不顾学生使用互联网往往只是下载考题、复制论文和核对标准答案。

网络教育是互联网时代的产物，但在发展过程中既不能忽视新工具的发明与运用，又不能为工具所牵引而忘了教育自身，如果互联网使用者的教育思想理念没有改变，即便加上了互联网，也未必是教育的良性改变。教育从业者只有从精神上领会了互联网的精髓，并依据教育的特性和需求使用互联网，只有当教育的理念更优化，以“网络教育”的方式与互联网结合，才能有效避免互联网“新瓶”装落后的教育的“旧酒”。这是当前网络教育发展需要解决的一个重要问题。

四、网络教育的发展前景

虽然电子化的教育培训项目的具体发展方向目前仍不明朗，但有一点可以肯定，这些项目将同时借助卫星、电子和光纤技术。现在世界正变得越来越小，市场经济已经取得压倒性优势，全球竞争无处不在，所以世界各地的学习者势必不断地学习培训，从而跟上发展的潮流。对于这些学习者来说，远程学习是大势所趋，除此之外别无选择。这正是网络发展的前景。

（一）网络教育的发展趋势

教育部教育管理信息中心、百度文库和北京师范大学联合发布的《2015 中国互联网学习白皮书》（以下简称《白皮书》）显示，互联网教育产品用户主要集中在 19～34 岁这个年龄段。这个年龄段的用户总数占互联网教育产品用户总数的近七成。同时，《白皮书》还发布了“网络教育”的六大发展趋势。

一是基础教育领域用户引领在线学习大潮。从互联网学习调查来看，教师和学生群体迁移至互联网环境的速度不断加快；基础教育领域是互联网学习发生最为活跃的教育阶段。从互联网教育产品整体用户对各教育阶段的关注热度看，基础教育依然是互联网教育产品用户人数最多的教育阶段，占互联网教育产品用户人数的 51.23%；在互联网教育产品的使用者——家长及孩子所处的阶段来看，小学所占的比例最高，占 36.19%；在这个教育阶段，教师是最主要的应用群体，占 50.53%。[①] 与此同时，通过 2014 年度、2015 年度的数据对比可以发现，6～14 岁年龄段学习者的互联网学习用户有了较为明显的增长。

二是教师借助互联网手段丰富教学。从互联网学习调查来看，教师全天候、高频率使用互联网教育产品，教师使用互联网的行为发生在课堂教学时间段内，表明课堂教学具有开放性和个性化特征；传统“辅助式”教学应用行为仍然是教师使用互联网的基本取向，“在线学习类”新型应用方式逐渐受到关注。教师使用互联网的行为覆盖 8 时至 22 时的全部时间段，并且以 8 时至 10 时、18 时至 20 时为两个高峰段；教师使用互联网的时间峰值为 30 分钟至 2 小时；“备课”和“组题”是教师使用互联网产品的主要需求，但支持学生学习与教育管理方面也开始占据一定的比例，为 24.4%；使用互联网教育产品的教师在不同教育领域的关注内容方面，可以明显地看到“视频教学类”“在线学习类”适合学生学习的资源形态越来越多地受到关注。

三是家长购买过互联网教育产品两极分化。从家长购买互联网教育产品的调查来看，使用互联网的家长中，44%购买过相关产品。基础教育用户是互联网产品更积极的使用群体，而对互联网服务产品有购买能力的家长受学校、教师的影响最为显著，62.6%的家长愿意接受学校或教师的推荐。同时，孩子主动参与互联网学习的意识也在不断提升，47.72%的家长受孩子影响；从使用互联网教育产品家长在教育产品上的最高花费的调查看，家长购买的行为额度在 50～1000 元，为在线教育产品或服务的提供带来了启发。

四是网络教育推动中小学课堂开放性。基础教育领域是不同教育阶段中最为活跃的领域，体制内的基础教育改革及信息化融合实践推动了广大中小学课堂的开放性，同时“互联网+”凝聚的社会资源为教育提供了精细、精致的作业和题库类服务。但是，服务新课程改革目标、支撑学生个性化学习发展等方面的资源、课程和服务偏少，而这正是国家教育改革和发展的基本方向。网络教育企业在对接基础教育改革及教育信息化实践进程方面“错峰”相伴而行，网络教育的实践整体上需要在支撑引领基础教育领域改革实践方面发挥作用，特别是在服务于学习者多元化、高品质的数字化课程环境建设方面。

---

① 周琦．VPN 技术在电大远程教学平台的研究[J]．华章，2010（4）：13-15.

（二）网络教育的市场前景

市场总是应需求而生，网络教育也不例外。无论它是通过卫星和有线电视还是通过电话线和互联网来传播，网络教育的世界市场正在勃兴。据估计，2015年之前美国的网络教育市场达到8.25亿美元的规模。这比2012—2013年时的水平提高了77%。到2020年，网络教育的全球市场规模将高达82.5亿美元。[①] 如果把其他国家的教育需求也考虑进去，那么82.5亿美元的估计数字只不过是冰山一角。

我国高等教育的基础结构，也为网络教育的发展提供了广阔的市场前景。我国的高等教育系统共计2000余所高校，在校学生约为250万人。2015年，有近300万名高中毕业生。由于高校入学竞争，很多学生难以进入大学深造，另有400多万职业学校毕业生也开始寻求进一步的技能培训。粗略地估计一下我国潜在的成人学习者，就可以基本掌握潜在的网络学习者的数量。预计未来5～6年仍是互联网教育产业高速发展的时期，行业规模将达到每年1000亿元。

很久以来，澳大利亚和新西兰就是网络教育方面的先驱，网络教育的市场潜力在这两个国家已经得到证明。在亚洲的其他英语地区，如新加坡、马来西亚、印度尼西亚的某些地区、中国香港、菲律宾等地，对于高等教育的需求量非常之大。对网络教育的需求在欧洲同样存在，虽然欧洲的潜在学生数量比亚洲要少得多。英国开放大学的存在，使得向欧盟各国的非传统学生群体提供网络教育成为可能。网络教育在南美洲和非洲同样有着庞大的潜在市场。但是这两个大洲的问题在于，潜在的学生人数众多并且增长迅速。

总之，在过去几年中，互联网技术对教育产业开始了全面、深入的浸透，进而对全球教育信息化产生了整体推动，国内的教育、培训行业也纷纷加快了信息化的步伐，无论是国家教育管理机构还是产业投资机构，对高等教育、职业教育、基础教育和培训产业的信息化发展都给予了很大关注，并对未来的发展做出了重要的策略和布局。全球化教育将覆盖各个角落，跨越校园、地区、国家而覆盖世界各个有网络接入的角落，课程学习将是面向全球范围内的注册学生提供教学资源与教学过程相融合、有师生和生生之间交流互动的全面教学服务。为向学

---

① 袁永纯，李成．利用远程教育站点实现城乡优质教育资源共享[J]．教育信息技术，2013（6）：77－79.

习者提供多样化教学模式，教育机构和教育技术厂商将设计出基于从混合式学习到完全在线学习的满足学生多种学习方法、过程和体验的学习模式。以学习者为中心的教育，教学资源、教学过程、学习评价等越来越以学生为中心，教师的作用也由教学主导变成学生学习的辅助者和服务者而进行因材施教。网络教育带来的教育模式变化，随着网络技术的发展将越来越大。

第十章　网络旅游：让资源共享

网络旅游是以现代科技，尤其是信息技术为主要手段，为旅游业利益相关者提供快速、透明、公正的信息服务，在此基础上建立一个发挥市场经济的自我调节能力、合理调配各种资源和旅游生产要素、刺激、保护旅游行业创新的平台。网络旅游继承了“互联网+”的大部分属性，不但同样以信息技术为主要手段，而且以新技术的普及为行业突破的契机。旅游行业的特殊性也使得网络旅游与其他的“互联网+”传统行业相比更加复杂。

一、网络旅游现状

从1999年携程旅行网、艺龙旅行网上线，到如今各种国内在线旅游网站开始爆发式增长；从早期的旅游信息搜索和单项预订服务，到如今线上、线下综合的一站式旅游服务，互联网与旅游业的融合达到前所未有的深度。

截至2016年6月，在网上预订过交通、住宿、旅游度假产品的网民规模达到2.64亿人，较2015年年底增长406万人，增长率为1.6%。在网上预订火车票、机票、酒店和旅游度假产品的网民分别占比28.9%，14.4%，15.5%和6.1%。其中，通过手机终端预订机票、酒店、火车票或旅游度假产品的网民规模达到2.32亿人，较2015年年底增长2236万人，增长率为10.7%。我国网民使用手机在线旅行预订的比例由33.9%提升至35.4%。①

我国旅游市场整个2015年的交易规模约为41300亿元，其中在线市场交易规模约为5402.9亿元，相比2014年的3670亿元同比增长47.2%。② 在各类旅游投资中，在线旅游投资持续升温。2015年在线旅游投资超过770亿元，同比增长42%。③

从以上数据可以清晰地看到，旅游业正在以越来越开放的姿态和视野与互联网深度融合发展，具体表现为以下几个方面。

（一）微观上看：在线旅游OTA发展势头迅猛

在“互联网＋”背景下，借助于大数据、云计算等互联网信息技术的发展与应用，一大批旅游电子商务企业OTA（Online Travel Agent）应运而生，为客户提供出行、住宿、票务、导游及旅游咨询等全方位的服务。携程、途牛、同程、去哪儿、驴妈妈等知名旅游电子商务企业成为旅游新业态的代表。

1. OTA竞争激烈，市场越来越规范

OTA内部竞争激烈，价格战不断。各平台为了吸引用户的关注、媒体曝光拼特价、拼低价、拼补贴，同时，行业间的收购、兼并重塑市场格局。

2015年被称为OTA行业格局动荡的一年。成立于1999年的携程旅行网，2003年在美国纳斯达克成功上市，目前有超过2.5亿名会员，堪称在线旅游行业老大。2015年4月，携程收购途牛旅游网1500万美元的股份；同年4月，携程向同程旅游投资2亿元；同年5月，携程战略性收购艺龙37.6%的股份，总价约4亿美元；同年10月，携程与去哪儿网宣布合并。通过一系列资本运作，在行业中打造出携程系。

2016年也不太平，通过系列兼并、重组，在线旅游市场格局基本稳定，携程、途牛、同程领先行业三甲，整个市场也越来越规范。

---

① CNNIC. 中国互联网络发展状况统计报告[EB/OL]. http://www.cnnic.cn/gywm/xwzx/rdxw/2016/201608/t20160803_54389.htm,2016-08-03.

② 中国工商报．数据看台[EB/OL]. http://www.cicn.com.cn/zggsb/2016-10/17/cms91669article.shtml,2016-10-17.

③ 国家旅游局．2015年旅游投资报告[EB/OL]. http://www.gov.cn/xinwen/2016-05/17/content_5074067.htm,2016-05-17.

2. BAT 纷纷涉足旅游市场

BAT 是我国互联网公司百度（Baidu）、阿里巴巴集团（Alibaba）、腾讯公司（Tencent）三大巨头首字母的缩写。

2014 年 10 月，阿里巴巴将旗下 2010 年推出的淘宝旅行更名为“阿里旅行·去啊”；2016 年 10 月，阿里巴巴集团将“阿里旅行”升级为全新品牌“飞猪”，英文名“Fliggy”，定位为面向年轻消费者的休闲度假品牌。

2011 年 4 月，百度旅游正式上线，这是一个旅游信息社区服务平台，旨在帮助准备出游的人更好更快地做出旅游决策，满足用户在旅行前、旅行中、旅行后各种与旅游相关的需求。同年 6 月，百度斥资 3.06 亿美元战略投资去哪儿网，成为其第一大机构股东。2015 年 10 月，百度和携程达成一项股权置换交易，交易完成后，百度成为携程第一大股东。

腾讯早在 2011 年就投资 8440 万美元收购艺龙 16％的股权，成为其第二大股东；2012 年，同程得到腾讯千万级别融资；2014 年，腾讯再次追加投资同程；2016 年，腾讯旅游频道正式在腾讯新闻客户端上线，以内容资讯为起点，整合产业链伙伴资源，为用户提供移动化、主题化、功能化、互动化的服务。

“BAT”三大互联网巨头对在线旅游领域的资本运作折射出巨头们对这一领域的重视，同样反映了在线旅游领域巨大的市场潜力。

3. 传统巨头积极拥抱在线旅游

传统巨头如万达文化产业集团、海航旅游集团等，加大对在线旅游投资力度，积极参与构建在线旅游行业的新秩序。

2015 年 7 月，万达出资 35.8 亿元投向同程旅游，成为同程第一大股东；万达旅业成立于 2013 年 10 月，隶属于万达文化产业集团。2016 年 10 月，万达将万达旅业并入同程旅游，进而增强旗下旅游板块线上线下联动效应，同时增持同程股份。

在线旅游的发展离不开大交通，航空公司作为大交通的重要供应环节，尝试从在线旅游市场中分一杯羹。海航集团下的海航凯撒是一家旅游电子商务公司，于 2015 年更名为凯撒旅游。2015 年 11 月，海航又出资 5 亿美元投向途牛，双方利用各自优质资源，在线上旅游、航空、酒店服务等领域开展深度合作。这样，海航旗下已经拥有“途牛＋凯撒”两个流量入口。2016 年 3 月，海航对航班管家进行投资，布局新的流量入口。

当前国内在线旅游业已经形成了以“携程系”和“海航系”为首的两大巨头；拥有上游资源的“万达系”“首旅系”正在发力集中整合资源；此外，依托阿里生态圈的“阿里系”也在加速在线旅游行业的渗透。[①] 总的来说，在线旅游市场格局基本稳定，发展潜力巨大，未来 OTA 发展势不可当。

（二）中观上看：互联网时代旅游业发生了巨大变化

旅游业可以说是一个比较传统的行业，“互联网＋”则是一个新颖的经济发展形态，二者相融合是经济高速发展的必然趋势。随着旅游业与互联网的深度融合，旅游业本身已经发生翻天覆地的变化。

1. 旅游消费端的变化

互联网时代扩大了旅游的受众群体，影响了旅游消费决策，便捷了旅行过程，升级了旅行体验。

对旅游业来说，信息是其发展的关键因素，得信息者得天下。互联网的一大特征就是改变了以往信息传播的方式和模式。首先，在互联网时代，信息沟通变得非常便捷，旅游信息的覆盖面得到极大扩展。消费者足不出户就可以收集到自己想要的旅游信息。可以说，网络旅游的兴起，使得越来越多的普通百姓有机会接触旅游，给旅游业带来更多的潜在客户。其次，相关旅游信息的获取还会影响消费者的旅行选择，例如，消费者对旅行景点的信息描述和评价会影响其他消费者的旅行选择。再次，竞争激烈的在线旅游市场为游客提供了全方位的旅行服务，同时团购等项目也降低了出行成本，为游客出行提供了极大的方便。最后，旅行结束后，通过微信、微博等新媒体分享旅行感受，朋友们的“点赞”和留言会大大提升消费者的旅行体验。

2. 旅游生产端的变化

一方面，以互联网技术为支撑的智慧景区、智慧目的地建设，实现了旅游管

---

① 艾瑞咨询．2016 年中国在线旅游行业年度检测报告[EB/OL]. http://www.iresearch.com.cn/report/2341.html,2016-08-01.

理和服务绩效的全方位提高。

以智慧景区为例，通过互联网技术的广泛应用，景区的内部管控、信息发布、旅游预警、网上预订、身份识别、门禁管理、游览导引与解说、客流量控制与安全管理、市场统计、客户维护、财务核算等都更加全面、有效、高质量。[①]

以故宫博物院为例，故宫博物院是世界上客流量最大的博物馆，2015 年共接待游客 1500 万人次。从开通网络渠道购票减缓排队压力，到端门的数字博物馆改造，再到 APP“每日故宫”的出品，“互联网＋”博物馆，让旅游妙趣横生。

另一方面，互联网使得原本被人忽略的、原生态的地方变成了令人惊艳的世外桃源，更具个性化、差异化的旅游线路也不断被挖掘，既扩展了传统旅游产品的范围，也改变了旅游产品的设计理念，使得更加细分的旅游产品大量涌现。例如，江西婺源成为电影《致我们终将逝去的青春》、电视剧《欢乐颂 2》等影视剧的取景地，加上互联网信息制造和信息分享，如今婺源线上旅游份额已经过亿。

3. 旅游产业链的变化

旅游产业链的变化体现在网络旅游对产业价值链的整合和升级，提升产业附加价值，使整个产业链的每个主体都得到价值的提升。

网络旅游产业链以互联网的信息制造和信息传输为载体，以旅游产品供应商、网络旅游中间商、旅游消费者为主体，产业链的传递在实物形态上表现为旅游产品的生产和提供，在价值形态上反映为旅游产品的持续增值过程。

传统旅游产业链是从旅游产品供应商—中间商—消费者的单向传递，在互联网时代，三者的关系变成了各个旅游主体相互联系的多维产业网。主要包含网络旅游中间商之间展开的激烈竞争，消费者之间的信息共享，旅游产品提供方和消费者的直接沟通等。中间商之间的竞争可以实现渠道利润和消费者剩余的最大化，消费者间的社交网络和信息共享提升了消费者的旅行体验，旅游产品的生产者和消费者通过互联网直接沟通加快了旅游资源的运用效率，最终实现对产业价

---

① 第一旅游网．“旅游＋互联网”引领产业转型升级[EB/OL]. http://www.toptour.cn/tab1648/info221498.htm,2015-12-11.

值链的整合和升级，提升产业附加值，使产业链中的每个主体都得到价值的提升。

（三）宏观上看：政府部门强力推进

从国家旅游局的顶层设计到各省市的分层落实，政府部门的强力推进为我国网络旅游的发展提供了良好的环境。

2015年年初，全国旅游大会在江西南昌召开，大会对2015—2017年全国旅游工作重点进行全面部署，因为包括五大目标、十大行动及52项举措，被称为“515战略”。在十大行动中，第十项就是提出积极主动融入互联网时代，用信息化武装中国旅游业和社会管理。

2015年9月16日，为认真贯彻落实《国务院关于积极推进“互联网+”行动的指导意见》和《国务院办公厅关于进一步促进旅游和消费的若干意见》，国家旅游局下发《关于实施“旅游+互联网”行动计划的通知》（征求意见稿），在发展目标中提出，到2018年我国旅游业各个领域与互联网深度融合发展，在线旅游投资占全国旅游直接投资的10%，在线旅游消费支出占国民旅游消费支出的15%。到2020年，旅游业各领域与互联网达到全面融合，在线旅游投资占全国旅游直接投资的15%，在线旅游消费支出占国民旅游消费支出的20%。

2015年9月19日至20日，中国“旅游+互联网”大会在江苏常州召开，谋划未来旅游业与互联网融合发展的方向趋势和工作重点。12301国家智慧旅游公共服务平台同时上线，该智慧旅游服务平台具备旅游公共信息发布与资讯、中国旅游产业运行监管、全国各景区门票预约与客流预警、多语种旅游形象推广、国家旅游大数据集成五大战略功能，并运用互联网开展文明旅游引导，定期发布游客不文明旅游行为记录，积极运用互联网开展旅游应急救援。可以说，中国旅游业开始进入大数据时代。

各省市结合自身实际，纷纷推出“旅游+互联网”行动计划。拥有“冰雪之都”的黑龙江通过《黑龙江省“旅游+互联网”发展规划》；海南省也颁布《关于加快发展互联网产业的若干意见》，提出充分利用海南省生态优势，以互联网旅游为核心推进旅游商业模式的创新等。此外，重庆市、河北省、河南省等省市也推出了相关计划，将互联网旅游作为深度整合旅游资源的突破口。

一些省市通过举办“旅游+互联网”论坛，凝聚各界专家、学者，共同探讨旅游业和互联网融合发展的相关问题。2016 年 7 月，浙江省“全域旅游＋互联网”高峰论坛在浙江建德举行；2016 年 10 月，杭州承办“国际旅游互联网大会”，这也是我国举办的首次高层次“旅游＋互联网”大会；2016 年 12 月，安徽省旅游互联网大会暨网络旅游论坛在合肥举办；等等。这些都为网络旅游的发展创造了良好的宏观环境。

总之，旅游业与互联网的深度融合发展势不可当，网络旅游发展正当时。

二、网络旅游发展面临的挑战与对策

网络旅游是对传统旅游产业的改造和传统旅游业务的提升，如“互联网＋”旅行社业务、“互联网＋”景区经营，都能“＋”出新的价值、新的惊喜，会带来对其他企业或价值链环节的示范效应与“挤出效应”，这是网络旅游发展创新的必然结果。“互联网＋”时代，网络旅游的发展既有挑战也有机遇，既要积极推进，又要理性作为。如何抓住旅游与互联网深度融合的发展机遇，加速提升我国旅游业服务水平，是我国网络旅游业面临的严峻挑战。

（一）网络旅游发展面临的挑战

1. 旅游信息化水平有待进一步提高

我国旅游信息化的发展大致起步于 20 世纪 90 年代，2000 年以后快速发展，但仍落后于旅游产业实践的发展水平，而且旅游信息化水平的区域差异比较明显，均不利于网络旅游产业在更大范围内的融合。旅游信息化是互联网信息技术应用到旅游产业中的具体体现，旅游信息化发展水平的高低，既是影响旅游产品能否给游客带来独特旅游体验的重要因素，同时也会影响网络旅游产业之间的有效融合。网络旅游产业融合在某种程度上可视为旅游信息化的过程，反之，旅游信息化程度会影响到网络旅游产业融合的深度。总体而言，我国旅游信息化在发展过程中存在的主要问题有网络基础设施建设滞后、信息共享性较差、技术应用整体水平不高、信息化管理意识不强和全民信息化意识比较淡薄等。旅游信息化水平发展滞后，已经成为制约网络旅游产业融合的障碍。

2. 旅游消费者个人隐私安全制约

智能手机能够实时记录游客的个人隐私信息和消费信息，形成大数据，从而为在线旅行服务商提供在线化信息，但旅游消费者的个人隐私亦无法得到保障。因此，用户个人隐私信息的安全问题对于智能手机用户使用的各种旅游 APP 软件终端来说，无疑是一个巨大的挑战。旅游者通过互联网在线购买旅游产品也会留下消费痕迹，在线旅行服务商自主使用游客消费时留下来的痕迹，容易造成游客个人重要信息的泄露。当旅游消费者意识到在“互联网＋”时代下个人隐私泄露的隐患，就会从内心抵制使用各种旅游 APP 软件终端，造成在线旅行服务商失去用户的风险。当旅游消费者因担心个人隐私泄露而采取抵制措施，例如放弃使用较为便利的在线旅行服务商提供的服务，而选择传统旅游企业提供的服务时，其必然不利于网络旅游产业的发展。“互联网＋”时代时刻存在着旅游消费者个人隐私安全泄露的隐患，这是抑制网络旅游产业进一步发展的障碍。

3. 旅游管理体制不健全

由于网络旅游的渠道扁平化和消费精众化的特征，客观上要求相关的组织结构形成有利于信息沟通与反馈的制度安排，以最快的速度应对旅游消费者需求的改变，生产出符合消费者需求的产品。健全完善的旅游管理体制，能够快速对环境的变化做出反应，不仅要捕捉到旅游消费需求的变化，还要能依据当前旅游产业发展的趋势，适时出台相关政策措施和调整组织结构，以便为旅游企业创造和引领旅游消费需求提供制度保障，为旅游者提供最为便捷和舒心的管理服务，节省游客的交易成本。目前我国的旅游管理体制还不健全，条块分割与行业壁垒并存，各产业和行业出于各自的管理目标和利益需要形成了各自的政策和制度规定，存在较为严重的产业政策管制、产业管理管制和垄断市场结构，导致旅游管理部门的统筹协调能力不强、旅游业综合发展机制薄弱、旅游要素市场发育不良，旅游企业难以快速对旅游市场需求的变化做出迅速的反应，无法与其他产业跨界融合。旅游管理体制不健全，是阻碍网络旅游发展的重要因素。

4. 复合型旅游人才匮乏

网络旅游是一个新生事物，真正懂得“互联网＋”内涵的人才比较少，既懂

“互联网＋”又懂旅游的复合型旅游人才则更加匮乏。这些问题集中体现为：高层次应用型旅游人才培养不足、旅游人才职业发展空间有限和旅游人才发展环境不佳。同时，旅游行业因收入较低，职业归属感不强，难以吸引优秀的人才进入行业。不仅旅游业的吸引力远远不够，而且旅游人才也缺乏成长为复合型旅游人才的制度激励，大量优秀的人才从旅游行业流出，不得不转投其他行业。其后果是网络旅游服务商难以为旅游者提供真正的个性化、多样化和智能化的融合型旅游产品，或生产出的融合型旅游产品只是“换汤不换药”，没有特色，满足不了游客的多样化需求。在“互联网＋”时代，网络旅游产业需要理念先进、视野开阔、经验丰富和协调能力强等综合素质高的复合型旅游人才。复合型旅游人才的严重缺乏，制约了网络旅游产业的进一步发展。

5. 网络旅游创新发展不足

目前，我国网络旅游对于旅游行业的影响还没有体现出“互联网＋”的强大能量，缺乏通过创新“扬弃”传统行业固有模式、固有思维的能力，是一种初级的“互联网＋”旅游模式。一是网络旅游发展的深度不够。旅游行业的深度，指的是旅游产品对于多彩绚烂的文化的理解能力、利用能力及创新能力。这种能力的强弱关乎旅游企业的收入，也是整个旅游业能否健康持续发展、被游客承认的重要因素。二是网络旅游发展的高度不够。但凡较为成熟的平台产业，往往呈现出“寡头”状态，例如，实时通信平台在国内仅有QQ和微信较为成功，支付平台仅有支付宝、微信支付具有广泛的民众基础。而现在的旅游平台看似“繁花锦簇”“百花齐放”，实际上这种虚假的繁荣是网络旅游平台不成熟的表现。三是网络旅游缺乏完善的制度支持。网络旅游平台的包容性和开放性是一把“双刃剑”，虽然可以集合更多的生产要素和资源为旅游业所用，但是可能成为不法分子投机取巧的工具。互联网与旅游相互结合后产生的效益越大，对不法分子的吸引力就越大。目前我国缺乏针对性较强的制度规范和约束。因此，要加强相关法律法规的建设，才能有效维护网络旅游的健康发展。

（二）网络旅游发展的对策

1. 坚持“以人为本”，满足游客个性化需求

不管互联网技术如何进步，旅游业作为服务经济的特性没有改变，作为体验

经济的内涵也不会改变。网络旅游的核心是人的体验和服务，整个旅游产业链从产品开发、产品设计、提供服务到服务评价都应该围绕“人”来开展，因此，网络旅游的发展必须始终坚持“以游客为本、服务游客”的方向与准则。

网络时代，游客的消费方式更加个性化、散客化和即时化，个性化定制旅游将是未来旅游的发展方向。利用网络旅游提供的终端衔接工具，人们可以完成网上旅游咨询、预订服务，还可以根据自己的爱好自主选择游览时间，定制私人旅游线路，进行个性化消费。然而真正的个性化是指旅游网站能够根据游客的具体需求、爱好和此前的购买行为，提供不同的选择，而不是基于游客的类别提供大众化的选择。网络旅游下的目的地营销可以进行无缝智能营销，为游客提供个性化服务，并根据其反馈做出评估与调整。旅游目的地通过网络旅游平台体系，不断积累游客大数据，利用游客身份特征、爱好、位置、消费模式等信息，对潜在游客开展精准营销，为游客有针对性地推介精确的个性化旅游信息和旅游服务，全方位、实时与游客保持有效的互动沟通，及时跟踪与反馈旅游相关信息，快速、高效地解决游客咨询、诉求、求助等事宜，实现更加直接的市场营销。在智能移动终端的协助下，平台的服务将延伸到游客所在的任何一个角落，游客还可以实时获取当前所在位置周边的各种信息和资讯，如当地特产、酒店住宿及娱乐设施等更多旅游产品信息，同时还可随时随地在平台上与其他游客分享自己的消费体验。

2. 运用互联网思维，促进传统旅游行业转型升级

近些年，作为旅游龙头产业的旅行社业由于产品创新不足、产品服务同质化、电商的冲击、自由行的趋势等因素影响，使得当前传统旅游产品或经营模式难以满足人们日益增长的旅游消费需求，严重地阻碍了传统旅游企业的发展。随着云计算、物联网、移动互联网等技术不断完善和发展，旅行社转型升级势在必行。传统旅行社不仅要具备先进的互联网技术，更重要的是运用互联网思维，将互联网与传统行业相结合，依托其便捷、快速的优势，实现企业的转型与升级。旅行社可以利用大数据的旅游数据收集能力，根据消费者需求设计个性化旅游产品，满足游客的人性化需求；通过大数据的分析能力，创新多元化营销模式，提升服务内涵和经营管理水平；不断丰富线上线下旅游产品，加速深推线上与线下的整合，实现线上、线下分工合作，提高旅游服务水平，最终实现传统旅游产业

转型升级和大数据产业快速发展互相促进。

3. 推进旅游区域互联网基础设施建设，打造智慧景区服务与管理新模式

目前，我国景区大多存在旅游互联网基础设施投入不足、信息化发展布局不均衡等问题。为了更好地推进旅游区域互联网基础设施建设，可以采取以下措施。首先，依托移动优质智能管道，全面提升旅游区域基础通信设施建设。加快推进旅游区域基础通信设施的无线网络覆盖，逐步实现机场、车站、旅游集散中心、游客服务中心、4A 及 5A 景区等重点旅游区域和智慧乡村旅游试点单位的 WiFi 无线网络、3G 或 4G 无线网络无缝隙全覆盖，保障网络旅游的基础条件。其次，推动旅游相关信息互动终端建设。在机场、车站、酒店、景区、旅游购物店、游客集散中心等主要旅游场所提供 PC、平板电脑、触控屏幕、SOS 电话等旅游信息互动终端，为游客提供更全面的旅游信息资讯、旅游路线导览、视频宣传、在线预订等服务，方便游客接入和使用互联网信息服务和在线互动。再次，推动旅游物联网设施建设，实现景区精细化、动态化、全面及时的智慧管理。加快实现旅游景区门票管理、游客定位服务与管理，智能手机 APP 导游系统、景区车辆自动分析系统、智能可视系统、景区容量实时控制系统及景区资源环境监测系统建设，将旅游服务、客流疏导、安全监管纳入互联网范畴。例如，九寨沟的“智能导航搜救终端及其区域应用示范系统”项目，利用北斗卫星导航系统等相关技术，在九寨沟实现游客个性化服务、通信无缝覆盖、救援快捷到位、景区智能管理等多种功能。

4. 构建旅游数据库，促进网络旅游公共信息资源开放共享

旅游业是信息密集型、信息依存度极高的产业，旅游数据具有分散性强的特点，现有的行业统计方法有效性、即时性不强，对于预测和评价的支撑度不够。随着大数据分析、物联网、云计算、移动互联网等技术创新及普及，旅游行业信息交流和共享方式、消费模式、经营监督管理等信息化变革已成为可能。网络旅游公共服务平台建设的核心是建设一个多元渠道的旅游产业数据库，是政府为旅游者和企业提供公共产品和公共服务的一个平台，它是一个开放的服务系统，可以向广大游客、旅游企业、政府管理部门及公众提供全面、高效、方便的一站式旅游服务，从而提升旅游体验，促进旅游产业的良性发展。建立网络旅游公共服

务平台，将大数据处理技术应用于游客公共信息服务、旅游管理信息化、旅游产业发展等方面，建立旅游大数据采集机制和数据模型分析，精准市场定位并优化营销策略，完善企业内部管理流程，不仅有利于提升政府旅游管理部门的管理能力和公共服务水平，提高旅游企业和旅游目的地管理水平与接待能力，更有利于为游客提供多元化、人性化的旅游服务和完美的旅游体验。

5. 资源跨界整合，实现多领域合作共赢

旅游业涉及行业广泛，连带产业多，旅游产业与相关产业的融合发展是旅游业本身内在的特征，也是旅游消费需求综合市场驱动的结果。随着大数据产业的深入发展，行业合作和融合范围逐步扩大。“互联网＋”旅游的跨界融合不仅能产生提高旅游品质的新载体，更是旅游投资、旅游消费的新亮点，是拓展旅游发展的新空间和整合资源的纽带。网络旅游的融合是多层次、多方位、多维度的，“＋”的方式也多种多样：“网络旅游＋金融”“网络旅游＋交通”“网络旅游＋乡村扶贫”“网络旅游＋休闲度假”“网络旅游＋新型养老”“网络旅游＋创新创意”“网络旅游＋会展”等。如今，旅游金融已经嵌入在线旅游服务的各个交易环节，成为旅游延伸服务中最重要的一环，正在创新人们的消费理念。通过全面整合旅游、金融两方面的资源与优势，支持有条件的旅游企业进行互联网金融探索，打造在线旅游企业第三方支付平台，拓宽移动支付在旅游业的普及应用，为游客提供更加便利、高效、实惠的旅游服务和支付服务。例如，国内自助游领军品牌驴妈妈旅游网与中国银联携手，共同推出“暑期档立减”活动，还与建设银行、交通银行、浦发银行、中信银行等多家银行开展战略合作，凭借线上、线下资源优势进行整合营销，为游客提供旅游分期金融服务、旅游理财、旅游保险经纪等多元化的旅游金融类产品和服务。

（三）网络旅游发展的政策建议

1. 出台相关政策措施，提高旅游信息化水平

“互联网＋”时代的信息在线化特征，决定了旅游信息化水平会影响网络旅游业融合的广度和深度。旅游产业融合是否成功，在于旅游企业生产出来的网络旅游产品能否满足旅游消费者个性化的消费需求，在“互联网＋”时代，旅游者

个性化的消费需求能否得到满足、能否获得独特的旅游体验，依赖于网络旅游产品在其生产过程中有没有实现信息的在线化。因此政府应出台相关政策措施，鼓励、支持和促进旅游信息化的发展，从根源上解决旅游信息化中存在的问题，打破限制旅游产业进一步融合的技术障碍，实现旅游消费者的消费数据在线化、数据化和满足精众化旅游消费者的个性需求。对此，可采取的措施有以下几种。其一，引导全民增强旅游信息意识。仅靠政府和旅游企业的推动，而没有游客的广泛参与，无法真正实现旅游信息化。只有全民参与到旅游信息化的建设过程中，才能成为推进旅游信息化的动力，也才能解决旅游信息化推进过程中的问题。其二，政府应该加大对旅游信息化建设的支持力度。旅游信息化建设是一项巨大的社会工程，需要耗费大量的人力、物力和财力。因此，政府不仅要出台相关的政策措施为旅游信息化建设提供良好的环境，而且要为旅游信息化建设提供大量的资金，对在旅游信息化建设过程中做出重大贡献的个人和旅游企业给予奖励。其三，积极推进金旅工程。金旅工程是中国当前旅游信息化建设的重中之重，涵盖内部办公网、管理业务网、公共商务网和公共数据库。为了确保金旅工程的有效实施，应加强对金旅工程的组织与领导，统一规划，相互协调，稳步推进。其四，培养旅游信息化专业技术人才。在旅游信息化的推进过程中，技术只是支撑，旅游信息化的最终实现还要依赖专业的旅游信息化技术人才。没有既懂信息化技术又懂旅游的人才，旅游信息化是无法实现的。

2. 加强网络立法，保障旅游消费者的隐私安全

随着“互联网＋”时代的到来，无线宽带接入技术和智能移动终端技术的应用更加成熟，这为在线旅游的发展提供了前所未有的机遇。我们应该清醒地看到，机遇中蕴藏着巨大的挑战，即旅游消费者的个人隐私安全泄露的隐患。要解决这个难题，鼓励旅游消费者使用网络旅游服务商提供的产品，迫切需要加强网络立法，保障旅游消费者的隐私安全。对此，可采取的措施包括以下几种。其一，制定出台针对网络问题的相关法律法规。目前，中国网络立法存在的主要问题是缺乏基本立法，而且立法存有不少漏洞，尤其是对个人信息保护缺乏明确的法律法规进行约束。就旅游行业而言，中国虽然已于 2013 年 4 月出台了《中华人民共和国旅游法》，但该法只是明确了旅游者和旅游经营者各自的权利与义务，并没有涉及旅游消费者的信息安全使用问题。因此，相关部门应加快出台保障旅

游消费者个人信息安全的法律法规，重点对旅游消费者使用网络而生成的信息所有权和使用权进行有效的界定，明确在线旅游服务商对保护旅游消费者个人信息应该负有的职责，并对在线旅游服务商能够使用哪些与旅游消费者个人信息相关的数据进行明确的规定。其二，构建完备的旅游行业自律体系。一般而言，法律法规本身具有滞后性，因此，构建完备的行业自律体系显得尤为重要。世界上主要的发达国家，都将行业自律体系作为法律法规的重要补充。构建完备的旅游行业自律体系，要以保障旅游消费者的个人隐私安全为核心，尤其需要旅游企业之间广泛参与，相互监督，推动建立保障旅游者个人信息安全的奖惩机制。其三，提高旅游消费者的信息安全防范意识。大力推动网络安全教育，促使旅游者树立信息安全防范意识，主动采取措施加强个人隐私信息的保护，能够从根源上防止个人信息的泄露。例如，旅游者在使用网络时，不应盲目下载一些来历不明的软件，以防泄露个人信息。

3. 深化改革，打破旅游管理体制障碍

“互联网+”时代，旅游企业能否快速对市场需求做出适应性变化十分重要。中国旅游管理体制比较僵化，不利于旅游产业的融合。因此，深化旅游业改革，打破旅游管理体制障碍，建立政府主导、权责统一、高效有力的旅游管理体制显得尤为迫切。对此，可采取的措施包括：其一，深化旅游综合改革。把发挥市场配置资源的决定性作用和更好地发挥政府作用结合起来，充实力量，发挥旅游发展委员会的统筹协调职能，推进旅游发展委员会形成与住建、水利、农业农村、海洋渔业、林业等部门合建资源整合机制；与发展和改革委员会、国土、财政等部门合建政策扶持机制；与公安、交通、环保、民航、铁路等部门合建环境保障机制；与工商、质监等部门合建联合执法机制。其二，强化旅游发展创新机制。紧跟“互联网+”的发展形势，实施旅游创新工程，以创新的理念引领网络旅游产业的融合发展，按照市场需求培育创新型人才，大力支持创新型旅游企业的发展；建立完善旅游创新激励机制，对推动旅游产业融合做出巨大贡献的个人或企业给予奖励；重点突破体制机制创新和发展模式创新，围绕满足需求、引导需求和创造需求的理念，重点开发有文化、有内涵和有特色的创新型旅游产品。其三，探索建立不同管理部门的利益分配机制。旅游管理体制的障碍，归根结底就是不同部门的利益诉求点不同。建立各个管理部门都能接受的利益分配机制，可以有效增强旅游管理部门的积极性和联动性，有效地对市场做出最为便捷的反应。

4. 发展网络旅游教育，培养复合型网络旅游人才

“互联网＋”时代，网络旅游产业融合正在向更大范围推进。例如，邮轮旅游、房车营地、低空飞行和健康旅游等旅游新业态不断涌现，对复合型网络旅游人才的需求不断增多。因此，大力发展网络旅游教育并培养复合型网络旅游人才，是实现网络旅游产业融合的关键。对此，可采取的措施包括：其一，加大引进高层次复合型网络旅游人才。应根据目前中国旅游产业发展与网络旅游人才需求的现状，引进当前中国比较紧缺的高层次复合型网络旅游人才，为其出台相关的政策待遇和提供良好的发展环境。其二，落实人才兴旅战略，打破制约复合型网络旅游人才成长的体制机制障碍。一方面，要为复合型网络旅游人才的成长提供制度激励，增强网络旅游行业的吸引力；另一方面，要建立与产业融合相适应的复合型网络旅游人才工作体制。其三，大力发展网络旅游教育，改革网络旅游人才培养模式。建议加强网络旅游教育体系和网络旅游产业体系的对接和沟通，培养适应网络旅游市场需求的复合型人才；建议加强网络旅游教学改革，坚持理论与实践相结合的原则，更加注重培养学生实践技能，增设相关的课程，培养学生网络旅游产业融合的理念；建立和完善应用型网络旅游教育培养体系，形成多层次的办学体系。

三、网络旅游发展的趋势与未来

随着中国居民收入逐步提高和对旅游休闲的重视程度大幅增加，居民对旅游出行的需求迅速增长。近年来，移动互联网发展方兴未艾，移动互联网确保用户随时随地使用在线旅游服务，极大地拓展了网络旅游市场空间，成为网络旅游市场发展的强刺激因素。未来网络旅游市场将呈现以下趋势。

（一）度假旅游市场比重大幅提高

机票预订业务和酒店预订业务是网络旅游市场营业收入最高的两个业务板块。机票预订市场发展已较为成熟，由于机票是同质化较高的旅游产品，同时，

航空公司在线售票体系已比较完善，近年来不断加强直销力度，机票代理佣金率下降较快，未来机票预订市场规模增长有限，在整体网络旅游市场中的比重呈现缓慢下降趋势；在酒店预订市场，不同酒店提供的服务体验差异性较大，佣金率水平较高，同时，大量小微型酒店、客栈等住宿服务供应商仍未实现信息化，酒店在线预订市场覆盖率存在较大增长空间，酒店预订业务市场规模将继续稳定增长；度假旅游近几年增长较快，市场规模迅速扩大，在国家积极扶持个人旅游市场、出行便利性不断提高、个人可支配收入不断增长和旅游需求不断扩大等利好因素的促使下，度假旅游产品在整体网络旅游市场中的占比将快速提高。度假旅游产品是消费者旅游体验的核心部分，与交通、住宿产品相比，其产品的细分品类和组合方式更加多样，市场和目的地端的落地服务都是网络度假旅游市场未来发展的主要机会点。携程加速布局网络度假领域对于一直深耕在此领域的途牛、同程甚至驴妈妈等企业无疑造成威胁，同时也将对网络度假垂直类平台带来挑战，网络度假市场稳步上升，甚至催生更多的并购。

（二）网络旅游对旅游行业渗透率提高

我国网络旅游市场对旅游行业的渗透率目前仅在8.5%左右，远低于发达国家市场水平。未来随着信息技术的进一步发展和互联网覆盖面的进一步扩大，更多的消费者将选择网络旅游的消费方式，消费者对网络旅游需求的增长将促使线下旅游产品及服务供应商和代理商加速信息化进程，网络旅游市场规模将迅速增长。我国网络旅游市场有望在未来四五年保持20%以上的复合年均增速，增长的空间主要来自旅游行业本身的发展以及线上渗透率的提升空间。目前，我国旅游市场的真正渗透率应该在15%～20%，相比欧美成熟市场40%～50%的线上渗透率，还有1～2倍的提升空间。[①]

（三）传统旅游巨头积极拥抱线上，线上线下加速融合

自2015年起，旅游产业线上与线下企业渗透与融合加剧，不少网络旅游企业加速落地，与此同时不少传统的旅行社巨头也在积极拥抱线上。旅游产业线上

① HiShop（海商）.2015年中国在线旅游市场未来发展趋势[EB/OL]. http://www.hishop.com.cn/ec-school/o2o/show_20676.html,2015－05－11.

线下加速融合分为三种模式：一是线下资源＋线上平台；二是综合资源＋线上平台；三是线上渠道＋线下渠道。网络旅游在经历了2014年的市场发酵后，2015年迎来大爆发，随着去哪儿和携程的“联姻”，上下游加速整合、抱团取暖，未来旅游企业线上线下双向互动及融合成为必然趋势。

（四）网络旅游市场规模迅速发展并向O2O转型

随着智能终端的普及，移动互联网得到快速发展，2013年智能手机销量占整体手机市场的73.1％。目前，网络旅游市场主要集中在“旅行前＋旅行后”两个阶段，智能机的普及和移动互联网的易得性，使得消费者可以通过移动客户端，在“旅行中”实时满足对旅游产品或服务的需求，移动客户端填补了消费者“旅行中”的网络旅游消费，从而形成“旅行前＋旅行中＋旅行后”完整的网络旅游市场覆盖。网络旅游市场对“旅行中”阶段的渗透将激发全新的市场机会，通过与线下旅游产品进行信息化整合，可以加速行业信息化进程，形成线上线下一体化的O2O旅游市场。

（五）自由行滋生行程规划类个性定制平台

随着年青一代消费群体的成长，出境自由行时代到来，旅游无疑呈现移动化、散客化和个性化的趋势。自2015年以来，一批行程规划类个性定制平台纷纷获得资本市场的青睐，游谱旅行完成数千万元人民币A轮融资；妙计旅行完成2000万美元的B轮融资；世界邦、定制网、跟谁游、6人游等都完成了新一轮的融资。旅游信息过分泛滥，用户的搜索成本太高，不少行程规划类产品都是以降低整个搜索成本为出发点。当旅游者到达一个陌生的目的地，很多时候需要看无数个网站攻略甚至找很多本旅游书籍，这个过程通常需要花费大量的精力来准备，过程烦琐又浪费时间。移动互联网的到来改变了传统旅游行业的效率，技术的驱动能够让旅行中的行程规划变成一件简单而有趣的事情。2014年，中国出境游的总人次首次破亿达到了1.09亿，其中70％的人选择了自助游方式，预计到2020年，中国出境游的总人次将会达到2.5亿。增长迅猛的市场规模无疑会将迎来行程规划类定制平台的创业大潮，相信会有更多的创业者和资本方踏入。①

2014年我国在线旅游覆盖人数约为1.4亿人，在线旅游市场交易规模达3077.9亿元，同比增长38.9%。② 旅游业和互联网是全球最活跃的两大战略产业，是全球最具开放性、包容性的两大经济形态，二者都具备巨大的就业容量、投资潜力和综合效益，都是促进经济发展、文化交流、素质提升的主阵地，"互联网＋"旅游的深度融合能够为经济发展带来强大的驱动力。首先，"互联网＋"旅游是全球两大最具成长性消费市场的叠加，必将创造巨大的市场红利。其次，"互联网＋"旅游在平台、人本、开放、价值创造与创新驱动等诸多方面有共通的属性，具有"搭建平台、提升价值、促进共享、提高效率"的功能，都是融合力强、发展空间大的新生力量，两者融合必将带来更大的创新驱动。再次，"互联网＋"旅游能够创造巨大的增值红利。旅游业对国民经济的贡献不仅是消费，而是覆盖消费、投资、出口三大领域，这既为相关产业和领域提供扩容、升级、增值的空间，也扩容、升级和增值旅游业自身。预计未来，旅游业各领域与互联网的全面融合发展，将催生一大批新技术、新业态、新服务和新模式，对中国旅游业和中国互联网经济将产生深刻的影响，其影响不仅仅是旅游的某个企业或某个领域，而是全方位的，整个行业管理决策模式、旅游产业链结构、旅游消费模式、产业盈利模式等都将发生颠覆性的改变。

---

① 环球资讯网. 2016年"互联网＋旅游"行业八大趋势[EB/OL]. http://www.traveldaily.cn/article/97475,2015-12-07.

② 联商网. 2014年中国在线旅游市场交易规模达3077.9亿[EB/OL]. http://www.linkshop.com.cn/(kwthrmauciseeriqsdu1ui55)/web/Article_News.aspx? ArticleId=321931,2015-04-14.

第十一章　网络餐饮：餐饮业的华丽转身

“民以食为天”，这句古训可以说是伴随人类最悠久的一条谚语，也可以说不管将来这个世界进步到何种程度，又有什么新发明、新事物、新思想，“食”在人们生活中的重要地位都是无法动摇的。但是它又不是一成不变的，从原始时代的茹毛饮血，到标志着社会进步的米麦菽粟，再到今天遍布世界各地的麦当劳、肯德基，无一不蕴含着各种新技术、新事物对它的影响和改进。时间的脚步已经迈进了21世纪，这个信息化的时代又会给这一古老但前景无限的行业带来什么变化呢？答案是网络餐饮。近年来新兴的产业对传统餐饮行业带来一场革命，并且这场革命将继续持续下去，直至完成前所未有的华丽转身。

一、网络餐饮概述

在2015政府工作报告中，李克强总理提到的“互联网＋”迅速引起社会各界的关注，这意味着“互联网＋”开始成为国家经济社会发展的重要战略。餐饮行业是传统行业中与互联网结合最早的行业之一，这种结合更加适应了现代社会的需求，由此，网络餐饮兴起并发展起来，成为众多“互联网＋”行业中的领跑者。

（一）网络餐饮的内涵

作为一项传统行业，餐饮业有其自身的特点，并具有专门的定义。按照餐饮业的性质和服务类型，可以将其定义为以食品原材料为基础，进行专门的加工制作，并把加工形成的食物产品以商品的形式进行销售的行业，即为餐饮业。随着时代的发展，食物产品的形式日趋多样，从原初的简单加工，到今天各种附属性的食品类产品，甚至包括餐饮的环境等，都纳入了餐饮销售的范畴。具体来讲，主要包括两个方面：一是加工制作而成的事物产品，即各种饮食，如酒水、面食、菜品等，这既是餐饮行业的本质内容，也是其区别于其他行业的主要体现。二是从事食物产品加工的商家或机构，这是一种同类性质意义上的行业组织，这一组织的主体可以为企业，也可以是个人，通过对食物原材料的加工处理，以满足不同需求的消费者对食物产品的需求，或者营造良好的饮食环境，收取饮食过程中的服务费用等。这两个方面主要包括餐饮业的经营主体和经营内容，也与其他行业形成了鲜明的区别。综观世界各个民族和国家，在不同的历史时期和阶段，在不同的饮食文化的熏陶和传承中，形成了各具特色、多样化的餐饮经营模式和产品生产方式，在现代各种文化交流和传播过程中，构成了多元的餐饮经营内容。

马云在上海外滩金融峰会上的演讲，提到未来金融有两大机会。这两个机会是什么？马云用了两个看似模糊的概念：一个是金融互联网，另一个是互联网金融。就现代餐饮行业来讲，与金融行业相比，也存在两个类似的概念：一个是餐饮互联网或餐饮网络，另一个是互联网餐饮或网络餐饮。何为餐饮网络，其实并不复杂，主要是指在互联网蓬勃发展过程中，依托互联网平台，实施餐饮销售的方式，其优点是便于餐饮文化、产品信息的传播和传递，让消费者在一个便捷、互联的空间实现消费、分享、点评等多元功能。相比依靠非网络营销模式的传统餐饮行业，餐饮网络带来的好处更为明显：一是更适应现代人们的生活节奏和饮食需求，方便消费者随时随地点餐消费和互动；二是有助于餐饮经营企业或商家提高生产和销售效率、改善服务质量水平、降低中间环节成本、增加单位商品的营收率和总收入。①

那么，何为网络餐饮？只有在廓清餐饮网络概念的基础上，才能更详细、深入地理解网络餐饮的具体内涵。简单来讲，餐饮网络是餐饮企业主动信息化和互联网化的过程。餐饮网络的主要内容包括以下几个方面：一是餐饮信息管理系统

① 王济民．餐饮业的转型发展[J]．信息与电脑，2013（9）：65－67.

为网络餐饮的基础。餐饮信息管理系统本身包含很多内容，从最基础的电脑收银，到厨房自动送单系统，再到仓库管理系统，再到中央厨房与供应链管理、采购管理等，由简单到复杂、由浅入深地建设自身的餐饮信息化系统。目前，这方面的公司与相关业务水平已经达到了较高的层次，在网络上各种网络营销平台招商和营销模式推广比比皆是，甚至有相当一部分大型网络公司介入，推出更为高端的网络销售系统平台或者拓展自身在软件应用方面的优势，新增餐饮服务功能，以实现自身向餐饮业的渗透和延伸。二是作为餐饮业经营主体的餐饮企业或店家，积极推进互联网及餐饮系统平台的应用，为自身各项管理事务提供简洁明快的明细汇总，对开具分店的餐饮企业来讲，也可以通过远程监控或网络会议系统，实时开展监督和管理，以实现跨区域的集中化、统一化管理，达成商业行动一体化。这样做不是赶时髦，而是有其内生动力，表现在提升自身网络化信息管理与处理能力及网络销售能力的同时，为就餐的消费者提供基本的网络服务，并提示和引导消费者进行网络消费，方便消费者并推广自己。三是对于一些注重网络营销的大型餐饮企业或商家来说，纷纷在手机移动端拓展宣传渠道，如开设微博、微信公共账号，开设主页和网络商城，建立起与消费者随时随地沟通和信息发布的多元渠道，以提升“90后”和“00后”对自身企业文化，特别是网络文化的认同感，并形成追随这一潮流，获取消费者的积极评价和正面评论，并利用网络多级传播的分众效应，提升知名度和文化度，获取更多的潜在客户资源。① 四是餐饮企业的会员制度及相关的信息管理系统，众多的连锁经营企业都会通过吸收和吸引会员的方式，积累形成稳定的消费群体。但面对各种层级的会员管理，对传统手工管理来讲，是一件效率很低的事情，特别是随着社会流动性的加大，消费者在不同地域的连锁企业中存在消费的可能和需求，要实施跨地域管理，更需要借助迅捷和标准统一的网络管理信息系统，以满足餐饮企业自身在网络时代与时俱进的发展要求，更新换代式的发展使消费者从早期已丢失或损坏的卡片时代，过渡到凭借手机扫码就能异地享受会员服务的时代。五是移动端手机APP。目前已经有不少领军餐饮企业开始尝试自己做手机APP系统，虽然各家做的目的不尽一致，但是当移动互联网时代真的到来之际，品牌餐厅的手机APP会与官方网站一样普及。

---

① 鹤九．互联网＋餐饮：一本书读懂餐饮网络思维[M]．北京：电子工业出版社，2014.

从餐饮网络的内涵来看，网络餐饮即为互联网企业为餐饮行业打造的各类工具与平台，其目的也是为餐饮企业提高效率、改善服务、降低成本、增加营收。然而，关于网络餐饮的内涵是什么的问题，当前学界包括餐饮业界，还没有明确的“网络餐饮”概念的界定。笔者认为，网络餐饮主要是指通过互联网，利用网络技术实施餐饮网络营销，引发餐饮消费者对餐饮产品、品牌、活动产生了解、认同和共鸣，以达到宣传餐饮产品特色、提高餐饮品牌知名度，进而为餐饮企业带来经营利润的目的的营销过程。具体来讲，当前网络餐饮更多地表现为传统餐饮行业营销模式的变化，以网络联接起食材生产、加工、销售和消费的各个环节，并反馈消费体验的新型餐饮行业发展模式。通俗来讲，网络餐饮，就是餐饮企业走向互联网，餐饮企业主动利用互联网和移动互联网时代带来各种信息化工具，更好地为消费者服务，更好、更快地发展业务。

(二) 网络餐饮的兴起

20 世纪 90 年代以来，以网络技术、信息技术等为代表的现代电子计算机、网络基础设施等迅速推广，人类迎来了信息爆炸时代。在这个时代里，各种技术以网络为平台，迅速融合发展，把传统的信息传播在有限的时间内扩散到尽可能大的范围和空间，作为信息传播主体和受众的人群，在这一随时随地的信息交换和传递过程中，思维方式和生活方式等都发生了深刻的变革。作为社会普遍存在的餐饮企业和商家，紧随这一趋势，积极推进餐饮业网络化，以构建与网络时代接轨的网络餐饮新营销模式，在广泛而激烈的竞争中取得先机。

我国作为一个美食大国，餐饮行业更是遍布街头巷尾，从五星级饭店到个体小店，始终在社会生活中扮演着重要的角色。改革开放以后，餐饮行业迎来的黄金发展期，各类企业和商家发展迅速，数量和质量均有大幅提升，新型的经营模式不断涌现，大型的连锁企业和有影响力的百年老店等从店铺向企业经营转变，丰富了人们的餐饮内容，满足了大众的餐饮需求，成为各种消费当中不可忽视的一个重要力量，整个行业呈现快速扩张之势，这一趋势已连续 27 年实现两位数高速增长，与改革开放初期的 1978 年相比增长 148.4 倍。相比其他行业，餐饮行业是最早与网络接触并实行网络营销的行业之一，在借助网络经济发展优势，积极推进企业创新方面走在前列，又一次迎来了新的发展机遇。

从我国 2000 年前后开始逐步普及网络开始，网络餐饮经历了十余年的发展。

颠覆、创新、增量……这些关键词频频出现在网络餐饮创业者的路演中，虽然“网络餐饮”被炒得火热，不过传统餐饮仍是行业绝对主流。中国烹饪协会发布的《2015中国网络餐饮行业报告》显示，当前网络餐饮的市场规模仅占整个餐饮市场不足4%，潜力依然巨大。报告显示，中国餐饮行业市场进入2015年，增长趋势开始加快。2010年中国餐饮行业整体市场规模为17681亿元，经过4年的发展，2014年市场规模达到28132亿元，同比上涨8.1%，2015年在中国经济高速发展背景下及网络餐饮模式的推动下，中国餐饮市场规模达到34892亿元。[①]中国烹饪协会预计，2018年餐饮整体市场规模将达到4.3万亿元，期等“十三五”末期突破5万亿元大关。[②]

在“互联网+”行动计划的推动下，餐饮O2O（Online to Offline）、团购等模式成为一片新市场，从外卖到私厨等各种服务模式也在不断升级。虽然网络餐饮市场规模仅占整个餐饮市场的3.7%，还有很多的传统企业没有进行策略升级，但网络餐饮领域存在很大的市场空间，未来几年市场份额比重将逐渐增加。

网络餐饮的整体市场中，中端餐饮占52.2%的比重，成为在线餐饮的主力军；从地域的发展上来看，大量在线餐饮的用户和商户仍在一线城市聚集，一线城市覆盖率达到84.1%，而二三线城市则相对发展缓慢；从每天各餐时间上来看，午餐时间用户对于在线餐饮的需求量最高，占比68.7%，晚餐其次，占比17.8%，而在一线城市对于夜宵的需求也逐渐增加，夜宵的需求占比8.1%，早餐需求占比5.4%。[③]目前，外卖O2O的覆盖率快速提高，人们对于网络餐饮的接受程度也逐步提高，在这样的大趋势下，正餐将成为继外卖市场之后的第二大市场。

（三）网络餐饮的发展

网络餐饮的发展，大致经过了提供信息与点评服务、提供电子优惠券服务、更大力度的优惠、线上完成交易以满足方便快捷的需求几个阶段，体现出餐饮作为一个低额高频的消费行为，互联网的应用越来越接近餐饮服务的本质。

---

① 方婧．中烹协：2018年餐饮市场总体规模将达到4.3万亿[EB/OL]. http://www.cnr.cn/chanjing/gundong/20180209/t20180209_524130637.shtml,2018-02-09.

② 中研普华集团．2016—2020年版移动餐饮产业政府战略管理与区域发展战略研究咨询报告[Z]. 2016.07：169-171.

③ 中国餐饮管理研究院．2017—2022中国餐饮行业前景与投资预测分析报告[Z]. 2016.05：89-92.

早期阶段，网络与餐饮行业的结合主要是提供信息与点评服务。在这个阶段，以绝对优势处于领先地位的是大众点评网，它是全球最早建立的独立第三方消费点评网站，国内至今无人匹敌；曾经有口碑网、爱帮网试图挑战，至今结果已了然分明，大众点评稳居前列。从大众点评的发展模式来看，它的成功主要取决几个关键点。一是注重收集餐饮企业和商家的信息，把企业和商家作为自己的一项重要战略资源，控制餐饮的供应端，以获取大量的消费者，并以自身网络软件为平台实现信息传播，逐步增加影响力。二是通过举办各种优惠和奖励活动，吸引消费者参与网络点评，不断地聚集人气，从而影响消费者的消费习惯和网络行为。三是通过消费者的网络点评，吸引潜在消费者或新的网络群体的加入，给予新消费者以消费建议（已消费者的点评），让企业或商家、消费者都对自身平台形成一种关注习惯，久而久之形成其餐饮信息提供方面的龙头地位并不可被挑战。在这个阶段，与大众点评同时起步的还有各地具有本地特色的餐饮信息服务平台，如上海的订餐小秘书、北京的饭统网，还有通信和网络运营商推出的114及12580等电话信息服务，介入餐饮信息供应，扮演着消费者与餐饮企业或商家的中间联系角色，既为餐饮企业或商家提供了广告推销的渠道，也为消费者寻找中意的就餐地点和环境提供了便利，得以迅速普及和推广。需要注意的是，作为早期的网络餐饮雏形，其信息提供商本身并不从事餐饮经营活动，而是利用现成的企业黄页、电话网络提供信息中介服务，距离网络餐饮还有一定的差距，互联网还没有介入其中。①

目前阶段，以O2O为代表的网络成为餐饮行业经营的中间环节。线上完成交易以满足方便、快捷的需求。O2O是网络餐饮发展最新的热点，其最重要的一个特点是，它整合了前面几个网络餐饮的所有特征，并且最终形成交易，直接在网上或者线下有支付的行为。所谓整合前面几个阶段的特征是，O2O餐饮也会为消费者寻找餐厅提供依据，提供餐后点评的内容，移动互联网LBS功能②在手机APP上是一个最基本的功能，也具备电子优惠券的功能，甚至会为特定的餐厅提供团购服务和外送外卖服务，当然最主流的形式还是提供到店堂食的服

① 王吉斌，彭盾．互联网：传统企业的自我颠覆、组织重构、管理进化与互联网转型[M]．北京：机械工业出版社，2015.

② LBS功能，基于位置的服务，是指通过电信移动运营商的无线电通信网络或外部定位方式，获取移动终端用户的位置信息，在GIS平台的支持下，为用户提供相应服务的一种增值业务。

务，以消费者自助点菜和支付作为最重要的服务内容。提供外送外卖的网络餐饮相对比较多，像饿了么、美餐网、到家美食、易淘食、生活半径、饭是钢、小叶子、快餐 O2O 等①，而以堂食为主的网络餐饮有哗啦啦，以及新近上线的淘宝点点等。这一时期最为典型的代表就是“外卖”的兴起。互联网餐饮外卖是随着互联网的逐渐普及开始出现的，并且互联网的发展带动了网络零售的发展，互联网背景下的“宅经济”“懒人经济”日益凸显，这为互联网餐饮外卖市场发展带来契机。厂商开始尝试通过网络渠道销售外卖，进行网络外卖点餐的尝试，紧接着外卖平台也纷纷上线。1999 年，Sherpas 在上海成立；2009 年，饿了么上线；2010 年，到家美食会上线；2012 年，零号线上线；2013 年，美团外卖上线；等等。互联网巨头们也纷纷把握时机涌入餐饮外卖市场。美团发展美团外卖，阿里发力组建淘点点，百度成立百度外卖。现阶段，外卖市场仍主要集中在一二线城市，随着外卖厂商不断扩展中小城市，同时深入不同人群需求，外卖用户规模将持续扩大。面对巨大的市场空间，资本对外卖行业持续看好，在资本的支撑下外卖市场开始快速扩张。

二、网络餐饮对传统餐饮行业的改造与重构

无论是传统餐饮业还是网络餐饮，餐饮市场的重心始终要回到大众化和市场化。面对网络餐饮的冲击，传统餐饮企业在加快转型的基础上，不断调整市场结构和运行模式，进一步做深、做细、做精，在转型升级、创新经营模式、文化融合、电子商务应用等方面取得了积极进展，网络餐饮运营模式形成雏形，对传统餐饮行业形成了极大的冲击，改变了传统餐饮行业的生态。

（一）提升餐饮行业消费服务水平

目前，针对商户的网络餐饮主要有三种模式：团购、外卖和在线订餐点餐。外卖给消费者创造的价值是便捷；而团购和在线订餐更多在于引流，为商户创造的价值有限，难以凝聚商户和维护黏性，导致平台营运 B 端和 C 端均需大量补贴引流，其结果：一是互联网 O2O 企业在介入餐饮行业时，到目前为止并未给消

① 樊春元．从零开始学做餐饮经理[M]．北京：人民邮电出版社，2016.

费者和餐饮企业创造真正的价值，引流呈现存量而不是增量；二是大多数以打折、优惠损害餐饮企业的利益为前提，未形成三方共赢；三是几百个团购网站的消失，以“饭是钢”“饭桶”为代表的一批餐饮平台正在死亡；四是商业模式的缺陷是团购、打折，这是餐饮网络O2O企业折戟沉沙的根本原因。在现实中，网络餐饮的核心在于回归餐饮经营匠心本质——注重线下的服务与体验，能否给消费者创造真正的价值。顾客有了良好的体验，对品牌有了信任与依赖，然后在线进行评价，订餐，再到线下，形成良性循环，才能形成闭环，创造真正的价值。而网络餐饮更多地关注C端顾客，很少有关注B端餐饮企业，为其提升管理效率、创造竞争优势的。

提升餐饮行业消费服务水平，必须说到菜品的口味与出品的更新迭代，防止老用户因为吃腻了“老三样”而离开。口味毋庸置疑，是产品的核心。但是如何成就一个好的、大众都喜爱的口味，需要做市场调研，收集需求，确定食材与配料，然后烹饪菜品并小范围进行测试，收集反馈意见后再继续进行微调，如此循环直到满意之后再推出市场。几千年的餐饮传统早已形成了一套独特的经验体系，最关键的是标准化与流程化的餐饮管理和执行。

服务也是就餐的顾客最关心的一个方面，是真正隐藏在用户就餐体验背后的核心要素。服务水准好坏考验的是管理水平。海底捞成功的背后有一系列规章制度与管理流程做支撑，真正实现了人性化和标准化管理的融合，无怪乎多数模仿者只能学到皮毛。令人担忧的是，餐饮从业者学历低，学习能力弱、领悟力、执行力不强。在互联网实践中，线下餐厅的管理水平、执行能力和与线上对接将是长期的难题。

（二）改变餐饮生产经营管理模式

面对消费互联网的巅峰时期，产业互联网进入高速发展期，餐饮业的核心是围绕顾客解决消费问题和优化产业链，让消费者和供应商通过互联网的技术手段时时联通，优化资源配置。产业互联网的成熟意味着餐饮经营环境的巨变，一方面是“餐饮业＋互联网”，就是把互联网先进的技术、理念、思维、方式等加入餐饮业，传统餐饮企业要重视技术投入，加快信息化建设，挖掘互联网对传统餐饮企业在营销、管理等各个方面的作用，使互联网技术真正成为自身加快转型的助推器。另一方面是网络餐饮，互联网企业应从为餐饮企业提高效益，解决信息化难度出发，通过持续的技术创新，为餐饮企业提供更有效的解决方案。现在是合作共赢的时代，应该搭建起一个生态圈，每个企业发挥不同的作用，共同发展。

网络餐饮不仅在顾客端对餐饮企业产生深远影响，也对餐饮企业自身的经营管理产生深远影响。在互联网时代，组织结构更为扁平、产品迭代更为快速、沟通交流更为方便、人员流动更为便捷，而且随着人们消费观的改变，餐饮市场竞争得更为激烈，对人才需求和争夺将越来越大，如何激励员工成了餐饮业人力资源管理的焦点。

任何组织的发展都需要稳定的员工队伍，员工队伍的稳定是餐饮业持续发展的关键因素，餐饮企业员工的流失会造成相关费用的增加，给企业带来经济损失，引起员工队伍的不稳定。目前，员工流失的主要原因是激励机制不够健全，构建激励机制可达到降低并控制员工流失率的目的。餐饮企业需要创新激励模式、放开传统思维偏见，即使对一线员工，只要为顾客创造价值、为企业创造效益，均将视为企业不可多得的人才，是人才就要进行短期与长期相结合的激励，以使员工队伍稳定与成长。因此，在网络时代，多结合“80后”“90后”员工的特点，在工作之外乐于和他们在一起“K歌”跳舞，同时向他们请教对话，内容包括：如何在互联网用“百度”“谷歌”最快地找到需要的信息，怎么用手机上网，最新电子设备的使用技巧有哪些，现在音乐流行什么，最近新上映的大片内容怎么样，订餐APP好不好用等，可以帮助提升我们的工作效率，甚至帮助决策。

（三）实现餐饮领域利益重新分配

未来，餐饮的本质是社交，当前场景化餐饮时代已经来临，餐饮企业不能单纯做某一款产品，而是要做解决方案。① 互联网改变的主要是人际关系，而餐饮就是关系的生意。当互联网打破传统关系，各种各样碎片化的近关系占据主导之时，整个餐饮生意都要重新处理。如果说早期是靠勇气、勤奋和产品，后期则靠精细化管理、消费者的识别，以及组织形态的灵活调整。现在，餐饮产业发展的基本路径是从小、散、乱、弱到规模化、连锁化，到品牌化、产业化，企业获取

---

① 李义．餐饮业：互肤网思维点睛术[J]．销售与市场（管理版），2013（12）：87－88.

利润的方式，正在从市场扩张的增量转向依靠细分化市场，在这个过程中，没有转型能力的既得利益者，将要被重新分配甚至淘汰。百度外卖、美团、饿了么等在线外卖平台，就相当于一个个大型商场，餐饮企业就像到那里去开店，被平台方收取房租。互联网产品和传统产品的最大区别是利益的重新分配。原来我们支付房租，现在在平台上销售要增加物流费用，以及付给平台费用，本质就是利润的重新分配。互联网的发展正推动整个快餐行业加速变局。未来，店面职能可能从原来的赚钱、服务、卖产品，转化为提供品牌展示与服务体验。现在不仅出现了一些纯做外卖、根本没有店面的企业，很多快餐行业的供应商也纷纷进军快餐业，原来需要店面来制作的食品，现在由工厂直接做好，通过配送直接送达给消费者，这将对整个快餐行业形成非常大的冲击。

三、网络餐饮发展面临的问题与挑战

在网络时代，网络和信息技术对传统餐饮业形成了巨大的挑战。但在起步之初，两种餐饮业发展模式并存的格局下，网络餐饮自身也面临着转型及市场化等新问题、新挑战。随着网络餐饮的快速发展，线上与线下博弈、企业与信息管理、监管与食品安全等逐渐凸显出来，成为影响和制约当前网络餐饮发展的关键性问题。

（一）线上与线下博弈问题

餐饮行业与互联网结合是个好趋势，首先营销手段有了新的尝试，如果传统餐饮要借此得到颠覆性的改变，目前来看似乎还不太可能。

事实上，互联网对餐饮的影响主要在信息流方面，如找餐厅、点菜、结账支付、餐后点评、分享互动等，现在都可以通过互联网工具来完成，比起传统方式更加便捷；借助微博、微信等社交媒体的推广，餐饮品牌的影响力也会不断扩大。

但传统行业终究有其自身的特点，互联网并不能解决所有问题。首先，互联网最大的特点是没有地域性，而餐厅恰恰是有地域性的，即使网上推广反响强烈，但最终来消费的还是以本地食客为主，对于外地的食客来说，营销效果有限。其次，通过互联网可以给餐厅带来更多客源，但餐厅场地始终容量有限，未必能消化得了。食客可能要大排长队，就餐环境、出餐速度等客观条件都不是互联网可以左右的，甚至在人满为患的情况下，能否提供优质服务都是个问题，更不用说菜品创新、采购、加工等核心环节，靠的都不是信息和数据，很难应用互联网思维。

所以，互联网对于传统餐饮行业只是锦上添花，能起到辅助性作用，但远没有真正深入餐饮业。如果餐厅本身出品好、经营好，借助网络的力量会进一步提升知名度和美誉度；如果出品质量不过硬，尽管通过互联网在短时间内能吸引大量食客，但大家体验过以后觉得不好，回头机会自然也就很少，甚至会在网上积累负面评价。

有些餐饮企业可能想走连锁的路子，这确实有助于进一步发挥互联网的优势——店面够多、分布够广泛，上述的地域性限制就不存在了，互联网引来的客源也就能够有效消化。不过，要想连锁得好就不只是提升出品质量那么简单，还要看每家店的品质能否保持一致，这需要形成一套完善的管理机制，还要储备管理人才——一般来说，培养一个合格的店长可能要花上几年时间。对于当下这些初创的、有志于用互联网改造传统餐饮的企业来说，还有很长的路要走。

（二）企业与信息管理问题

中国经济的持续增长直接带动了餐饮业的高速发展，中国餐饮业已连续十几年保持两位数的高速增长。与此同时，市场竞争也更加激烈，竞争焦点开始由品种向品牌，由数量向质量，由单店经营向规模经营、连锁经营的方向转化。企业要在市场中占据一定的地位，必须加强创新力度和文化品牌内涵，进一步突出特色经营。加强创新、树立品牌、注重营销成为广大餐饮企业面临的重要课题。

一是企业领导人（创业者）在网络经济时代下，对管理信息技术的认识不到位。因为餐饮业门槛较低，大多数餐饮企业的老板是从小店发展起来的，众多老板们的管理水平较低，而且对知识经济、网络技术的认识匮乏，在管理方面不是靠聘请职业经理人，而是靠家族式的管理模式，并没有形成一套现代企业制度和监督管理体制，所以其观念意识、经营思想和管理水平还有待专业化。[①]

二是互联网和传统行业的结合，不是简单的“1＋1”，后台处理等餐饮信息

① 张红云．互联网时代餐饮服务环境的管理与创新[J]．企业技术开发，2014（4）：74－76.

化系统一定要不断完善且能灵活利用。企业创始人往往在起步阶段做得很辛苦，很多事情亲力亲为，从而保证了起步阶段的成功。当企业上到一定的规模，企业的管理者不得不四处奔波处理各个店经营遇到的棘手问题，其工作量、操劳程度比以往更甚。更有甚者，企业的老板扮演的是一个救火队员的角色，哪里有事就在哪里出现。这样的滞后管理状态对企业发展是很不利的，激烈的竞争不允许企业犯错误，而且，很多代价也是付不起的。如何足不出户就可以做到预先管理，如何了解各个门店的经营状况将是迫切需要解决的问题。

三是发展迅猛管理滞后的问题。企业扩大之后，很容易犯大企业病。严重的大企业病会导致企业成本居高不下，市场反应缓慢，竞争力减弱。预防这样的大企业病需要形成积极向上的企业文化，将各个岗位员工的个人发展和企业的发展有机结合起来，并通过现代化的管理手段使岗位分工清晰，责、权、利分明，并将考核机制往企业想得到的结果上去引导。当一个企业发展到一定的规模，这样精细化的管理及考核如果没有一套符合餐饮行业的信息化管理系统是很难做到的，凭经验、感觉或者任人唯亲都会使企业发展受到限制。

四是缺乏先进的信息系统。传统的管理方法和手段管理那些看得到的、可以随时亲临现场的餐厅没有问题，因为管理者可以现场指挥，并根据经验指出经营管理方面的不足。但是在企业进入连锁发展阶段否，就无法对每个店面现场了解经营细节，进而发现潜在的问题。因此当企业连锁化经营之后，沟通能力、执行力、督导能力的保持非常重要。现行的方法是管理者将身边培训过的、信任的、有能力的人派出去，但这样的做法还是远不能解决问题。一方面这样的人员太少，捉襟见肘，另一方面效果也远不及期望。所以，需要建立一套标准的沟通机制，明确被授权人的权力和责任，并且集团管理者可随时了解到执行的情况，以便做出监督及指导。而这一切，势必通过现代化的信息技术结合餐饮管理的经验得以实现。[①]

五是缺乏科学和标准的管理体系。餐饮行业竞争激烈，即便企业具备一定的规模，如果不具备市场的敏锐度，不根据实际情况调整经营策略，靠“一招鲜”打天下越来越行不通了。在连锁经营当中，由于店面众多，各地消费习惯不同，依赖经验和想象来做决策和调整必定会有偏差，而经营管理者如果能及时了解到

① 成丽娜．“互联网＋”给我国传统餐饮业发展带来的挑战与机遇[J]．民营科技，2016（9）：258.

当地经营情况，特别是根据量化的结果来调整经营策略，就能更容易赢得当地客人的青睐。因此，借助于集团化的餐饮信息解决方案，可以为管理者提供科学的决策依据。

（三）食品安全与监管问题

2015年10月，新的《中华人民共和国食品安全法》明确要求，网络食品交易第三方平台提供者应当对入网食品经营者进行实名登记，明确其食品安全监管责任。第三方平台提供者未对入网食品经营者进行实名登记、审查许可证，或者未履行报告、停止提供网络交易平台服务等义务的，由食品药品监督管理部门责令改正，没收违法所得，并处5万元以上20万元以下罚款。虽然该法已经在2015年10月1日实施，但由于外卖订餐的快速增长，执法缺位，缺乏细节的指导方法，也给相关部门带来了一定的监管难度。由于网络订餐交易环节复杂，同时，这些食店分布零散，也有一定的隐蔽性。国家食药监总局相关负责人曾表示，网络食品交易主体和交易环节增加，涉及信息发布、第三方平台、线上线下结算，民事法律关系复杂，难以追责；网络食品交易的虚拟性和跨地域等特点，给案件调查、处罚执行、消费者权益保护等带来很大挑战，监管难度较大。

2015年11月底，上海市食药监管局直接曝光了沪上网络订餐平台上的诸多问题，在7个订餐平台上，有52家问题餐饮单位，其中19家无证经营、11家伪造或借用他人证照、7家标称的实际经营店址根本不存在。另外有报道，在上海市消保委和食药监局公布的抽查中显示，时下最火的点餐软件“饿了么”亮证率仅为13%，百度外卖亮证率也只有38%；而在公示证照的餐厅中，“饿了么”证照无一符合，美团外卖的符合率为33%，问题非常突出。2016年3月27日，《北京晨报》报道：“老板娘用牙咬开火腿肠放到炒饭中，厨师将手指伸进锅里沾汤汁尝味道，员工协助黑作坊入驻平台……被央视‘3·15’晚会曝光后，网上订餐平台‘饿了么’推出一系列整改措施。半个月过去，记者暗访发现，涉嫌无照经营、登记地址虚假、盗用后厨照片等行为仍大量存在于‘饿了么’平台。”

饮食安全关系你我他，是一个民众敏感和关注的问题。为什么大型的外卖平台会出现这么多无证商家？据媒体报道，从事餐饮业新媒体的人士透露：“如果按规定严查，很多客户都让竞争对手抢走了。现在外卖平台处于快速扩张期，大家都在抢生意，所以把关不严。这也是对网上订餐企业审查的难点和痛点。”该人士分析，网上开餐厅门槛很低，第三方送餐平台缺乏有效监管。有媒体对6家知名订餐网站调查发现，要在这些网站上注册餐厅，除两家开店必需营业执照、餐饮服务许可证、实体店面外，其他订餐网站只需将餐厅名称，经理姓名、手机号、餐厅特色、餐厅位置、预约订餐时间等简单信息填写完整，即可在此订餐网轻松开店，整个注册过程没有任何审查和把关。这些提供订餐APP平台的运营商，为了跑马圈地就不顾入驻餐馆的资质审查，以致很多无证作坊浑水摸鱼，进入平台，损害消费者的权益。这种低成本、野蛮式的竞争发展，在一定程度上影响了消费者对网络餐饮安全的信任，对网络餐饮的发展有着一定的负面影响。

四、网络餐饮的未来发展机遇

在网络餐饮的前期发展中，已经显示出强大的适应性，被大型网络企业高管、餐饮企业经营者及消费者所接受和认可。着眼网络餐饮的未来发展，在网络经济飞速发展、餐饮消费体验升级、传统餐饮企业创新、信息技术创新支撑、餐饮安全监管升级等方面，都将为网络餐饮的发展提供新的机遇。

（一）网络经济飞速发展

人们利用网络，既可以传递信息，又可以从事各种社会和经济活动。众所周知，知识经济是以计算机、卫星通信、光缆通信和数码技术等为标志的现代信息技术和全球信息网络“爆炸性”发展的必然结果。网络经济就是基于网络尤其是互联网所产生的经济活动的总和，以网络信息为依托，采用最直接的方式拉近服务提供者与服务目标的距离。在网络经济形态下，传统经济行为的网络化趋势日益明显，网络成为企业价值链上各环节的主要媒介和实现场所。简单来讲，网络经济就是通过网络进行的经济活动。

与传统经济相比，网络经济具有以下几个显著特征：灵活性、低成本。灵活性即就业方式灵活，就业弹性大、门槛低，创业成本小、范围广、不受城乡地域限制。公平性，即青年、妇女、残疾人等弱势群体皆可创业、就业。网络经济边际成本递减。信息网络成本主要由三部分构成：一是网络建设成本，二是信息传递成本，三是信息的收集、处理和制作成本。由于信息网络可以长期使用，并且其建设费用与信息传递成本及入网人数无关。所以前两部分的边际成本为零，平均成本都有明显递减趋势。只有第三种成本与入网人数相关，即入网人数越多，所需信息收集、处理、制作的信息也就越多，这部分成本就会随之增大，但其平均成本和边际成本都呈下降趋势。

（二）餐饮消费体验升级

消费者群体是支撑一个行业发展的重要因素。其中，消费能力、外部环境、生活品位、消费观念等是其主要影响因子。网络餐饮行业的消费者相比其他行业，具有人数众多、需求多元的特征，尤其是随着近年来经济的发展，消费观念的变迁，餐饮消费者对消费的支付能力和服务体验要求越来越高。

一是收入稳步增长，提高了居民的餐饮消费能力。据国家统计局统计，2001—2013年，城镇居民人均可支配收入年均增长9.4%，农村居民人均纯收入增长7.8%。2014年尽管经济增速有所放缓，但居民收入保持了较快增长，全年居民人均可支配收入为20167元，比上年名义增长10.1%，扣除价格因素实际增长8.0%。按常住地分，城镇居民人均可支配收入为28844元，比上年增长9.0%，扣除价格因素实际增长6.8%；农村居民人均可支配收入为10489元，比上年增长11.2%，扣除价格因素实际增长9.2%。随着收入的稳步增长，居民外出旅游和就餐的次数增多，直接对餐饮业形成强劲的需求，为行业的发展壮大提供了强大的支撑。

二是国内旅游市场旺盛的带动作用。随着居民可支配收入的不断增加，生活方式包括消费方式发生了重大转变，其中一个突出表现就是旅游消费的增加，居民外出旅游的次数和消费额与日俱增，加之入境旅游人数增加，旅游市场呈现出蓬勃发展之势。据国家旅游局统计，2014年中国旅游业实现了平稳增长，预计国内旅游36亿人次，比上年增长10%；入境旅游1.28亿人次，下降1%；出境旅游将首次突破1亿人次大关，达到1.1亿人次。全年旅游总收入约为3.3万亿元人民币，增长11%。旅游业的兴旺发达，有力地推动了餐饮业的快速发展。据统计，城乡居民人均国内旅游花费由1997年的328.1元提高到2013年的805.5元，增长1.5倍，年均增长6.2%。[①] 当前旅游消费需求正处于快速增长时期，强劲的动力促进了餐饮市场的繁荣，成为国民经济新的增长点。

---

① 陈静．互联网思维催生产业变革[N]．中国旅游报，2014-05-14（3）．

三是社会经济交往活动的增加。经济的发展使社会经济交往和商务会展活动增加，加快了餐饮业发展的步伐。随着经济的稳定增长，国内餐饮业发展步伐明显加快，直接刺激了餐饮业的发展。国内外社会经济交往活动急剧增加，国内商务、会展活动逐步增多，有力地推动了餐饮业的快速发展。据国家统计局第三次经济普查资料显示，2013 年年末，全国共有住宿和餐饮业企业法人单位 20 万个，从业人员 691.6 万人，分别比 2008 年年末增长 37.6％和 18.2％。[①] 在餐饮方面，一些具有地方特色的家常菜馆、火锅店（城）、小吃街、美食广场、中西式快餐相继开业，生意异常火爆。

四是消费观念的更新。调查显示，我国居民在外用餐的消费支出比例不断增加。在居民生活水平提高及生活节奏加快等因素之外，另外一个重要的因素就是居民在饮食消费方面的观念不断更新，不再局限在家里，将外出就餐当成一种消费时尚和饮食需求，特别是在青年人消费群体中，这一现象更加明显。在传统饮食观念转变的过程中，一些大中城市在外用餐人次数和消费额明显增加，消费档次也逐年提高，成为消费市场闪现的亮点。此外，以信息化改造传统餐饮业，也加快了现代餐饮业的发展步伐。

（三）传统餐饮企业创新

中国老百姓对美食的热爱，造就了一个规模近 3 万亿元的消费市场（2014 年市场规模为 27860 亿元），已成为继房地产、汽车之后的第三大消费市场。与此同时，2014 年，整个中国餐饮业 O2O 市场规模近千亿元，占餐饮行业比重为 3.5％，如果按照餐饮业每年增长 10％计算，到 2018 年，全国餐饮业 O2O 市场规模将突破 2897.9 亿元。面对这一巨大份额的市场，传统餐饮企业纷纷“浅滩登陆”，积极推进向网络餐饮转型，不断丰富和发展网络餐饮的内涵和形式。

从产业形态上看，互联网与餐饮传统产业加速融合，一大批互联网企业和互联网从业者加入餐饮行业，并直接或间接参与餐饮管理和营销，而“互联网＋”成为餐饮产业发展新动力。从创新模式看，传统餐饮企业向互联网化发展，拓宽销售渠道、延伸销售半径。新一代信息技术，特别是在线服务与传统餐饮业经营融合不断深化，原有的营销、管理模式都将被彻底颠覆，互联网的思维将更多地

① 陈静．互联网思维催生产业变革[N]．中国旅游报，2014－05－14（3）．

融入餐饮行业的策略制定中。从组织形态看，餐饮业态小型化、智能化、特色化特征日益突出，即通过更加个性化来吸引消费者，更加便捷的体验来让消费者感到舒适、愉悦，以及更加智能化的模式来为商家节约运营成本。移动互联网对餐饮业营销环节产生的颠覆式影响正向其他环节渗透。未来餐饮业不仅是传统的吃喝行业，更可能是餐饮服务的基本功能＋主题文化＋消费体验的平台型行业，跨界合作、跨界发展成为餐饮行业的发展趋势。

从产业发展上看，餐饮行业结构调整加快，服务质量提高，活跃了餐饮市场。近几年，我国餐饮业发展迅速，主要原因有三个方面：一是调整了经营结构，转型步伐加快，发展连锁经营、网络营销等现代经营方式，推进国际化战略，增强大众化的社区餐饮服务功能，扩大了服务消费领域。餐饮业的连锁经营、网络营销、集中采购、统一配送等现代经营方式也显示出强劲的发展势头，各地都涌现许多拥有不少于几十家甚至上百家连锁店的餐饮企业。[①] 二是拓展了新的经营空间，大力发展绿色餐馆，引导绿色消费，尤其是做好品牌经营和技术创新两大文章，发挥好品牌、网络、技术在开拓市场中的作用。三是强化了餐饮业管理，加快传统餐饮业向现代餐饮业的转变步伐，推动了以社区餐饮为载体，便民利民的餐饮消费、休闲消费快速增长。

（四）信息技术创新支撑

把握时代脉搏，与信息技术的发展同步进行餐饮企业信息化的策划与信息管理，是餐饮企业不断变革和创新的一个重要途径。伴随计算机管理信息系统技术的成熟，在当今网络经济日益盛行的背景下，信息系统在餐饮企业经营管理中至少可以在以下几个方面发生作用：集前台收费系统、员工管理系统、会员管理系统、财务数据等强大功能为一身，系统界面简洁优美，操作直观简单，为餐饮业经营者提供了会员管理、成本分析、利润分析、物流管理等诸多功能，提高餐饮经营水平，杜绝管理漏洞，增加效益。

餐饮管理软件的主要功能包括以下几个方面。一是收银功能：包括前台预订、点菜、开台、换台、并台、收银、结账等功能。二是厨房打印功能：厨房打印是餐饮软件中技术含量最高的部分，也是最能节省时间的功能，如果厨房打印

---

① 徐慧．“互联网＋”时代餐饮业如何变局[N]．北京商报，2015-07-15（3）．

不够稳定，必定会导致点菜通知延误，引起客人不满。周服公司早在2008年就全面解决了厨房打印问题，美国IBM权威电子杂志在2009年全面刊登了该解决方案，在国内引起剧烈反响，使得后厨打印机采用串口或者安装驱动的历史产生了革命性的变化。三是原配料、进销存与成本管理：可随时查看原配料使用情况、库存状态、低库报警及每个菜的估算成本。巧富餐饮软件有三种不同的方式来进行成本管理，分别是：给每个菜估算一个成本，录入菜品的原配料成本，按照部门计算成本。四是营业分析和财务报表：餐饮管理软件不仅要解决收银、后厨打印问题，还要帮餐饮分析营业情况，巧富餐饮软件有80多种报表，按照地点、酒菜、人物、时间，以及各种条件的交叉组合，得出详细的消费和收银数据，为管理者提供决策依据。五是会员管理功能：会员卡管理。会员卡不仅仅支持磁卡、ID等常见卡片，还支持二代证扫描，支持积分储值等多种会员卡，另外还有会员消费喜好分析功能。六是用户权限管理：不同级别的管理员享有不同的权限，如点菜权限服务员和收银员都有，查报表权限仅仅给老板和财务，收银员最低只能打八八折，大堂经理可以打七五折，超级管理员可以打一折或免单等。七是远程管理：餐厅老板无论在哪里，随时可查看餐厅的营业情况。八是连锁管理：适用于连锁餐厅使用。

（五）餐饮安全监管升级

网上订餐平台问题突出，主要表现在以下几个方面：一是入网餐饮单位无许可证经营。几大订餐平台等均有入网餐饮单位未在平台公示《餐饮服务许可证》的情况，有的相关地址为无证餐饮单位，或者相关地址没有查见平台公示的相关餐饮单位，或是借用、伪造许可证的现象。[①] 二是入网餐饮单位超范围经营。有的单位存在超范围经营，如饿了么、美团外卖、外卖超人、大众点评、口碑外卖均存在入网餐饮单位持《食品流通许可证》制售饭菜的现象。分析目前行业乱象，主要有两方面原因：一是平台忽视规则“疯狂”扩张；二是政府监管困难，新法规没有具体的指导办法。

针对前面提到的乱象，各地的监管机构目前如何应对？综观各地政府的举措，可以看出监管部门将会大力整治此行业乱象，进一步规范行业的发展。一是

① 李义．餐饮业：互肤网思维点睛术[J]．销售与市场（管理版），2013（12）：45－46.

监管部门两手抓：参考不同地区的做法，监管部门需要加强管理，同时考虑线上、线下同时监管。首先对网络食品交易第三方平台提出具体要求，要求其严把审核关。对于疏于监管，为谋利益放任非法营业商家进驻的第三方平台，也要加大惩处力度，才能让其吸取教训，做到守土有责。参考上海市食品药品监督管理局的做法，可以约谈相关平台的负责人，明确监管目的，给出实际的指导意见。同时，监管部门也不能全部押注在网络平台上面。首先，监管部门应该紧跟时代步伐，主动上网，严查辖区内外卖 APP 上的餐厅、食店，维护"舌尖上的安全"。监管部门应该走访并核实提供外卖服务的餐饮单位是否取得餐饮服务许可证和营业执照，地址信息等是否正确，并按核定的经营范围和类别从事经营活动。对无证餐厅进行严厉打击，绝不轻易放过一家。只有斩断无证餐厅与外卖平台之间的利益链条，只有对两者互相勾结实行"零容忍"，才能保证消费者的合法权益和身体健康。同时，由于网络平台覆盖地区广，需要各地监管部门一起合作，从地方抓起，还消费者一个安全的食品环境。

二是网络订餐平台长远发展严把关。对于网络外卖订餐第三方平台，也需要严把好审核关，不能自毁品牌。平台要做大做强，需要长远的策略。不能为了盲目扩张而放任无证营业商家进驻的第三方平台。第三方平台需要采取有效措施，彻查平台内入网餐饮单位依法经营情况。如果发现无证经营等违法行为，需要及时制止和停止提供平台服务并报告监管部门进行监督，同时建议和指导无证商家尽快办理证照。必要时应到实体地址进行现场调查核实，实地考察来确定入驻餐馆的卫生条件和经营资质等，并依法对入网餐饮单位的违法行为进行处罚。[①]

三是消费者网上订餐要看资质。由于目前网上订餐的监管还不成熟，消费者在网上订餐时要留意餐厅信息。其一是查看餐馆资质，是否有营业执照和卫生许可证；其二是查看餐馆地址，是否有线下经营地点，如果在附近可以实地勘察，以确保环境足够卫生。如果发现食品安全问题，可以拨打食品药品监管部门投诉电话 12331 进行举报。消费者如果在叫外卖时遇到食品安全问题，可以直接向网络平台索赔，他们是有连带责任的。

总之，网络餐饮打破了传统餐饮观念和经营模式，改变了人们的餐饮习惯和消费主张，适应了网络时代的发展趋势。面对网络餐饮发展过程中存在的问题及

---

① 聂扬飞．线上餐饮食品安全如何保障[N]．安徽日报，2014-12-17（9）．

未来的前景，可以肯定地说，网络餐饮正处于起步阶段，其发展前景将更为广阔。互联网营销是趋势也是必然，餐饮业将呈现“两头小，中间大”结构，即高档、低档餐饮会减少，中档餐饮会稳定持续增长。同时，新生代消费者正在崛起，他们喜欢简单、便捷的消费模式。在网络餐饮蓬勃发展中，互联网改变的是产品与客户之间的连接工具，品质仍然是餐饮业的根本所在。

主要参考文献

[1] 马化腾，等．互联网+国家战略路线图[M]．北京：中信出版社，2015.

[2] 李易．互联网+中国步入互联网红利时代[M]．北京：电子工业出版社，2015.

[3] 元明，等．互联网金3.0：玩转股权融资[M]．北京：中华工商联合出版社，2016.

[4] 庞引明．互联网金融与大数据分析[M]．北京：电子工业出版社，2016.

[5] 陈勇，等．中国互联网金融研究报告·2015[M]．北京：中国经济出版社，2016.

[6] 黄益平，等．互联网金融12讲[M]．北京：中国人民大学出版社，2016.

[7] 秦业．互联网+协同制造：激发中国智造创新活力[J]．世界电信，2015（8）：47-49.

[8] 胡晶．工业互联网、工业4.0和“两化”深度融合的比较研究[J]．学术交流，2015（1）：151-155.

[9] 吴义爽，等．基于互联网+的大规模智能定制研究[J]．中国工业经济，2016（4）：127-142.

[10] 童有好．我国互联网+制造业发展的难点与对策[J]．中州学刊，2015（8）：30-35.

[11] 钟雪美．基于互联网+探讨中国传统制造业的发展战略[J]．产业经济，2016（8）：136-137.

[12] 王峰．工业互联网的重大意义和产业推进思考[J]．电信网技术，2016（8）：36-40.

[13] 中关村大数据产业联盟，清华大学两岸发展研究院．互联网+农业：大数据引爆农业产业结构变革[M]．北京：中国社会出版社，2016.

[14] 陈俊杰，等．互联网+农业案例模式[M]．北京：中国农业科学技术出版社，2016.

[15] 裴小军．互联网+农业：打造全新的农业生态圈[M]．北京：中国经济出版社，2015.

[16] 寇尚伟．农业互联网：产业互联网的最后一片蓝海[M]．北京：机械工业出版社，2016.

[17] 罗珉，李亮宇．互联网时代的商业模式创新[J]．中国工业经济，2015（1）：95-107.

[18] 尹雯．电子商务对我国传统商业模式的影响及对策[J]．现代商业，2016（7）：13-14.

[19] 杨建清．跨境电子商务发展的机遇与挑战探析[J]．湖南商学院学报，2016（3）：91-95.

[20] 史越瑶．高竞争环境下物流企业商业模式创新路径研究[J]．煤炭经济研究，2015（8）：9-12.

[21] 黄奔奔．浅析互联网思维下的物流发展[J]．管理探索，2016（1）：5-7.

[22] 孙曦．“互联网+”环境下物流业发展探析[J]．物流技术，2015（10）：68-71.

[23] 张国伍．大数据与智慧物流[J]．交通运输系统工程与信息，2015（2）：2-10.

[24] 祁娟．2015物流业回顾：转型升级关键期互联网领衔新变革[J]．运输经理世界，2016（1）：58-61.

[25] 郭宇靖．“互联网+”开启物流新变革[J]．金融世界，2015（5）：96-97.

[26] 任芳．互联网+时代的物流信息化发展[J]．物流技术与应用，2016（8）：68-71.

[27] [英] 约翰·霍金斯．创意经济：如何点石成金[M]．洪庆福，孙薇薇，刘茂玲，译．上海：上海三联书店．2006.

[28] 何丽花，吴祝红．“互联网+”与文化创意产业融合发展模式研究[J]．市场经济与价格，2016（7）：4-7.

[29] 金元浦．我国当前文化创意产业发展的新形态、新趋势与新问题[J]．中国人民大学学报，2016，（4）：2-10.

[30] 解学芳. 网络文化产业公共治理全球化语境下的我国网络文化安全研究[J]. 毛泽东邓小平理论研究，2013 (7)：50-55，92-93.

[31] 陈惠芳，徐卫国. 价值共创视角下互联网医疗服务模式研究[J]. 现代管理科学，2016 (3)：30-32.

[32] 王众. 阿里健康：给“互联网+医疗”夯基础[J]. IT经理世界，2015 (7)：52-54.

[33] 孙明海，赵春玲. 云医疗在行动——关于“互联网+医疗”的话题[J]. 通信管理与技术，2015 (2)：11-16.

[34] 孔维琛. 互联网：重构医疗生态[J]. 中国经济信息，2015 (15)：30-33.

[35] 方诗旭. “互联网+”医疗：打通健康干预全过程[J]. 世界电信，2015 (5)：57-62.

[36] 薛艳. 互联网+医疗：重构医疗生态[J]. 时事报告，2015 (6)：54-55.

[37] 李晓，王明宇. “互联网+”医疗前景分析[J]. 合作经济与科技，2015 (24)：186-187.

[38] 葛晨. 远程开放教育环境下成人自主学习问题研究[D]. 天津：天津大学，2012.

[39] 林莉君. 互联网+教育：世界名校课程在家就能上[J]. 创新时代，2015 (3)：23-25.

[40] 教育部教育管理信息中心. 《2015年中国互联网学习白皮书》亮点及趋势解读[J]. 中国教育信息化·基础教育，2016 (5)：18-19.

[41] 曾裕尧. 论现代信息技术下教师的能力要求[J]. 考试周刊，2015 (4)：65-67.

[42] 汪艮平，宋天伟. “互联网+”时代的餐饮行业变革新方向[J]. 社科论坛，2015 (10)：33-34.

[43] 董美友. 网络经济背景下餐饮企业的发展[J]. 中国科技纵横，2010 (5)：59-60.

[44] 成丽娜. “互联网+”给我国传统餐饮业发展带来的挑战与机遇[J]. 民营科技，2015 (10)：45-46.

[45] 宋鑫陶. 网络时代的美食经济[J]. 商周刊，2016 (2)：27-29.

[46] 熊亚丹. 如何提升现代餐饮业竞争力[J]. 中外企业家，2013 (6)：89-90.

后　记

互联网大发展造就了全新的网络信息时代。互联网和实体经济深度融合发展，以高效、便捷的资源配置方式助力传统产业转型升级，提升了实体经济的创新力、生产力和流通能力，成为推动创新发展、转变经济发展方式、调整经济结构、加速我国国民经济发展的新引擎和重要的驱动力。“经济强”带动“国家强”，“互联网+”为实施网络强国战略奏响了最强音。

本书共分十一章，在剖析网络时代产业转型的基础上，围绕传统产业积极布局“互联网+”的新型发展模式，形成更广泛的以互联网为基础设施和实现工具的经济发展新业态问题，多方位探讨传统产业如何在互联网的推动下焕发新的活力。

本书由郭萍任主编，王建军、刘金芝任副主编，张震、秦艳平、张鹏杰参与编写。其中，第一章由郭萍撰写，第二章和第四章由张震撰写，第三章和第十章由王建军、李海林、张庆撰写，第五章和第六章由刘金芝撰写，第七章和第八章由张鹏杰撰写，第九章和第十一章由秦艳平撰写。

本书在编写过程中参考了不少专家学者的论文和著作，战略支援部队信息工程大学、学院及教研室的有关领导、专家对书稿提出了宝贵的修改建议，在此一并表示感谢。

由于时间仓促，加之作者水平有限，书中难免存在疏漏，敬请读者批评指正。